최상위 수학 S를 위한 특별 학습 서비스

개념+문제 동영상
최상위 S 개념+문제 및 MATH MASTER 전 문항

상위권 학습 자료
상위권 단원평가＋경시 기출문제(디딤돌 홈페이지 www.didimdol.co.kr)

최상위 수학 S 3-2

펴낸날 [초판 1쇄] 2025년 3월 12일 [초판 3쇄] 2025년 10월 1일
펴낸이 이기열
펴낸곳 (주)디딤돌 교육
주소 (03972) 서울특별시 마포구 월드컵북로 122 청원선와이즈타워
대표전화 02-3142-9000
구입문의 02-322-8451
내용문의 02-323-9166
팩시밀리 02-338-3231
홈페이지 www.didimdol.co.kr
등록번호 제10-718호
구입한 후에는 철회되지 않으며 잘못 인쇄된 책은 바꾸어 드립니다.
이 책에 실린 모든 삽화 및 편집 형태에 대한 저작권은
(주)디딤돌 교육에 있으므로 무단으로 복사 복제할 수 없습니다.
상표등록번호 제40-1576339호
최상위는 특허청으로부터 인정받은 (주)디딤돌 교육의 고유한 상표이므로
무단으로 사용할 수 없습니다.

최상위 수학S 3·2 학습 스케줄표

짧은 기간에 집중력 있게 한 학기 과정을 학습할 수 있도록 설계하였습니다.
방학 때 미리 공부하고 싶다면 8주 완성 과정을 이용하세요.

공부한 날짜를 쓰고 하루 분량 학습을 마친 후, 부모님께 확인 check☑를 받으세요.

1주	월 일	월 일	월 일	월 일	월 일
	1. 곱셈				
	8~11 쪽	12~13 쪽	14~17 쪽	18~21 쪽	22~25 쪽
	☐	☐	☐	☐	☐

2주	월 일	월 일	월 일	월 일	월 일
	1. 곱셈		**2. 나눗셈**		
	26~29 쪽	30~32 쪽	34~37 쪽	38~39 쪽	40~43 쪽
	☐	☐	☐	☐	☐

3주	월 일	월 일	월 일	월 일	월 일
	2. 나눗셈				**3. 원**
	44~47 쪽	48~51 쪽	52~55 쪽	56~58 쪽	60~63 쪽
	☐	☐	☐	☐	☐

4주	월 일	월 일	월 일	월 일	월 일
	3. 원				
	64~67 쪽	68~71 쪽	72~75 쪽	76~79 쪽	80~82 쪽
	☐	☐	☐	☐	☐

공부를 잘 하는 학생들의 좋은 습관 8가지

7 주	월 일	월 일	월 일	월 일	월 일
	3. 원	**4. 분수**			
	80~82쪽 ☐	84~85쪽 ☐	86~87쪽 ☐	88~91쪽 ☐	92~93쪽 ☐

8 주	월 일	월 일	월 일	월 일	월 일
	4. 분수				
	94~95쪽 ☐	96~97쪽 ☐	98~99쪽 ☐	100~101 쪽 ☐	102~103쪽 ☐

9 주	월 일	월 일	월 일	월 일	월 일
	4. 분수	**5. 들이와 무게**			
	104~107 쪽 ☐	110~111쪽 ☐	112~113쪽 ☐	114~117쪽 ☐	118~119쪽 ☐

10 주	월 일	월 일	월 일	월 일	월 일
	5. 들이와 무게				
	120~121 쪽 ☐	122~123쪽 ☐	124~125쪽 ☐	126~127쪽 ☐	128~129쪽 ☐

11 주	월 일	월 일	월 일	월 일	월 일
	5. 들이와 무게	**6. 그림그래프**			
	130~132쪽 ☐	134~135쪽 ☐	136~137쪽 ☐	138~139쪽 ☐	140~141쪽 ☐

12 주	월 일	월 일	월 일	월 일	월 일
	6. 그림그래프				
	142~143쪽 ☐	144~145쪽 ☐	146~147쪽 ☐	148~149쪽 ☐	150~151쪽 ☐

최상위 수학S 3·2 학습 스케줄표

부담되지 않는 학습량으로 공부 습관을 기를 수 있도록 설계하였습니다.
학기 중 교과서와 함께 공부하고 싶다면 12주 완성 과정을 이용하세요.

공부한 날짜를 쓰고 하루 분량 학습을 마친 후, 부모님께 확인 check☑를 받으세요.

1주	월 일	월 일	월 일	월 일	월 일
	1. 곱셈				
	8~11 쪽 ☐	12~13 쪽 ☐	14~15 쪽 ☐	16~17 쪽 ☐	18~19 쪽 ☐

2주	월 일	월 일	월 일	월 일	월 일
	1. 곱셈				
	20~21 쪽 ☐	22~23 쪽 ☐	24~25 쪽 ☐	26~27 쪽 ☐	28~29 쪽 ☐

3주	월 일	월 일	월 일	월 일	월 일
	1. 곱셈	**2. 나눗셈**			
	30~32 쪽 ☐	34~37 쪽 ☐	38~39 쪽 ☐	40~41 쪽 ☐	42~43 쪽 ☐

4주	월 일	월 일	월 일	월 일	월 일
	2. 나눗셈				
	44~45 쪽 ☐	46~47 쪽 ☐	48~49 쪽 ☐	50~51 쪽 ☐	52~53 쪽 ☐

5주	월 일	월 일	월 일	월 일	월 일
	2. 나눗셈		**3. 원**		
	54~55 쪽 ☐	56~58 쪽 ☐	60~63 쪽 ☐	64~67 쪽 ☐	68~69 쪽 ☐

6주	월 일	월 일	월 일	월 일	월 일
	3. 원				
	70~71 쪽 ☐	72~73 쪽 ☐	74~75 쪽 ☐	76~77 쪽 ☐	78~79 쪽 ☐

표

5주	월 일	월 일	월 일	월 일	월 일
	4. 분수				
	84~85쪽 ☐	86~87쪽 ☐	88~91쪽 ☐	92~95쪽 ☐	96~99쪽 ☐

6주	월 일	월 일	월 일	월 일	월 일
	4. 분수		**5. 들이와 무게**		
	100~103쪽 ☐	104~107쪽 ☐	110~111쪽 ☐	112~113쪽 ☐	114~117쪽 ☐

7주	월 일	월 일	월 일	월 일	월 일
	5. 들이와 무게				**6. 그림그래프**
	118~121쪽 ☐	122~125쪽 ☐	126~129쪽 ☐	130~132쪽 ☐	134~135쪽 ☐

8주	월 일	월 일	월 일	월 일	월 일
	6. 그림그래프				
	136~137쪽 ☐	138~141쪽 ☐	142~145쪽 ☐	146~147쪽 ☐	148~151쪽 ☐

등, 하교 때 자신이 한 공부를 다시 기억하며 상기해 봐요.

모르는 부분에 대한 질문을 잘 해요.

수학 문제를 푼 다음 틀린 문제는 반드시 오답 노트를 만들어요.

자신만의 노트 필기법이 있어요.

초등 **3·2**

상위권의 기준

최상위 수학 S

딤돌

상위권의 힘, 느낌!

처음 자전거를 배울 때, 설명만 듣고 탈 수는 없습니다.
하지만, 직접 자전거를 타고 넘어져 가며
방법을 몸으로 느끼고 나면
나는 이제 '자전거를 탈 수 있는 사람'이 됩니다.
그리고 평생 자전거를 탈 수 있습니다.

수학을 배우는 것도 꼭 이와 같습니다.
자세한 설명, 반복학습 모두 필요하지만
가장 중요한 것은 "느꼈는가"입니다.
느껴야 이해할 수 있고,
이해해야 평생 '수학을 할 수 있는 사람'이 됩니다.

" 최상위 수학 S는
수학에 대한 느낌과 이해를 통해
중고등까지 상위권이 될 수 있는 힘을 길러줍니다. "

어떤 수의 $\frac{1}{\blacksquare}$ 을 $\blacksquare$ 배 하면 어떤 수가 된다.

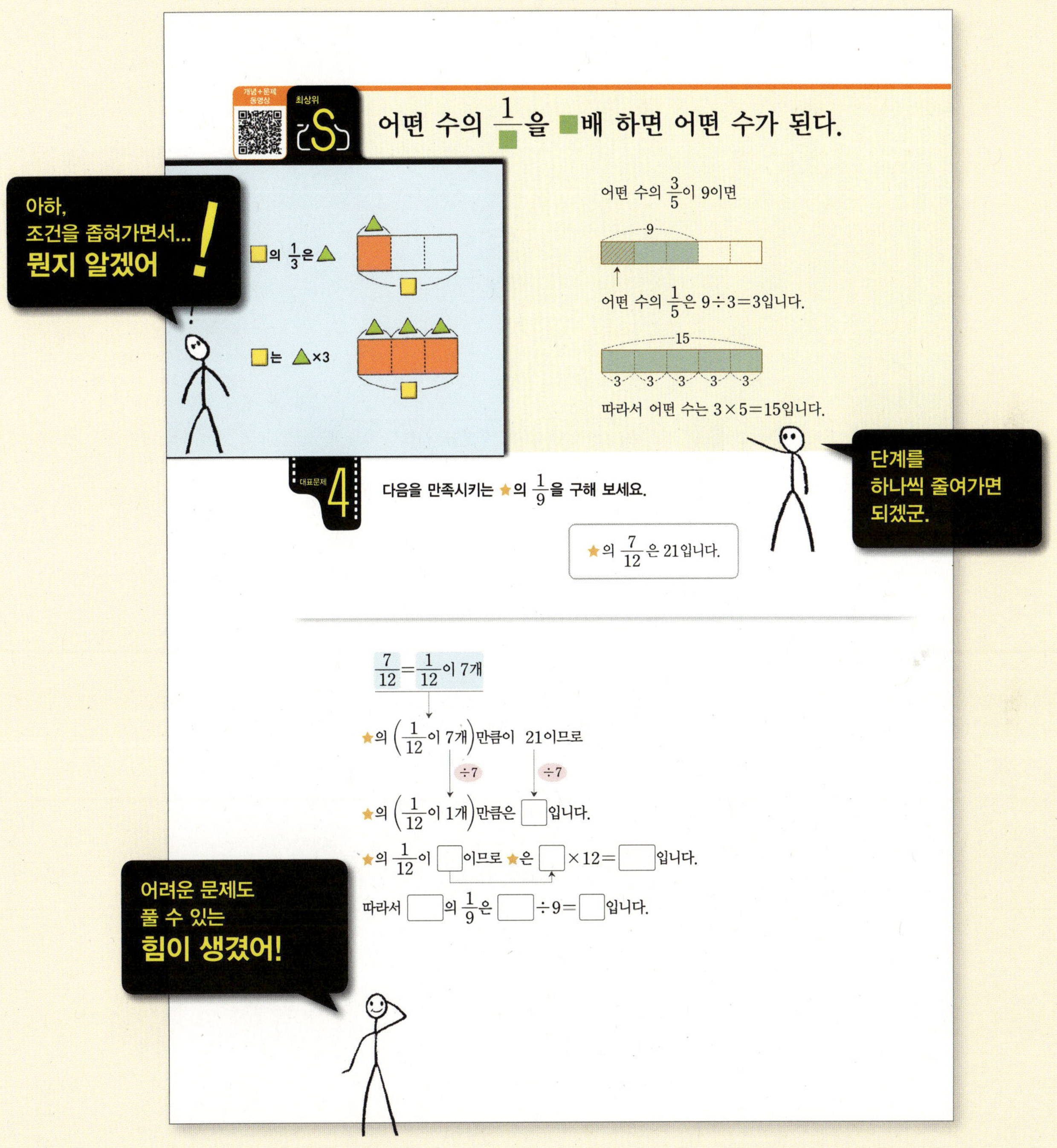

대표문제 4 다음을 만족시키는 ★의 $\frac{1}{9}$ 을 구해 보세요.

> ★의 $\frac{7}{12}$ 은 21입니다.

$$\frac{7}{12} = \frac{1}{12}\text{이 7개}$$

★의 $\left(\frac{1}{12}\text{이 7개}\right)$ 만큼이 21이므로

$÷7 \qquad ÷7$

★의 $\left(\frac{1}{12}\text{이 1개}\right)$ 만큼은 $\boxed{}$ 입니다.

★의 $\frac{1}{12}$ 이 $\boxed{}$ 이므로 ★은 $\boxed{} × 12 = \boxed{}$ 입니다.

따라서 $\boxed{}$ 의 $\frac{1}{9}$ 은 $\boxed{} ÷ 9 = \boxed{}$ 입니다.

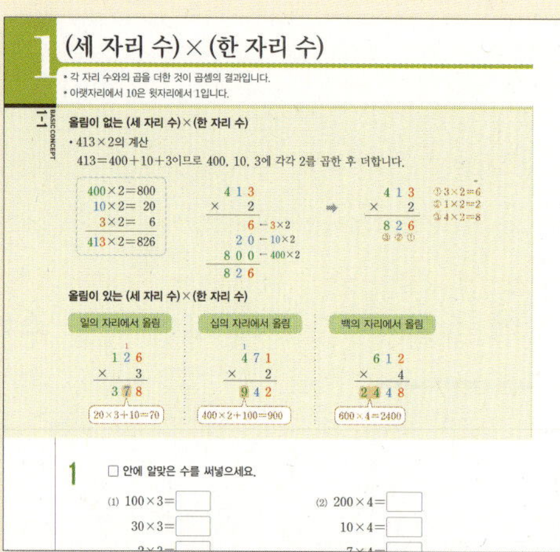

교과서 개념부터
심화·중등개념까지!

수학을 느껴야
이해할 수 있고

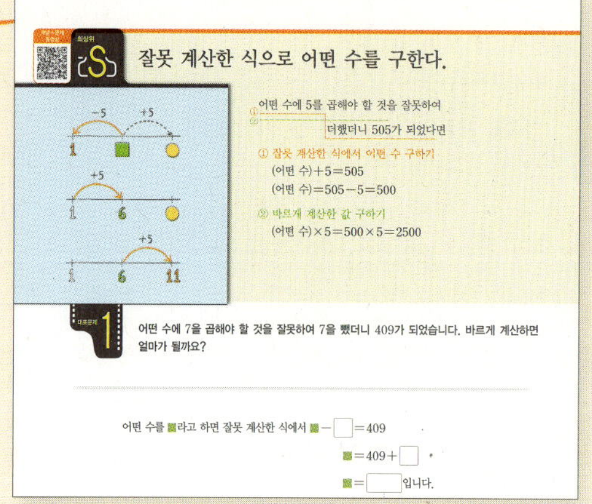

이해해야
어떤 문제라도
풀 수 있습니다.

1

곱셈

(세 자리 수)×(한 자리 수)

- 각 자리 수와의 곱을 더한 것이 곱셈의 결과입니다.
- 아랫자리에서 10은 윗자리에서 1입니다.

올림이 없는 (세 자리 수)×(한 자리 수)

- $413×2$의 계산

  $413=400+10+3$이므로 400, 10, 3에 각각 2를 곱한 후 더합니다.

$$400×2=800$$
$$10×2=20$$
$$3×2=6$$
$$413×2=826$$

$$
\begin{array}{r}
4\ 1\ 3 \\
×2 \\
\hline
6 \leftarrow 3×2 \\
2\ 0 \leftarrow 10×2 \\
8\ 0\ 0 \leftarrow 400×2 \\
\hline
8\ 2\ 6
\end{array}
$$

$$
\begin{array}{r}
4\ 1\ 3 \\
×2 \\
\hline
8\ 2\ 6
\end{array}
$$

① $3×2=6$
② $1×2=2$
③ $4×2=8$

③ ② ①

올림이 있는 (세 자리 수)×(한 자리 수)

일의 자리에서 올림	십의 자리에서 올림	백의 자리에서 올림

$$
\begin{array}{r}
1\ \overset{1}{2}\ 6 \\
×3 \\
\hline
3\ 7\ 8
\end{array}
$$

$20×3+10=70$

$$
\begin{array}{r}
\overset{1}{4}\ 7\ 1 \\
×2 \\
\hline
9\ 4\ 2
\end{array}
$$

$400×2+100=900$

$$
\begin{array}{r}
6\ 1\ 2 \\
×4 \\
\hline
2\ 4\ 4\ 8
\end{array}
$$

$600×4=2400$

---

1 ☐ 안에 알맞은 수를 써넣으세요.

(1)
$$100×3=\boxed{}$$
$$30×3=\boxed{}$$
$$2×3=\boxed{}$$
$$132×3=\boxed{}$$

(2)
$$200×4=\boxed{}$$
$$10×4=\boxed{}$$
$$7×4=\boxed{}$$
$$217×4=\boxed{}$$

2 빈칸에 알맞은 수를 써넣으세요.

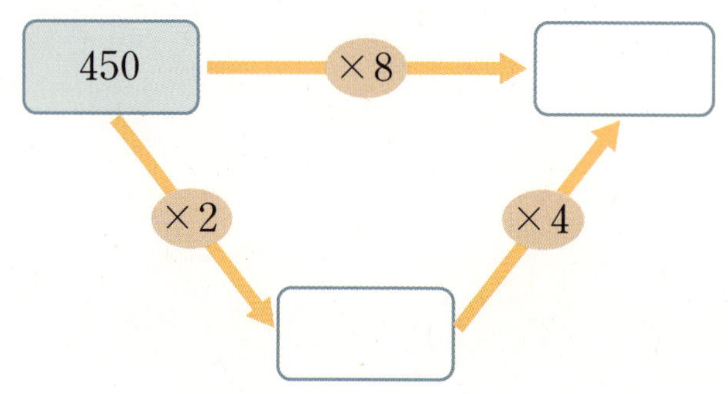

3 규민이는 수 카드 $\boxed{361}$ 을 5장 가지고 있습니다. 규민이가 가지고 있는 수 카드 5장에 적힌 수의 합은 얼마인지 곱셈식으로 나타내 구해 보세요.

식 ________________________________

답 ________________________________

연속하는 세 자연수의 합을 곱셈식으로 나타내기

연속하는 세 자연수를 $\blacksquare-1$, $\blacksquare$, $\blacksquare+1$이라고 할 때

$$(\blacksquare-1)+\blacksquare+(\blacksquare+1)=\blacksquare+\blacksquare+\blacksquare$$
$$=\blacksquare\times3$$

예 $79+80+81=(80-1)+80+(80+1)$
$$=80+80+80=80\times3=240$$

---

4 □ 안에 알맞은 수를 써넣으세요.

$$144+145+146=(\boxed{}-1)+145+(\boxed{}+1)$$
$$=145\times\boxed{}=\boxed{}$$

중등연계

곱셈의 분배법칙

$$(2+5)\times3=(2\times3)+(5\times3) \Rightarrow (a+b)\times c=(a\times c)+(b\times c)$$

$$(2\times3)+(5\times3)=(2+5)\times3 \Rightarrow (a\times c)+(b\times c)=(a+b)\times c$$

---

5 □ 안에 알맞은 수를 써넣으세요.

$$(151\times3)+(49\times3)=(151+\boxed{})\times3$$
$$=\boxed{}\times3=\boxed{}$$

2 (몇십) × (몇십), (몇십몇) × (몇십)

• 곱하는 두 수에 있는 0은 계산 결과에 그대로 있습니다.

(몇십) × (몇십)

• 80 × 60의 계산

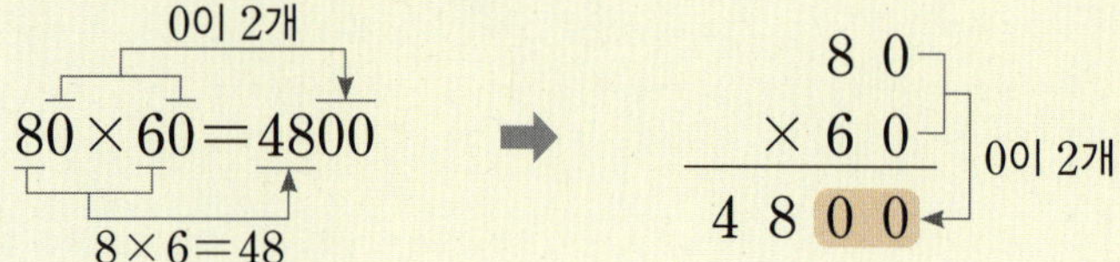

(몇십몇) × (몇십)

• 14 × 60의 계산

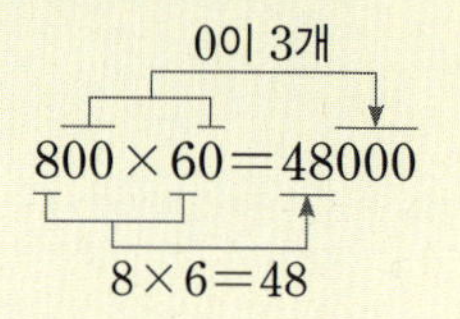

• (몇백) × (몇십)은 (몇) × (몇)을 계산한 값에 곱하는 두 수의 0의 수만큼 0을 붙여 씁니다.

0이 3개
800 × 60 = 48000
8 × 6 = 48

---

1 □ 안에 알맞은 수를 써넣으세요.

(1) $3 \times 9 = \boxed{}$ ➡ $30 \times \boxed{} = 2700$

(2) $41 \times 2 = \boxed{}$ ➡ $41 \times \boxed{} = 820$

2 □ 안에 알맞은 수를 써넣으세요.

$$15 \times 80 = \boxed{}$$

$$30 \times \boxed{} = 1200$$

3 곱의 크기를 비교하여 ○ 안에 >, =, < 중 알맞은 것을 써넣으세요.

(1) $65 \times 70 \bigcirc 75 \times 60$

(2) $46 \times 80 \bigcirc 86 \times 40$

4 경훈이는 매일 줄넘기를 70번씩 4월 한 달 동안 했습니다. 경훈이는 4월 한 달 동안 줄넘기를 모두 몇 번 했을까요?

식 ....

답 ....

>, <가 있는 식에서 조건에 알맞은 수 찾기

$$60 \times \square < 2000$$ 에서 $\square$ 안에 들어갈 수 있는 가장 큰 자연수

① $\square$ 안에 들어갈 수 있는 가장 큰 자연수의 십의 자리 수 구하기

$60 \times 30 = 1800$, $60 \times 40 = 2400$ 이므로 $\square$ 안에 들어갈 수 있는 가장 큰 수는 3●입니다.

② $\square$ 안에 30보다 큰 수를 차례로 넣어 곱의 크기 비교하기

$60 \times 31 = 1860 < 2000$, $60 \times 32 = 1920 < 2000$, $60 \times 33 = 1980 < 2000$,

$60 \times 34 = 2040 > 2000$, ...

➡ $\square$ 안에 들어갈 수 있는 가장 큰 자연수는 33입니다.

5 $\square$ 안에 들어갈 수 있는 수에 모두 ○표 하세요.

$$40 \times 50 < \square < 67 \times 30$$

(1810 , 1990 , 2002 , 2005 , 2010)

6 $\square$ 안에 들어갈 수 있는 가장 작은 자연수를 구하려고 합니다. 물음에 답하세요.

$$90 \times \square > 2000$$

(1) $\square$ 안에 들어갈 수 있는 가장 작은 자연수의 십의 자리 수를 구해 보세요.

( )

(2) $\square$ 안에 들어갈 수 있는 가장 작은 자연수를 구해 보세요.

( )

3 (몇)×(몇십몇), (몇십몇)×(몇십몇)

- 각 자리 수와의 곱을 더한 것이 곱셈의 결과입니다.
- 곱해지는 수와 곱하는 수의 순서를 바꾸어도 곱은 같습니다.

(몇)×(몇십몇)

- 4×18의 계산

$$
\begin{array}{r}
4 \\
\times\ 1\ 8 \\
\hline
3\ 2 \leftarrow 4 \times 8 \\
4\ 0 \leftarrow 4 \times 10 \\
\hline
7\ 2
\end{array}
$$

$\Rightarrow$

$$
\begin{array}{r}
\overset{3}{}4 \\
\times\ 1\ 8 \\
\hline
7\ 2
\end{array}
$$

$$4 \times 18 = 18 \times 4 = 72$$

곱셈의 교환법칙

4-1 연계

(세 자리 수)×(몇십몇)은 곱하는 수를 몇십과 몇으로 나누어 계산한 후 두 곱을 더합니다.

$$
\begin{array}{r}
3\ 4\ 2 \\
\times\ \ 2\ 7 \leftarrow 20+7 \\
\hline
2\ 3\ 9\ 4 \leftarrow 342 \times 7 \\
6\ 8\ 4\ 0 \leftarrow 342 \times 20 \\
\hline
9\ 2\ 3\ 4
\end{array}
$$

(몇십몇)×(몇십몇)

- 32×45의 계산

$$
\begin{array}{r}
3\ 2 \\
\times\ 4\ 5 \\
\hline
1\ 6\ 0 \leftarrow 32 \times 5 \\
1\ 2\ 8\ 0 \leftarrow 32 \times 40 \\
\hline
1\ 4\ 4\ 0
\end{array}
$$

$$
\begin{aligned}
32 \times 45 &= (32 \times 40) + (32 \times 5) \\
&= 1280 + 160 \\
&= 1440
\end{aligned}
$$

---

1 ☐ 안에 알맞은 수를 써넣으세요.

(1)
$$6 \times\ 2 = \boxed{}$$
$$6 \times 30 = \boxed{}$$
$$6 \times 32 = \boxed{}$$

(2)
$$27 \times\ 3 = \boxed{}$$
$$27 \times 20 = \boxed{}$$
$$27 \times 23 = \boxed{}$$

2 ☐ 안에 알맞은 수를 써넣으세요.

$$34 \times 25 = 17 \times \boxed{} \times 25$$
$$= 17 \times \boxed{} = \boxed{}$$

3 잘못 계산한 곳을 찾아 바르게 계산해 보세요.

$$
\begin{array}{r}
2\ 4 \\
\times\ 7\ 3 \\
\hline
7\ 2 \\
1\ 6\ 8 \\
\hline
2\ 4\ 0
\end{array}
$$
$\Rightarrow$

4 곱이 500보다 작은 것을 모두 찾아 기호를 써 보세요.

> ㉠ 9×58　　㉡ 17×29　　㉢ 42×13　　㉣ 31×16

(　　　　　　　　　　)

5 계산 결과가 큰 것부터 차례로 기호를 써 보세요.

> ㉠ 8×87　　㉡ 6×93　　㉢ 26×28　　㉣ 42×15

(　　　　　　　　　　)

6 빨간 구슬은 한 봉지에 8개씩 32봉지 있고, 노란 구슬은 한 봉지에 14개씩 25봉지 있습니다. 빨간 구슬과 노란 구슬은 모두 몇 개 있을까요?

(　　　　　　　　　　)

곱이 가장 크거나 가장 작은 (몇십몇)×(몇십몇)의 곱셈식 만들기

네 수 ㉠, ㉡, ㉢, ㉣(단, ㉠>㉡>㉢>㉣)을 모두 한 번씩 사용하여 (몇십몇)×(몇십몇)의 곱셈식을 만들 때

- **곱이 가장 큰 곱셈식**

  가장 큰 수와 둘째로 큰 수를 십의 자리에 놓고 화살표 방향으로 큰 수를 차례로 놓습니다.

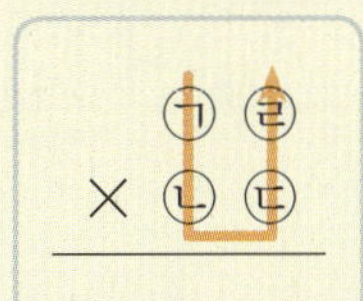

- **곱이 가장 작은 곱셈식**

  가장 작은 수와 둘째로 작은 수를 십의 자리에 놓고 화살표 방향으로 작은 수를 차례로 놓습니다.

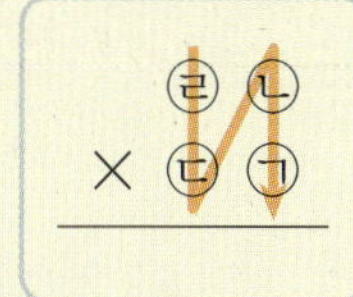

7 3, 4, 5, 6을 모두 한 번씩 사용하여 만든 곱셈식입니다. 곱셈을 한 다음 곱이 가장 큰 것에 ○표, 가장 작은 것에 △표 하세요.

6 4	6 3	3 5	3 6
× 5 3	× 5 4	× 4 6	× 4 5

(㉠　　　)　　(㉡　　　)　　(㉢　　　)　　(㉣　　　)

잘못 계산한 식으로 어떤 수를 구한다.

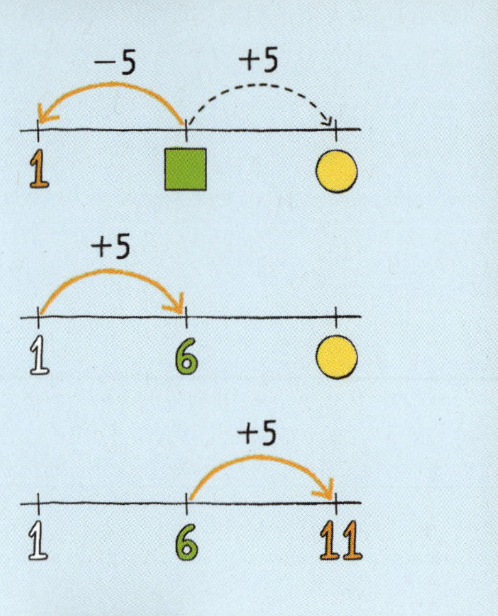

어떤 수에 5를 곱해야 할 것을 잘못하여
① ②
더했더니 505가 되었다면

① 잘못 계산한 식에서 어떤 수 구하기

(어떤 수)$+5=505$

(어떤 수)$=505-5=500$

② 바르게 계산한 값 구하기

(어떤 수)$\times 5=500\times 5=2500$

대표문제 1 어떤 수에 7을 곱해야 할 것을 잘못하여 7을 뺐더니 409가 되었습니다. 바르게 계산하면 얼마가 될까요?

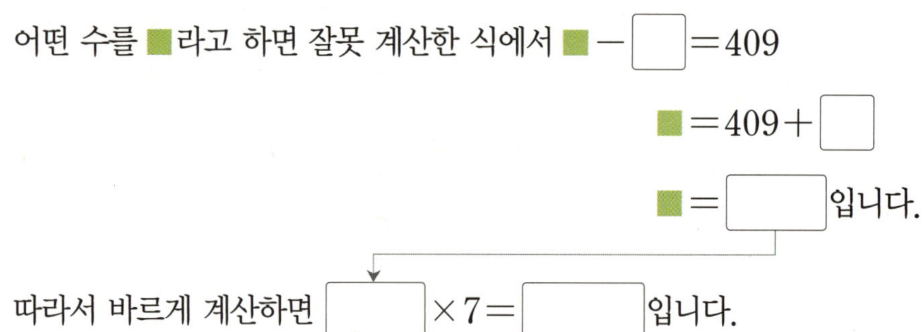

1-1 어떤 수에서 3을 뺐더니 100이 되었습니다. 어떤 수에 3을 곱하면 얼마가 될까요?

( )

1-2 어떤 수에 20을 곱해야 할 것을 잘못하여 20을 더했더니 68이 되었습니다. 바르게 계산하면 얼마가 될까요?

( )

서술형 **1-3** 184에 어떤 수를 곱해야 할 것을 잘못하여 어떤 수를 뺐더니 175가 되었습니다. 바르게 계산하면 얼마가 될지 풀이 과정을 쓰고 답을 구해 보세요.

풀이

답

1-4 어떤 수에 17을 곱해야 할 것을 잘못하여 더했더니 22가 되었습니다. 바르게 계산한 값과 잘못 계산한 값의 곱은 얼마일까요?

( )

식을 만들고 순서에 맞게 계산하여 구한다.

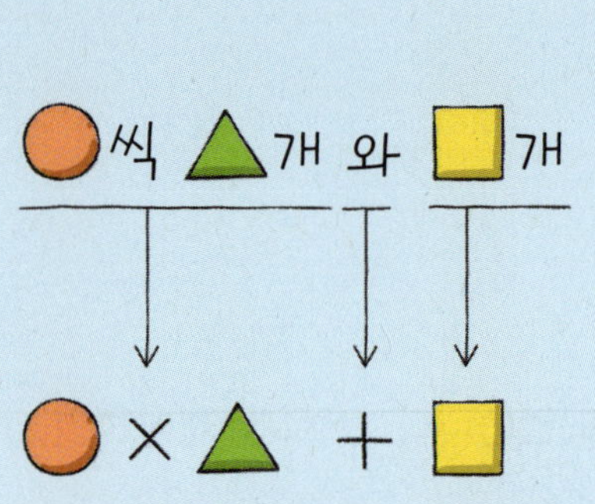

한 상자에 사탕이 12개, 젤리가 25개 들어 있을 때

10상자에 들어 있는 ┌ 사탕은 $12 \times 10 = 120$(개)
└ 젤리는 $25 \times 10 = 250$(개)

➡ 10상자에 들어 있는 사탕과 젤리는 모두
$120 + 250 = 370$(개)입니다.

대표문제 2

지우개 한 개는 90원이고 자 한 개는 95원입니다. 민석이네 반 학생 30명에게 지우개와 자를 한 개씩 나누어 주려고 합니다. 지우개와 자를 사는 데 필요한 돈은 모두 얼마일까요?

지우개와 자를 각각 ☐ 개씩 사야 합니다.

(지우개 30개의 값) $= 90 \times$ ☐ $=$ ☐ (원)

(자 30개의 값) $= 95 \times$ ☐ $=$ ☐ (원)

(필요한 돈) $=$ ☐ (원)

2-1 서연이는 550원짜리 도넛을 7개 사려고 합니다. 서연이가 도넛을 사는 데 필요한 돈은 얼마일까요?

( )

2-2 노란색 수수깡 한 개의 길이는 23 cm이고 파란색 수수깡 한 개의 길이는 28 cm입니다. 시현이네 반 학생 34명에게 노란색 수수깡과 파란색 수수깡을 각각 한 개씩 나누어 주었습니다. 시현이네 반 학생들에게 나누어 준 수수깡의 전체 길이는 몇 cm일까요?

( )

2-3 경준이는 80원짜리 막대 사탕 12개와 745원짜리 초콜릿 8개를 사고 7000원을 냈습니다. 경준이가 받아야 할 거스름돈은 얼마일까요?

( )

2-4 식품별 열량이 오른쪽과 같습니다. 준호가 고구마 3개, 귤 12개, 과자 2봉지를 먹었다면 준호가 먹은 식품의 열량은 모두 몇 킬로칼로리일까요?

식품	열량(킬로칼로리)
고구마 1개	132
귤 1개	50
과자 1봉지	354
떡 1개	72

( )

깃발을 2개 놓을 때 생기는
간격 수는 끊어진 길은 1개, 만나는 길은 2개이다.

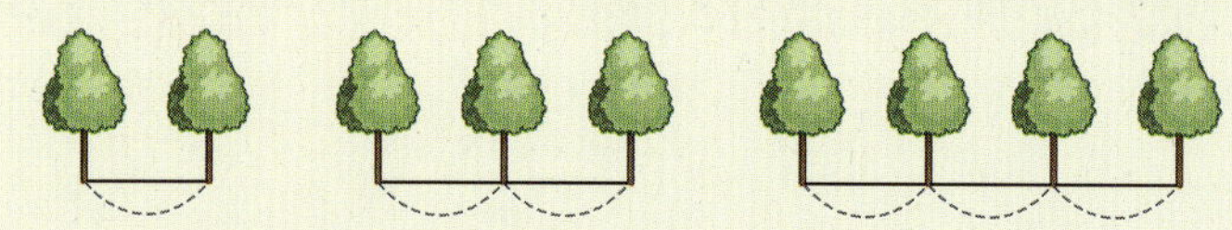

➡ (간격 수)＝(나무의 수)－1

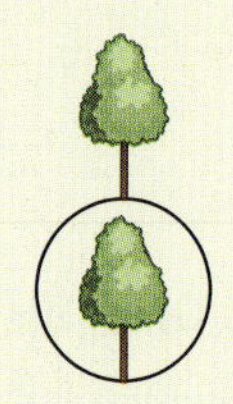 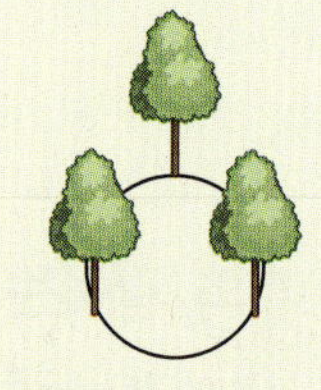 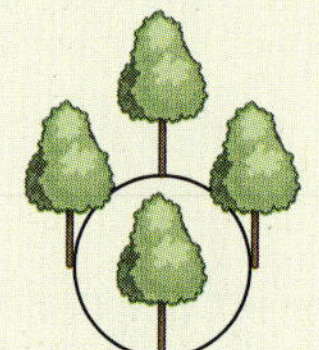

➡ (간격 수)＝(나무의 수)

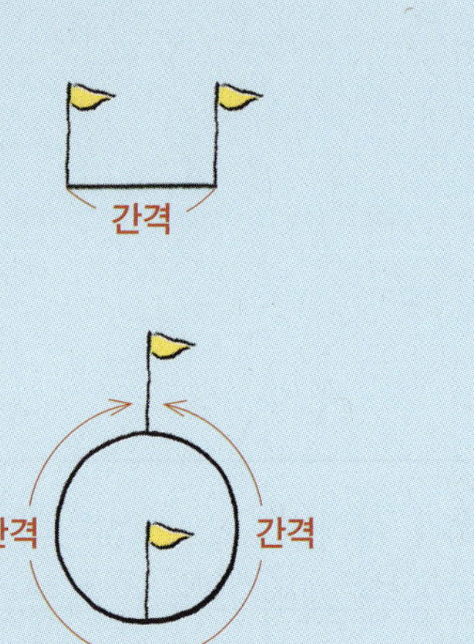

대표문제 3

원 모양의 호수 둘레에 18 m 간격으로 깃발을 31개 꽂았습니다. 호수의 둘레는 몇 m 일까요? (단, 깃발의 두께는 생각하지 않습니다.)

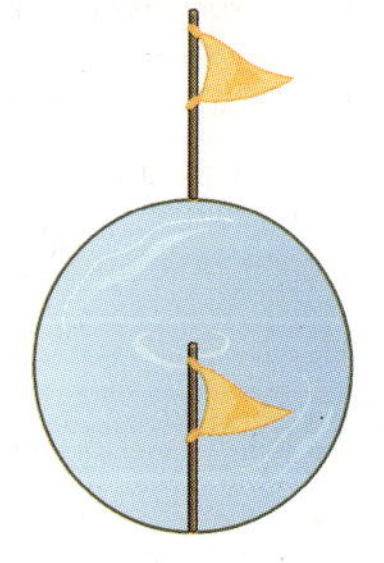

깃발 2개

간격 수: ☐ 군데

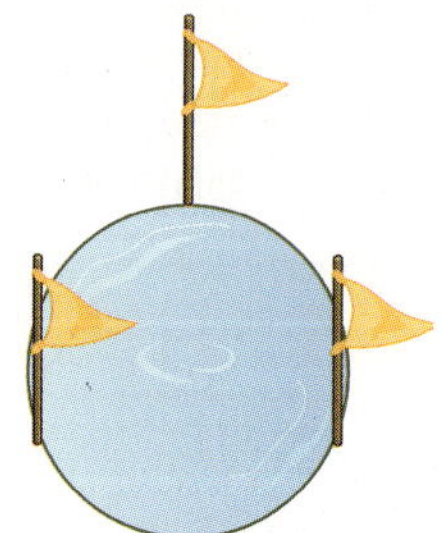

깃발 3개

간격 수: ☐ 군데

깃발을 31개 꽂으면 깃발 사이의 간격은 ☐ 군데입니다.

(호수의 둘레)＝(깃발 사이의 간격)×(깃발 사이의 간격 수)

$$=18×☐=☐ (m)$$

3-1 운동장에 원을 그린 다음 어린이 4명이 원을 따라 120 cm 간격으로 섰습니다. 운동장에 그린 원의 둘레는 몇 cm일까요? (단, 어린이가 서 있는 공간의 길이는 생각하지 않습니다.)

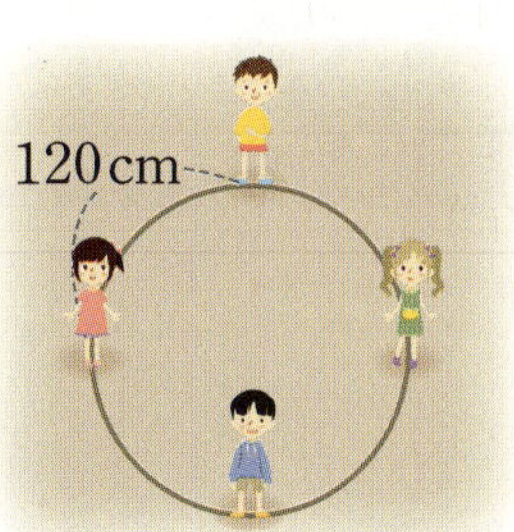

(   )

3-2 원 모양의 목장 둘레에 말뚝을 박아 울타리를 만들려고 합니다. 말뚝 사이의 간격을 5 m로 하면 말뚝이 62개 필요합니다. 목장의 둘레는 몇 m일까요? (단, 말뚝의 두께는 생각하지 않습니다.)

(   )

서술형 **3-3** 곧게 뻗은 산책로의 한쪽에 처음부터 끝까지 9 m 간격으로 나무를 40그루 심었습니다. 산책로의 길이는 몇 m인지 풀이 과정을 쓰고 답을 구해 보세요. (단, 나무의 두께는 생각하지 않습니다.)

풀이 ....

....

....

답 ....

3-4 정사각형 모양의 화단 둘레를 따라 68 cm 간격으로 해바라기를 심었습니다. 화단의 각 꼭짓점에는 해바라기를 한 포기씩 심었고, 한 변에 심은 해바라기는 15포기입니다. 화단의 둘레는 몇 cm일까요? (단, 해바라기의 두께는 생각하지 않습니다.)

(   )

곱하는 수를 어림하면 곱의 크기를 대략 알 수 있다.

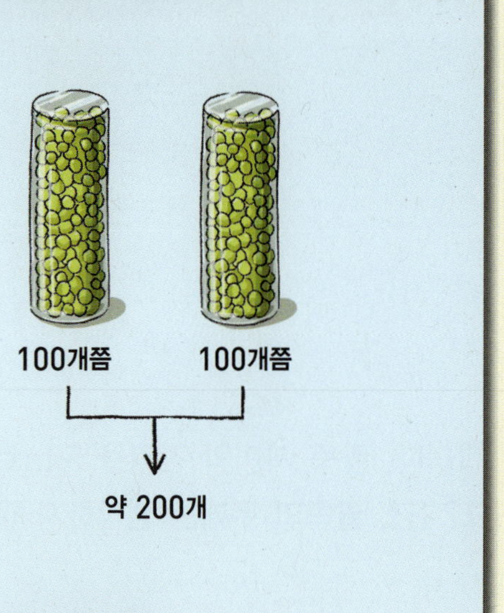

$$\square \times 28 > 135$$

약 30으로 어림하여 곱이 135에 가장 가까운 경우를 찾으면

$4 \times 30 = 120$

$\square$ 안에 4부터 차례로 넣어 보면

$4 \times 28 = 112 < 135,$

$5 \times 28 = 140 > 135,$

$6 \times 28 = 168 > 135, \dots$

➡ $\square$ 안에는 4보다 큰 수인 5, 6, …이 들어갈 수 있습니다.

대표문제 4

■에 알맞은 한 자리 수를 모두 구해 보세요.

$$■ \times 56 > 20 \times 20$$

$20 \times 20 = \boxed{}$ 이므로 주어진 식은 $■ \times 56 > \boxed{}$ 입니다.

56을 약 60으로 어림하면 $7 \times 60 = \boxed{}$ 이 400에 가장 가깝습니다.

■에 7부터 차례로 넣어 보면

$7 \times 56 = \boxed{} \bigcirc 400$

$8 \times 56 = \boxed{} \bigcirc 400$

$9 \times 56 = \boxed{} \bigcirc 400$

따라서 ■에 알맞은 한 자리 수는 ____________ 입니다.

4-1 □ 안에 들어갈 수 있는 수에 모두 ○표 하세요.

$$20 \times \square < 113 \times 3$$

(10 , 14 , 16 , 17)

4-2 □ 안에 들어갈 수 있는 한 자리 수를 모두 구해 보세요.

$$144 \times \square > 39 \times 20$$

( )

4-3 □ 안에 들어갈 수 있는 자연수 중에서 가장 작은 수를 구해 보세요.

$$19 \times 14 < 5 \times \square$$

( )

4-4 □ 안에 들어갈 수 있는 자연수는 모두 몇 개일까요?

$$20 \times 80 < 530 \times \square < 57 \times 48$$

( )

낮은 자리부터 각 자리 수끼리 계산한다.

$$
\begin{array}{r}
1\ 3\ \text{㉠} \\
\times\ \ \ \ 7 \\
\hline
9\ \text{㉡}\ 6
\end{array}
$$

① ㉠$\times 7 = \square 6$

7단 곱셈구구 중 곱의 일의 자리 수가 6인 경우

➡ $7 \times 8 = 56$, ㉠$= 8$

② $138 \times 7 = 966$

➡ ㉡$= 6$

대표문제 5

곱셈식에서 ㉠과 ㉡에 알맞은 수를 각각 구해 보세요.

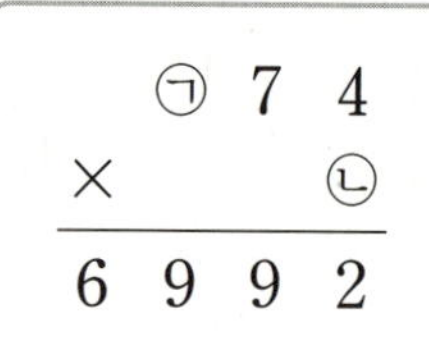

$$
\begin{array}{r}
\text{㉠}\ 7\ 4 \\
\times\ \ \ \ \ \text{㉡} \\
\hline
6\ 9\ 9\ 2
\end{array}
$$

$4 \times$ ㉡ $= \blacksquare 2$에서 4단 곱셈구구 중 곱의 일의 자리 수가 2인 경우는

$4 \times 3 = \boxed{}$ 또는 $4 \times \boxed{} = \boxed{}$ 이므로 ㉡$= 3$ 또는 ㉡$= \boxed{}$ 입니다.

㉡$= 3$이면

$$
\begin{array}{r}
\overset{2\ \ 1}{} \\
\text{㉠}\ 7\ 4 \\
\times\ \ \ \ \ 3 \\
\hline
6\ 9\ 9\ 2
\end{array}
$$

$7 \times 3 + 1 = 22$인데 곱의 십의 자리 수가 9이므로 ㉡은 3이 아닙니다.

㉡$= \boxed{}$이면

$$
\begin{array}{r}
\overset{5\ \ 3}{} \\
\text{㉠}\ 7\ 4 \\
\times\ \ \ \ \ \boxed{} \\
\hline
6\ 9\ 9\ 2
\end{array}
$$

㉠$\times 8 + 5 = 69$, ㉠$\times 8 = 64$, ㉠$= \boxed{}$ 입니다.

따라서 ㉠$= \boxed{}$, ㉡$= \boxed{}$ 입니다.

5-1 곱셈식에서 □ 안에 알맞은 수를 써넣으세요.

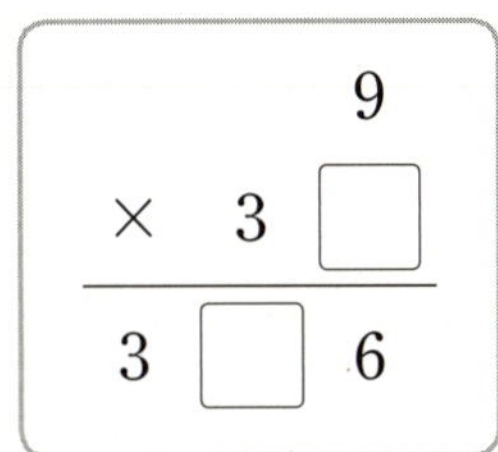

5-2 곱셈식에서 □ 안에 알맞은 수를 써넣으세요.

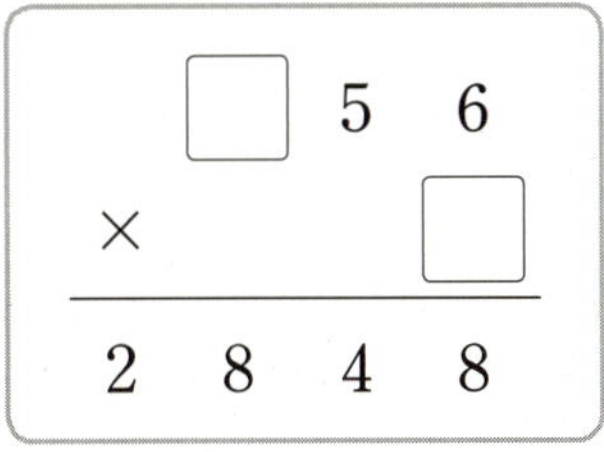

5-3 ■와 ▲에 알맞은 수를 각각 구해 보세요.

$$7\blacksquare \times \blacktriangle 3 = 3397$$

■ (   ), ▲ (   )

5-4 같은 수가 적힌 수 카드 3장으로 오른쪽과 같은 곱셈식을 만들어 계산했더니 곱이 3●6이었습니다. 수 카드에 적힌 수와 ●에 알맞은 수를 각각 구해 보세요. (단, 수 카드에 적힌 수는 한 자리 수입니다.)

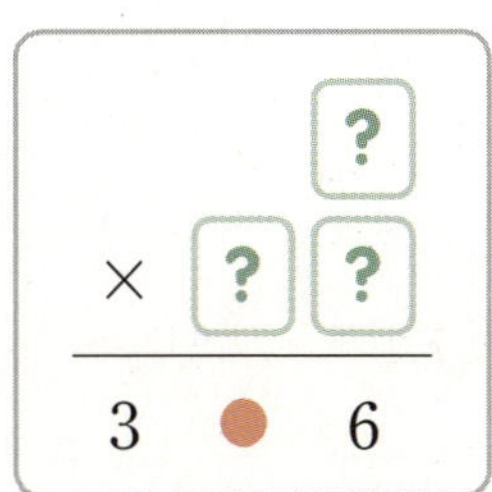

수 카드에 적힌 수 (   )

● (   )

연속하는 자연수는 1씩 커진다.

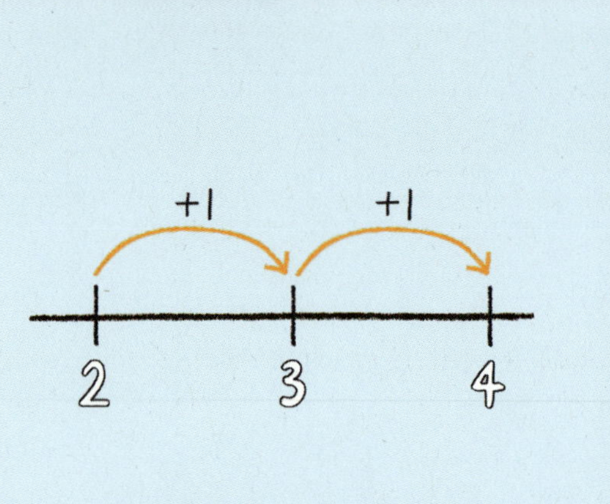

연속하는 세 자연수는 다음과 같이 나타낼 수 있습니다.
① □−2, □−1, □
② □−1, □, □+1
③ □, □+1, □+2
④ □+1, □+2, □+3

대표문제 6

1, 2, 3 또는 99, 100, 101과 같이 차례로 늘어놓은 수를 연속하는 자연수라고 합니다.
연속하는 세 자연수의 합이 27일 때 이 세 수의 곱을 구해 보세요.

연속하는 세 자연수를 ■−1, ■, ■+1이라고 하면

(■−1)+■+(■+1)= □

■+■+■= □

■= □ 입니다.

따라서 연속하는 세 자연수는 □, □, □ 이므로

세 수의 곱은 □ 입니다.

6-1 연속하는 두 자연수의 합이 23일 때 이 두 수의 곱을 구해 보세요.

( )

서술형 6-2 연속하는 세 자연수의 합이 60입니다. 이 세 수 중 가장 큰 수와 가장 작은 수의 곱은 얼마인지 풀이 과정을 쓰고 답을 구해 보세요.

풀이

답

6-3 연속하는 세 자연수의 합이 48입니다. 이 세 수 중 가장 큰 수를 ■, 가장 작은 수를 ●라고 할 때 다음을 계산해 보세요.

$$(■ + ●) \times 50$$

■ + ●를 먼저 계산하고 50을 곱합니다.

( )

6-4 2, 4, 6 또는 30, 32, 34와 같이 차례로 늘어놓은 짝수를 연속하는 짝수라고 합니다. 연속하는 세 짝수의 합이 90일 때 가장 작은 짝수와 가장 큰 짝수의 곱을 5배 한 수를 구해 보세요.

( )

높은 자리일수록 값이 크다.

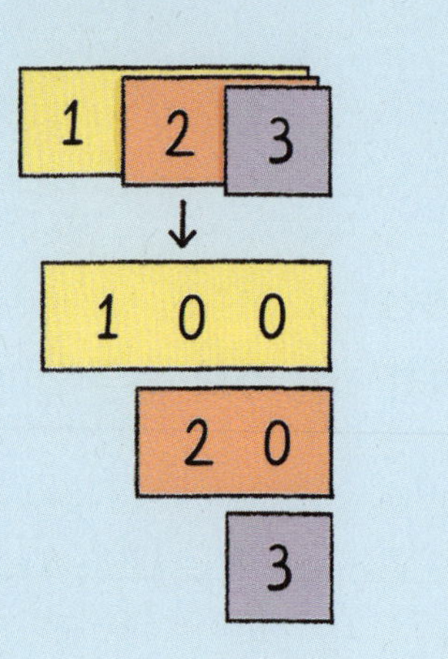

위 곱셈식의 곱은
($㉠00 × ㉣$) + ($㉡0 × ㉣$) + ($㉢ × ㉣$)

➡ 곱이 가장 크려면 백의 자리, 십의 자리, 일의 자리에 모두 곱하는 수인 ㉣에 가장 큰 수를 놓아야 합니다.

 **대표문제 7**

수 카드 **4**, **7**, **9**, **2** 를 모두 한 번씩 사용하여 오른쪽과 같은 곱셈식을 만들어 계산하려고 합니다. 계산한 값 중 가장 큰 곱은 얼마일까요?

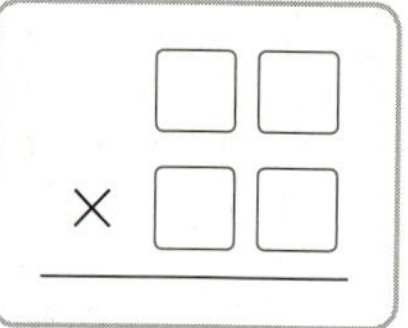

곱이 크려면 두 수의 십의 자리에 가장 큰 수와 둘째로 큰 수를 놓아야 합니다.

두 수의 십의 자리에 ☐, ☐ 을/를 놓고 나머지 수를 일의 자리에 놓아 곱셈식을 만들어 봅니다.

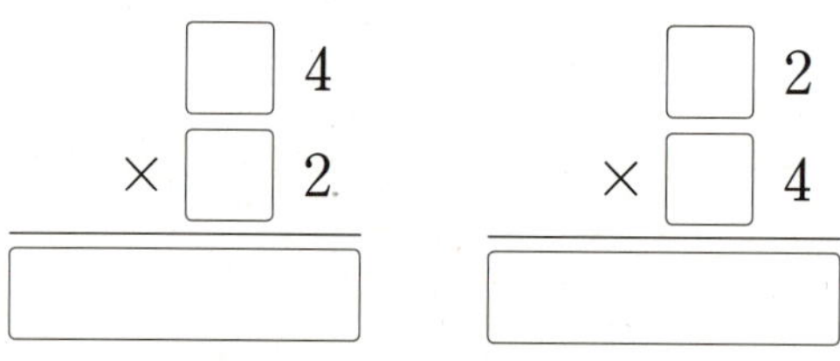

따라서 가장 큰 곱은 ☐ 입니다.

7-1 세 수 2, 3, 4를 모두 한 번씩 사용하여 (몇)×(몇십몇)을 만들어 계산할 때 가장 큰 곱은 얼마일까요?

(   )

7-2 수 카드 3, 8, 5, 6 을 모두 한 번씩 사용하여 오른쪽과 같은 곱셈식을 만들어 계산하려고 합니다. 계산한 값 중 가장 작은 곱은 얼마일까요?

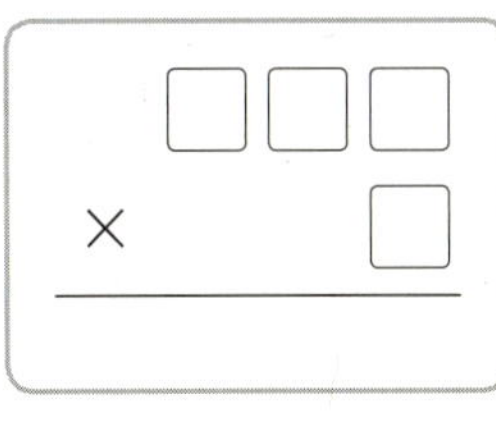

(   )

7-3 수 카드 9, 3, 4, 0 을 모두 한 번씩 사용하여 (몇십몇)×(몇십)을 만들어 계산하려고 합니다. 가장 큰 곱과 가장 작은 곱을 각각 구해 보세요.

가장 큰 곱 (   ), 가장 작은 곱 (   )

7-4 소연이와 지훈이는 수 카드 7, 2, 8, 5 를 각각 모두 한 번씩 사용하여 곱이 가장 작은 곱셈식을 만들었습니다. 소연이와 지훈이가 만든 곱셈식이 다음과 같을 때 두 곱의 차를 구해 보세요.

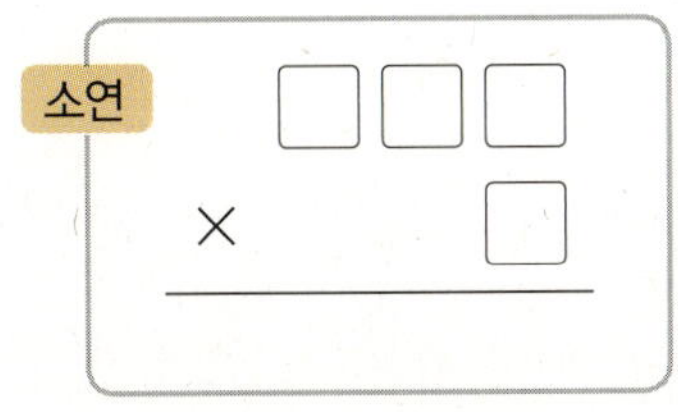

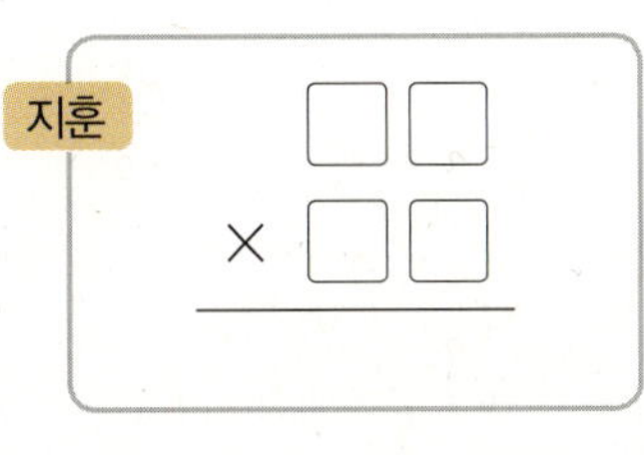

(   )

일정하게 커지는 수의 합은

가운데 수의 몇 배로 나타낼 수 있다.

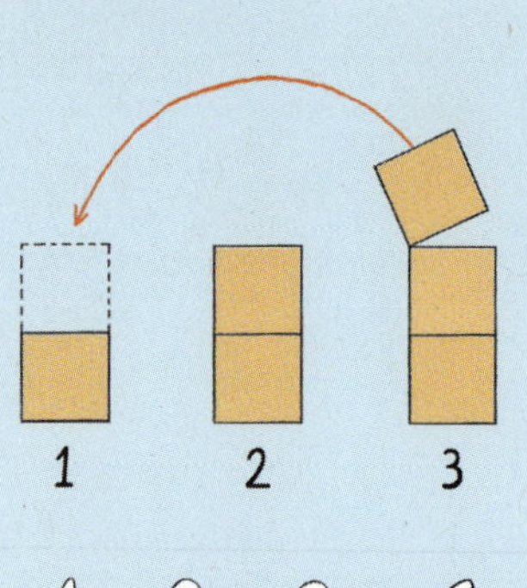

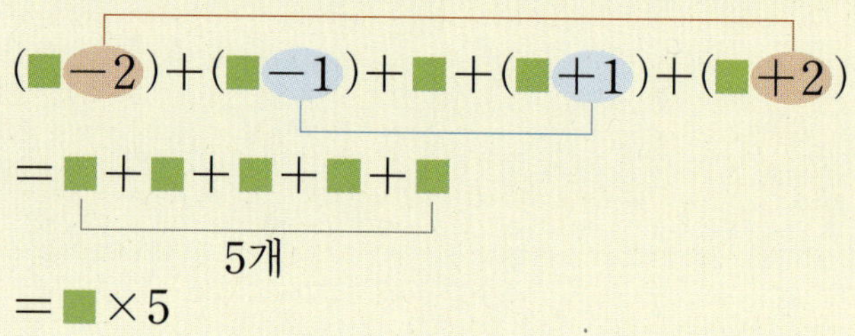

대표문제 8

다음 식에서 ■, ▲, ●에 알맞은 수를 각각 구해 보세요. (단, ▲는 1이 아닌 한 자리 수입니다.)

$$860+862+864+866+868=■\times▲=●$$

가운데 수

$$860+862+\boxed{864}+866+868$$

5개

$$=(864-\boxed{})+(864-\boxed{})+864+(864+\boxed{})+(864+\boxed{})$$

$$=\boxed{}\times5=\boxed{}$$

따라서 ■$=\boxed{}$, ▲$=5$, ●$=\boxed{}$ 입니다.

8-1 □ 안에 알맞은 수를 써넣으세요.

$$98+99+100+101+102=\boxed{}\times5=\boxed{}$$

8-2 다음 식에서 ㉠, ㉡, ㉢에 알맞은 자연수를 각각 구해 보세요. (단, ㉠>㉡>1)

$$425+427+429+431+433+435+437=㉠\times㉡=㉢$$

㉠ (   ), ㉡ (   ), ㉢ (   )

8-3 □ 안에 알맞은 수를 써넣으세요.

$$1+2+3+\cdots+20+21+22=\boxed{}\times\boxed{}=\boxed{}$$

8-4 $1+2+3+\cdots+11+12=78$임을 이용하여 다음 덧셈을 곱셈식으로 나타내 계산해 보세요.

$$12+24+36+\cdots+132+144=\boxed{}\times\boxed{}=\boxed{}$$

MATH MASTER

1 한 봉지에 30개씩 들어 있는 사탕이 20봉지 있습니다. 이 사탕을 한 명에게 4개씩 112명에게 준다면 사탕은 몇 개 남을까요?

(   )

서술형 2 준혁이는 3월 1일부터 6월 25일까지 매일 수학 문제를 9개씩 풀었습니다. 준혁이가 이 기간 동안 푼 수학 문제는 모두 몇 개인지 풀이 과정을 쓰고 답을 구해 보세요.

풀이

답

3 유진이와 삼촌의 나이의 합은 43이고 나이의 차는 21입니다. 삼촌의 나이가 더 많을 때 유진이와 삼촌의 나이의 곱은 얼마일까요?

먼저 생각해 봐요!
합이 13이고 차가 3인
두 자연수는?

(   )

4 ㉠▲㉡=㉠×(㉡−㉠)으로 약속할 때 다음을 계산해 보세요.
└─• ㉡−㉠을 먼저 계산하고 ㉠에 곱합니다.

$$49 \,▲\, 79$$

(   )

서술형 5 한솔이가 동화책을 펼쳤더니 펼친 두 면의 쪽수의 합이 109였습니다. 펼친 두 면의 쪽수의 곱은 얼마인지 풀이 과정을 쓰고 답을 구해 보세요.

풀이

답

6 어느 문구점에서 공책 한 권을 615원에 사 와서 900원에 팔고, 도화지 한 장을 70원에 사 와서 100원에 팝니다. 이 문구점에서 공책 8권과 도화지 26장을 팔았을 때의 이익은 모두 얼마일까요?

( )

7 길이가 26 cm인 색 테이프를 8 cm씩 겹쳐서 다음과 같이 한 줄로 이어 붙였습니다. 이어 붙인 색 테이프가 35장이라면 이어 붙인 색 테이프의 전체 길이는 몇 cm일까요?

먼저 생각해 봐요!
이어 붙인 전체 길이는?

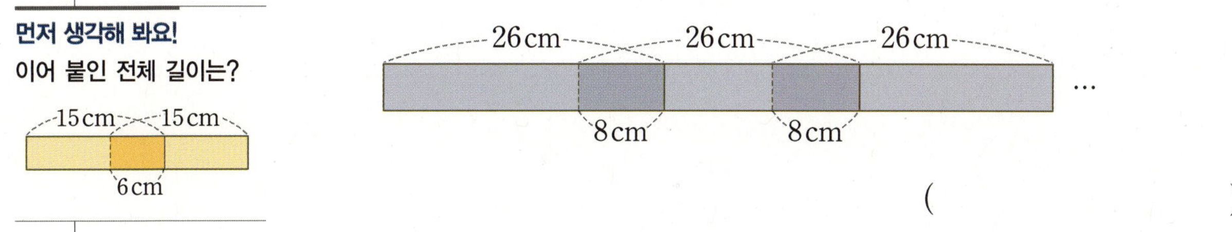

( )

8 어느 공장에서 하루에 생산하는 오토바이는 13대입니다. 이 공장에서 10주 동안 하루도 빠짐없이 오토바이를 생산한다면 오토바이의 바퀴는 모두 몇 개 필요할까요? (단, 오토바이의 바퀴는 2개입니다.)

( )

9 여학생을 7명씩 38줄로 세우면 4명이 남고, 남학생을 16명씩 20줄로 세우면 5명이 부족합니다. 전체 학생은 몇 명일까요?

(   )

[10~11] 보기 와 같은 방법으로 계산하려고 합니다. 물음에 답하세요.

> 보기
>
> • 세 자리 수를 생각하여 각 자리 숫자를 곱합니다.
> • 각 자리 숫자의 곱이 한 자리 수가 될 때까지 계속 반복합니다.
> 예 $238 \rightarrow 2 \times 3 \times 8 = \boxed{48}$, $48 \rightarrow 4 \times 8 = \boxed{32}$, $32 \rightarrow 3 \times 2 = \boxed{6}$

10 ☐ 안에 알맞은 수를 써넣으세요.

$$746 \rightarrow \boxed{} \rightarrow \boxed{} \rightarrow \boxed{} \rightarrow \boxed{}$$

11 ㉠에 들어갈 수 있는 수를 모두 구해 보세요.

(   )

12 수아와 주희는 운동장의 같은 지점에서 동시에 출발하여 서로 반대 방향으로 운동장 둘레를 걸었습니다. 1분 동안 수아는 60 m, 주희는 55 m를 가는 빠르기로 걸었더니 두 사람은 3분 후에 처음으로 만났습니다. 수아와 주희가 다섯째로 만났을 때 걷는 것을 멈췄다면 수아와 주희가 걸은 거리의 합은 몇 m일까요?

(   )

2

나눗셈

1 나머지가 없는 (두 자리 수)÷(한 자리 수)

- 몫은 나누어지는 수에서 나누는 수를 뺄 수 있는 횟수입니다.
- 곱셈과 뺄셈으로 몫을 구합니다.

(몇십)÷(몇)

- $80÷4$의 계산

$$8÷4=2 \Rightarrow 80÷4=20$$

(10배, 10배)

나누어지는 수가 10배가 되면 몫도 10배가 됩니다.

- 나눗셈식을 세로로 쓰기

$$80÷4=20$$

몫 → 20, 나누는 수, 나누어지는 수

$4 \overline{)80}$

(몇십몇)÷(몇)

- $24÷2$의 계산

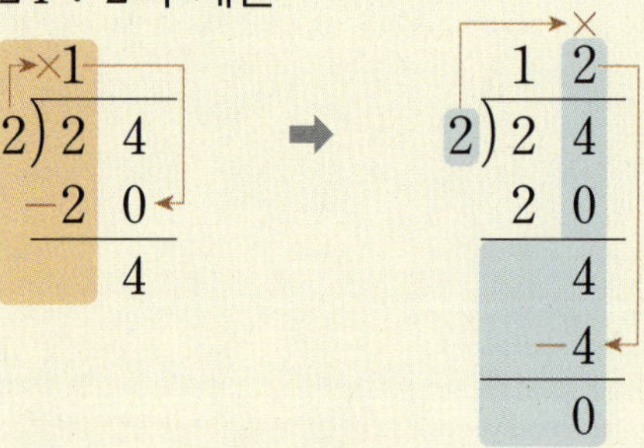

확인 $2×12=24$

- $60÷4$의 계산

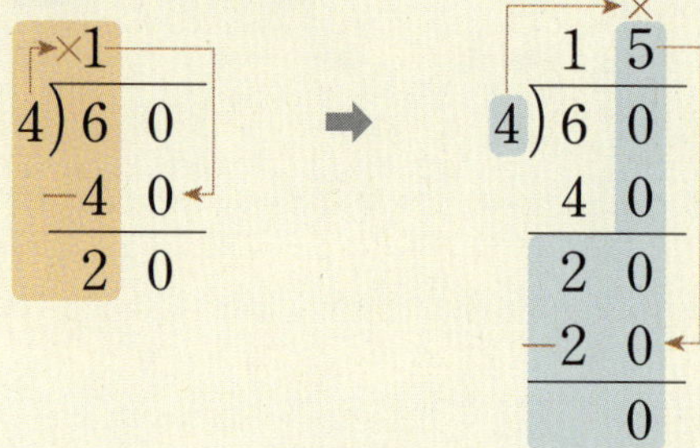

십의 자리, 일의 자리 순서로 나눕니다.

확인 $4×15=60$

나누는 수   몫   나누어지는 수

- $36÷2$의 계산

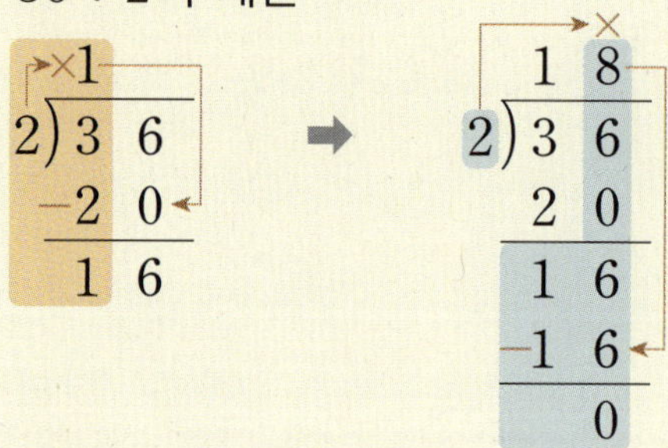

확인 $2×18=36$

---

1 ☐ 안에 알맞은 수를 써넣으세요.

(1) $8÷2=\boxed{} \Rightarrow 80÷2=\boxed{}$

(2) $6÷3=\boxed{} \Rightarrow 60÷3=\boxed{}$

2 ☐ 안에 알맞은 수를 써넣으세요.

(1) $20÷2=\boxed{}$

$6÷2=\boxed{}$

$26÷2=\boxed{}$

(2) $90÷3=\boxed{}$

$3÷3=\boxed{}$

$93÷3=\boxed{}$

3 가장 큰 수를 가장 작은 수로 나눈 몫을 구해 보세요.

| 69 | 72 | 3 | 12 | 6 |

( )

4 나눗셈의 몫이 큰 것부터 차례로 기호를 써 보세요.

㉠ 60÷2 ㉡ 90÷2 ㉢ 60÷5 ㉣ 90÷5

( )

5 동물원에 있는 기린의 다리를 모두 세었더니 48개였습니다. 기린은 모두 몇 마리일까요?

식 ________________________________

답 ________________________________

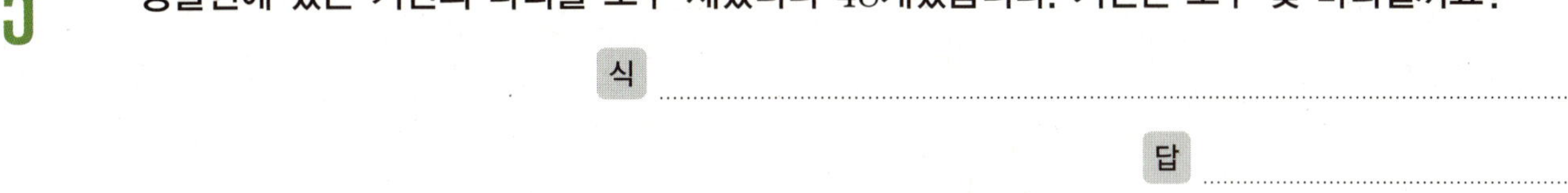

나눗셈식에서 □의 값 구하기

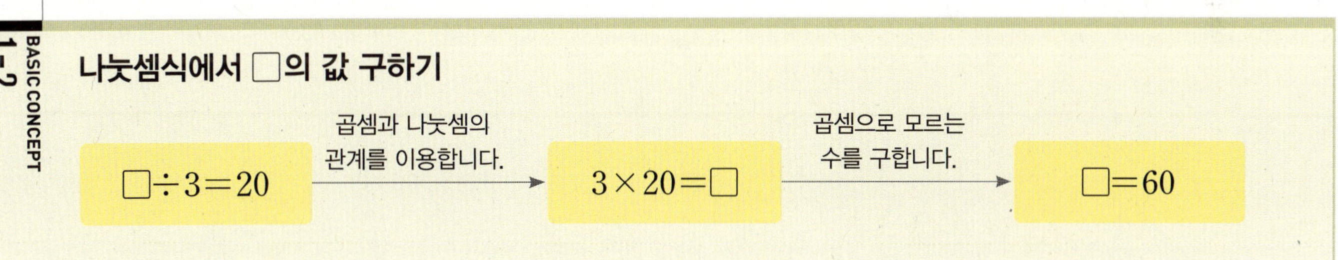

6 □ 안에 알맞은 수를 써넣으세요.

(1) □÷6=16

(2) □÷4=21

7 어떤 수를 5로 나눈 몫이 12였습니다. 어떤 수를 2로 나눈 몫은 얼마일까요?

( )

2 나머지가 있는 (두 자리 수)÷(한 자리 수)

• 나누는 수와 몫의 곱에 나머지를 더하여 나누어지는 수가 되면 계산한 결과가 맞습니다.

나머지가 있는 (몇십몇)÷(몇)

• $35 \div 8$의 계산

35를 8로 나누면 몫은 4이고 3이 남습니다. 이를 $35 \div 8 = 4 \cdots 3$과 같이 나타내고 3을 $35 \div 8$의 나머지라고 합니다. 이때 나머지는 나누는 수보다 항상 작습니다. $32 \div 8 = 4$와 같이 나머지가 0일 때 나누어떨어진다고 합니다.

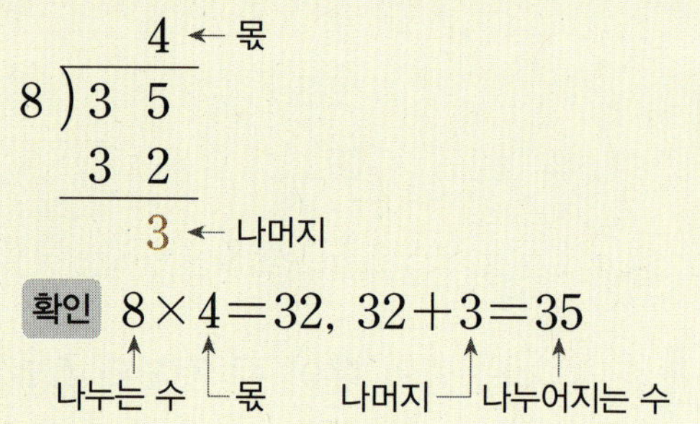

확인 $8 \times 4 = 32,\ 32 + 3 = 35$

• $68 \div 3$의 계산

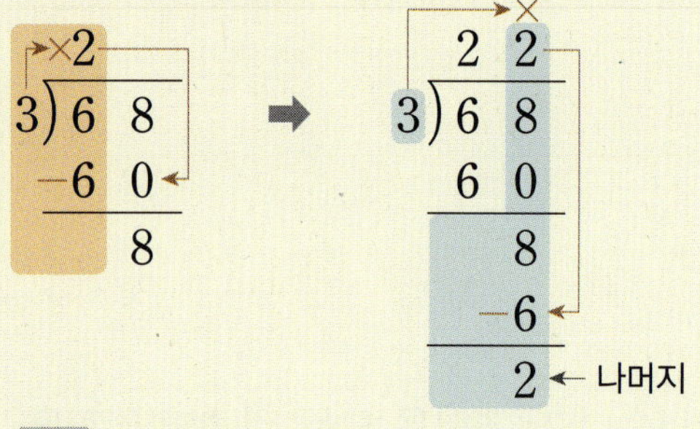

확인 $3 \times 22 = 66,\ 66 + 2 = 68$

• $73 \div 5$의 계산

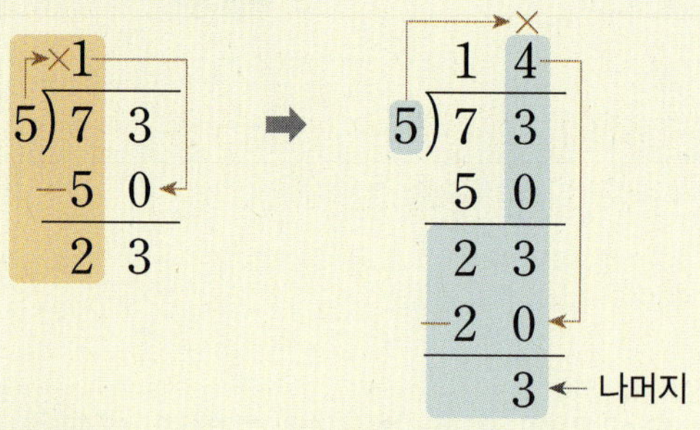

확인 $5 \times 14 = 70,\ 70 + 3 = 73$

---

1 잘못 계산한 곳을 찾아 바르게 계산해 보세요.

$$\begin{array}{r} 1\ 0 \\ 7\overline{)7\ 8} \\ 7\ 0 \\ \hline 8 \end{array}$$

➡

---

2 계산 결과가 맞는지 확인해 보고 맞으면 ○표, 틀리면 ×표 하세요.

(1) $55 \div 4 = 13 \cdots 1$

확인 .... (　　　)

(2) $82 \div 6 = 13 \cdots 4$

확인 .... (　　　)

3 쿠키 63개를 한 봉지에 5개씩 담았습니다. 봉지에 담지 못한 쿠키는 몇 개일까요?

식 ....

답 ....

4 80보다 크고 85보다 작은 자연수 중에서 7로 나누어떨어지는 수를 구해 보세요.

( )

5 오른쪽 나눗셈은 나누어떨어집니다. 0부터 9까지의 수 중에서 ●에 알맞은 수를 모두 구해 보세요.

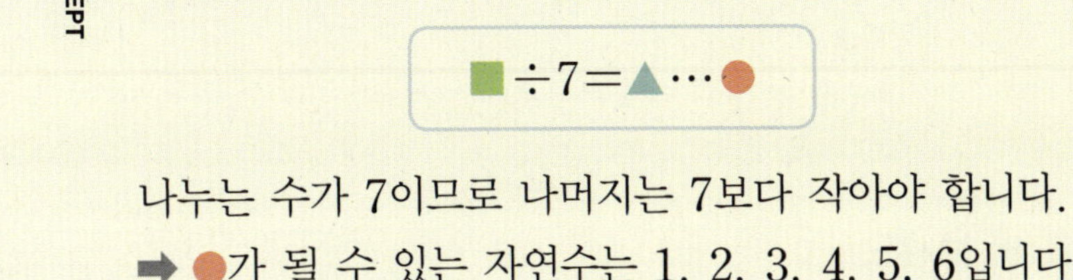

( )

나머지가 될 수 있는 수

나머지는 나누는 수보다 항상 작습니다.

$$■ \div 7 = ▲ \cdots ●$$

나누는 수가 7이므로 나머지는 7보다 작아야 합니다.
➡ ●가 될 수 있는 자연수는 1, 2, 3, 4, 5, 6입니다.

6 나머지가 5가 될 수 없는 식을 모두 찾아 기호를 써 보세요.

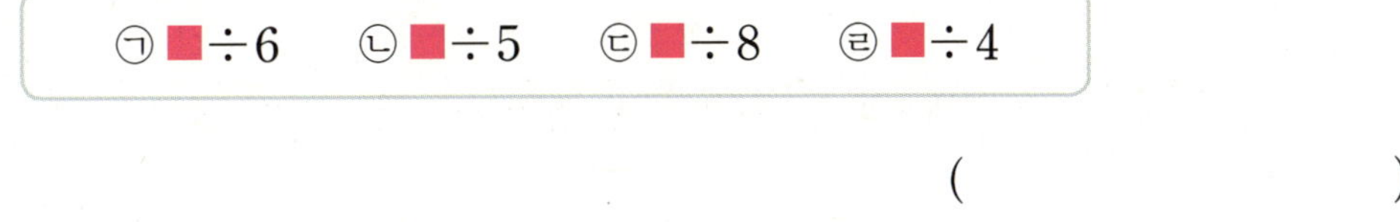

( )

7 ●가 될 수 있는 자연수 중에서 가장 작은 수를 구해 보세요.

( )

3 (세 자리 수)÷(한 자리 수)

- 몫은 나누어지는 수에서 나누는 수를 뺄 수 있는 횟수입니다.
- 곱셈으로 몫을 구하고 뺄셈으로 나머지를 구합니다.

(세 자리 수)÷(한 자리 수)의 몫과 나머지

• $426 \div 4$의 계산

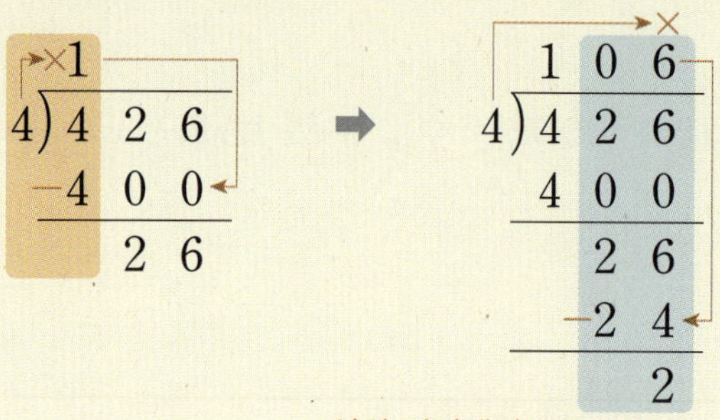

십의 자리에서 2를 4로 나눌 수 없으므로 몫의 십의 자리에 0을 씁니다.

확인 $4 \times 106 = 424,\ 424 + 2 = 426$

• $256 \div 3$의 계산

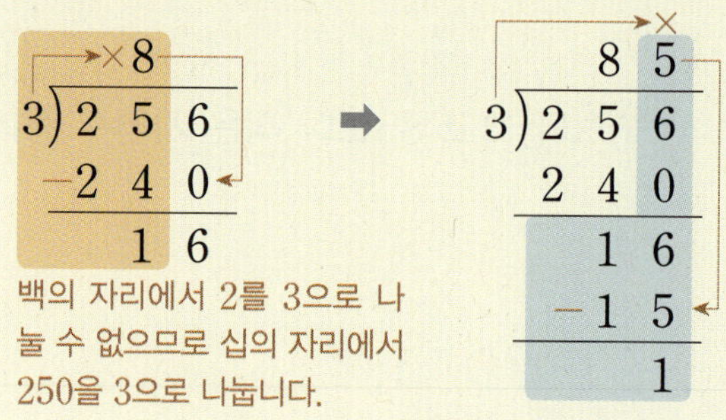

백의 자리에서 2를 3으로 나눌 수 없으므로 십의 자리에서 250을 3으로 나눕니다.

확인 $3 \times 85 = 255,\ 255 + 1 = 256$

---

1 ☐ 안에 알맞은 수를 써넣으세요.

$$565 \div 5 \begin{cases} 500 \div 5 = \boxed{} \\ 65 \div 5 = \boxed{} \end{cases} \boxed{}$$

2 나눗셈을 바르게 한 것을 찾아 기호를 써 보세요.

$$
\begin{array}{ccc}
\ominus\ 4\overline{)824} = 260 & \ominus\ 7\overline{)980} = 140 & \ominus\ 5\overline{)255} = 501
\end{array}
$$

(   )

3 나머지가 가장 큰 것을 찾아 기호를 써 보세요.

$$\ominus\ 203 \div 7 \qquad \ominus\ 569 \div 9 \qquad \ominus\ 415 \div 4$$

(   )

4 민성이는 136일 동안 하루도 빠짐없이 줄넘기를 했습니다. 민성이는 줄넘기를 몇 주 며칠 동안 했는지 구하고, 계산한 결과가 맞는지 확인해 보세요.

식 ....

답 민성이는 줄넘기를 [   ]주 [   ]일 동안 했습니다.

확인 ....

5 탁구공 1000개를 상자에 똑같이 나누어 담았더니 8상자가 되고 40개가 남았습니다. 탁구공을 한 상자에 몇 개씩 담았을까요?

(   )

몫이 가장 크거나 가장 작은 (세 자리 수)÷(한 자리 수) 만들기

[2] [3] [4] [5]

- 몫이 가장 큰 경우

  나누어지는 수는 가장 크게, 나누는 수는 가장 작게 만듭니다. ➡ $543 \div 2 = 271 \cdots 1$

- 몫이 가장 작은 경우

  나누어지는 수는 가장 작게, 나누는 수는 가장 크게 만듭니다. ➡ $234 \div 5 = 46 \cdots 4$

6 수 카드를 모두 한 번씩 사용하여 (세 자리 수)÷(한 자리 수)의 나눗셈식을 만들고 몫과 나머지를 구하려고 합니다. 물음에 답하세요.

[2]   [9]   [5]   [4]

(1) 몫이 가장 큰 나눗셈식을 만들고 몫과 나머지를 구해 보세요.

식 ....

몫 .... 나머지 ....

(2) 몫이 가장 작은 나눗셈식을 만들고 몫과 나머지를 구해 보세요.

식 ....

몫 .... 나머지 ....

곱셈과 덧셈으로 나누어지는 수를 알 수 있다.

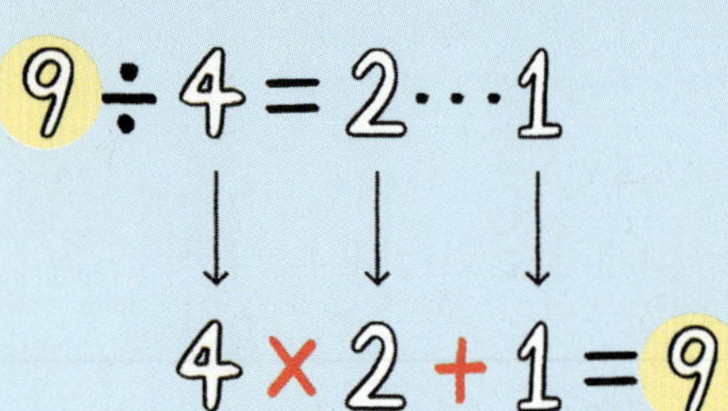

어떤 수를 3으로 나눈 몫이 11이고 나머지가 2이면

$$\blacksquare \div 3 = 11 \cdots 2$$

$$3 \times 11 + 2 = \blacksquare$$
$$33 + 2 = \blacksquare, \ \blacksquare = 35$$

어떤 수를 8로 나누었더니 몫은 9이고 나머지는 1이었습니다. 이 수를 5로 나눈 몫과 나머지를 각각 구해 보세요.

어떤 수를 $\blacksquare$라고 하면 $\blacksquare \div 8 = 9 \cdots 1$에서

$$\boxed{} \times \boxed{} + \boxed{} = \blacksquare, \ \blacksquare = \boxed{} \ \text{입니다.}$$

어떤 수는 $\boxed{}$이고 이 수를 5로 나누면

$$\boxed{} \div 5 = \boxed{} \cdots \boxed{} \ \text{입니다.}$$

따라서 몫은 $\boxed{}$, 나머지는 $\boxed{}$입니다.

1-1 어떤 수를 5로 나누었더니 몫은 13이고 나머지는 4였습니다. 어떤 수는 얼마일까요?

(   )

1-2 어떤 수를 6으로 나누었더니 몫은 10이고 나머지는 나올 수 있는 수 중 가장 큰 수였습니다. 어떤 수를 4로 나누었을 때의 나머지를 구해 보세요. (단, 나머지는 자연수입니다.)

(   )

서술형 **1-3** 67을 어떤 수로 나누었더니 몫은 8이고 나머지는 3이었습니다. 135를 어떤 수로 나누었을 때의 몫과 나머지는 각각 얼마인지 풀이 과정을 쓰고 답을 구해 보세요.

풀이

몫   나머지

1-4 71을 어떤 수로 나누었더니 몫은 7이고 나머지는 나올 수 있는 수 중 가장 큰 수였습니다. 어떤 수로 나누었을 때 나누어떨어지는 수 중 가장 큰 두 자리 수를 구해 보세요. (단, 나머지는 자연수입니다.)

(   )

남는 것이 없으려면 나머지를 나누는 수와 같게 한다.

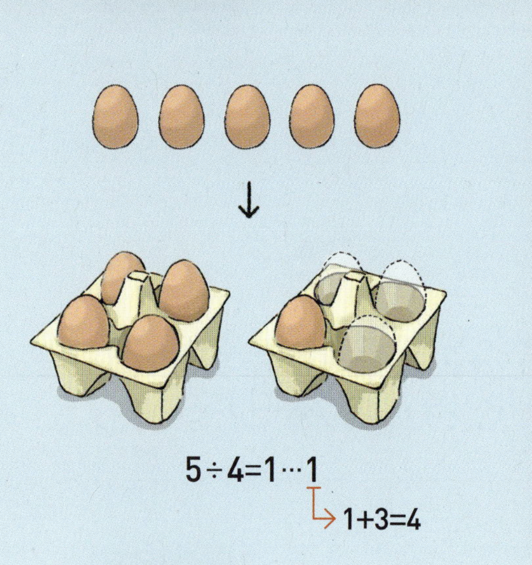

과자 23개를 5명에게 똑같이 나누어 주려고 할 때

$23 \div 5 = 4 \cdots 3$

한 명에게 4개씩 주면 3개가 남습니다.

• 5명에게 주려면
2개가 부족합니다.

따라서 과자가 적어도 2개 더 있으면 5명에게
남김없이 똑같이 나누어 줄 수 있습니다.

공책 76권을 지수네 모둠 학생 6명에게 남김없이 똑같이 나누어 주려고 합니다. 공책은 적어도 몇 권 더 필요할까요?

$76 \div 6 = \boxed{} \cdots \boxed{}$

공책을 한 명에게 $\boxed{}$ 권씩 주면 $\boxed{}$ 권이 남습니다.

남는 $\boxed{}$ 권을 6명에게 한 권씩 더 주려면 $6 - \boxed{} = \boxed{}$ (권)이 부족합니다.

따라서 공책을 남김없이 똑같이 나누어 주려면 공책은 적어도 $\boxed{}$ 권 더 필요합니다.

2-1 딸기 87개를 9명에게 남김없이 똑같이 나누어 주려고 합니다. 딸기는 적어도 몇 개 더 필요할까요?

(   )

서술형
2-2 파란색 구슬 27개와 노란색 구슬 37개가 있습니다. 이 구슬을 색깔에 상관없이 5개의 통에 남김없이 똑같이 나누어 담으려고 합니다. 구슬은 적어도 몇 개 더 있어야 하는지 풀이 과정을 쓰고 답을 구해 보세요.

풀이

답

2-3 지우개가 106개 있습니다. 이 지우개를 8개의 모둠에게 남김없이 똑같이 나누어 주려고 합니다. 지우개를 3개씩 묶음으로만 판다면 지우개는 적어도 몇 묶음 더 사야 할까요?

(   )

2-4 사탕 66개를 희아네 모둠 학생들에게 똑같이 나누어 주면 한 명에게 9개씩 주고 3개가 남습니다. 희아네 모둠 학생들에게 초콜릿 30개를 남김없이 똑같이 나누어 주려면 초콜릿은 적어도 몇 개 더 필요할까요?

(   )

알 수 있는 것부터 차례로 구한다.

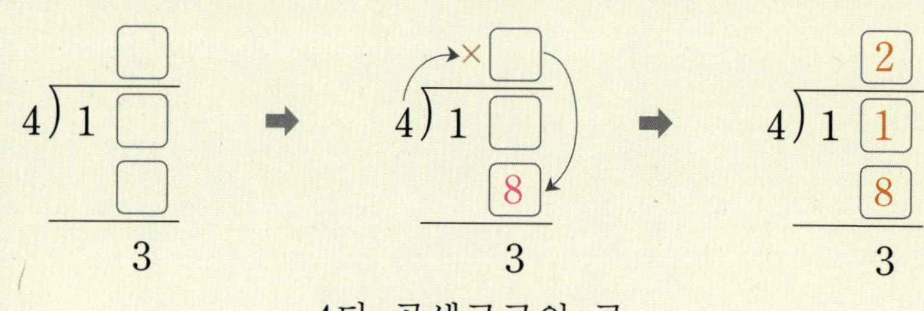

4단 곱셈구구의 곱 중 십몇에서 빼었을 때 3이 남는 한 자리 수는 8입니다.

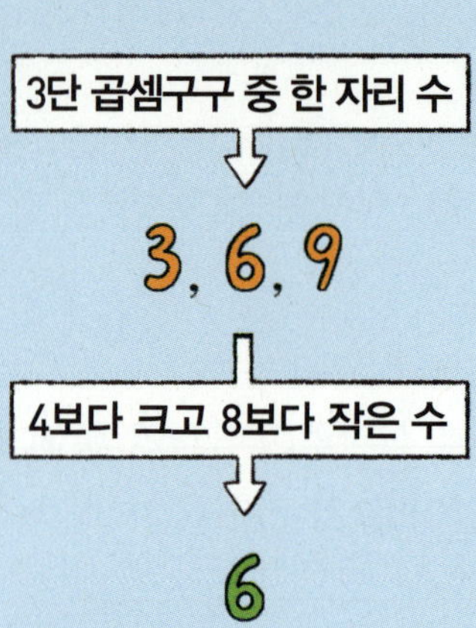

대표문제 **3**

☐ 안에 알맞은 수를 써넣으세요.

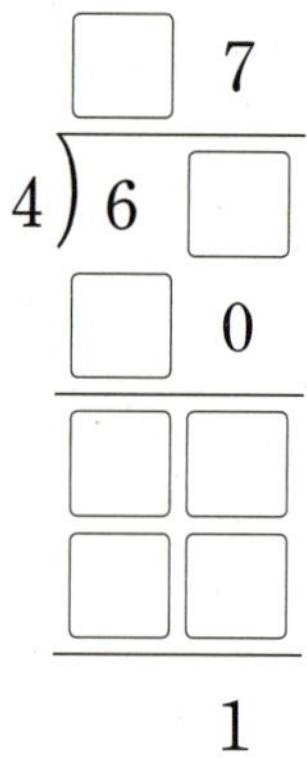

---

① 6에 4는 한 번 들어가므로 다음 ☐ 안의 수를 구할 수 있습니다.

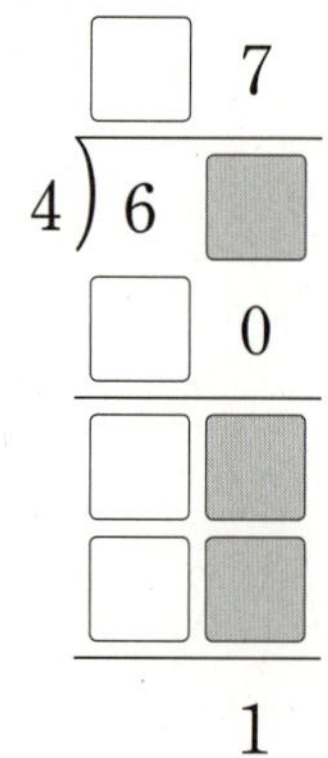

② 4×7=28이므로 다음 ☐ 안의 수를 구할 수 있습니다.

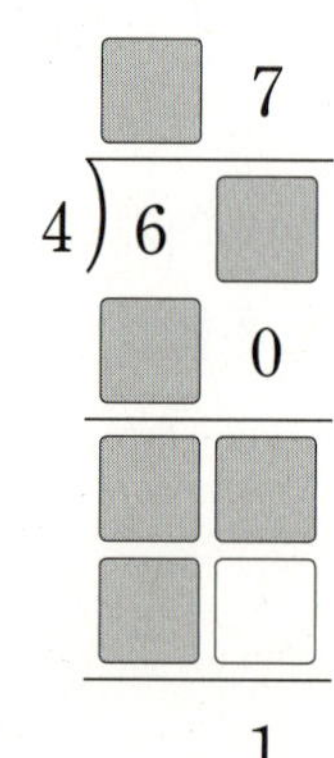

③ 나머지가 1이므로 다음 ☐ 안의 수를 구할 수 있습니다.

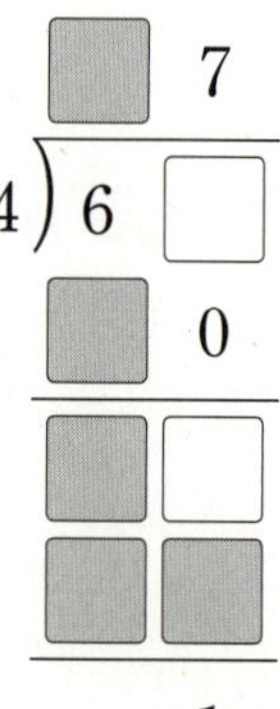

3-1 □ 안에 알맞은 수를 써넣으세요.

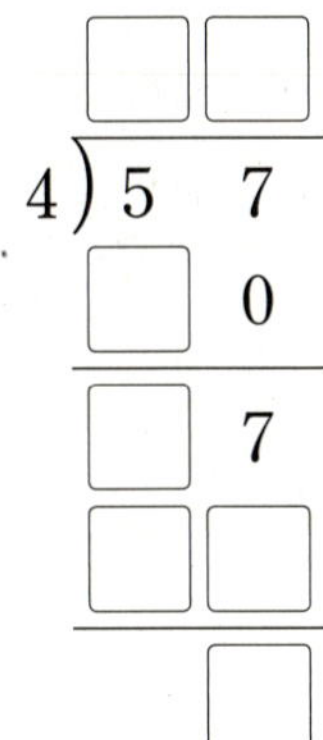

3-2 □ 안에 알맞은 수를 써넣으세요.

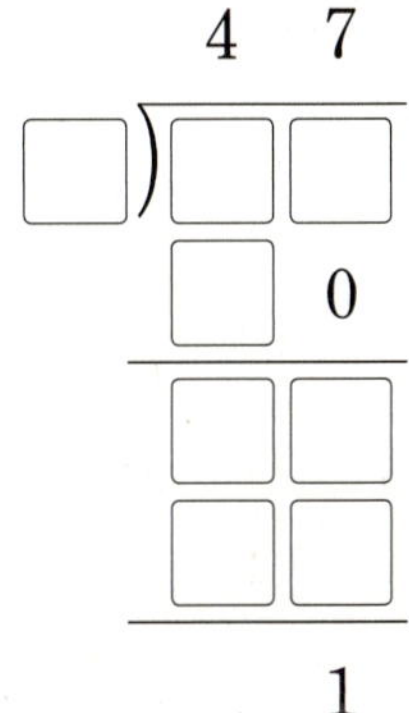

3-3 □ 안에 알맞은 수를 써넣으세요. (단, 나누는 수는 자연수입니다.)

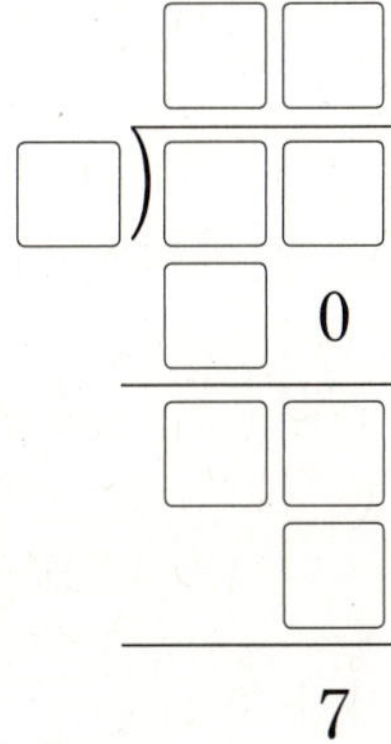

나머지는 나누는 수보다 작다.

$$6 \div 2 = 3$$
$$7 \div 2 = 3 \cdots 1$$
$$8 \div 2 = 4$$
$$9 \div 2 = 4 \cdots 1$$
$$10 \div 2 = 5$$

■$\div 6 = $●$\cdots$★에서

★이 될 수 있는 자연수는 나누는 수 6보다 작은 1, 2, 3, 4, 5입니다.

➡ 가장 큰 나머지는 5입니다.

대표문제 4

■에 알맞은 수 중에서 가장 큰 수를 구해 보세요. (단, ▲는 자연수입니다.)

$$■\div 8 = 11 \cdots ▲$$

■$\div 8 = 11 \cdots ▲$에서 나누는 수는 $\boxed{}$ 이므로 나머지 ▲는 $\boxed{}$ 보다 작습니다.

나머지가 가장 클 때 나누어지는 수가 가장 크므로 ■에 알맞은 수 중에서 가장 큰 수는 ▲$= \boxed{}$ 일 때입니다.

➡ $8 \times 11 + \boxed{} = \boxed{}$

따라서 ■에 알맞은 수 중에서 가장 큰 수는 $\boxed{}$ 입니다.

다른 풀이 |

■$\div 8 = 11 \cdots ▲$에서 몫은 $\boxed{}$ 이므로 ■에 알맞은 수 중에서 가장 큰 수는

몫이 12일 때 나누어떨어지는 수보다 $\boxed{}$ 만큼 더 작은 수입니다.

➡ $8 \times 12 - \boxed{} = \boxed{}$

따라서 ■에 알맞은 수 중에서 가장 큰 수는 $\boxed{}$ 입니다.

4-1 어떤 수를 5로 나누었더니 몫은 ●이고 나머지는 ★이었습니다. ★이 될 수 있는 수 중에서 가장 큰 수는 얼마일까요? (단, ★은 자연수입니다.)

(   )

4-2 □ 안에 들어갈 수 있는 수 중에서 둘째로 큰 수를 구해 보세요. (단, ●는 자연수입니다.)

$$\square \div 9 = 15 \cdots \bullet$$

(   )

4-3 두 자리 수 중에서 4로 나누었을 때 나머지가 1인 가장 큰 수를 구해 보세요.

(   )

4-4 다음 나눗셈에서 나머지가 가장 클 때 ■에 알맞은 수를 모두 구해 보세요. (단, ■9는 두 자리 수입니다.)

$$\blacksquare 9 \div 6$$

(   )

최상위 S

모르는 수가 하나만 있는 식으로 만든다.

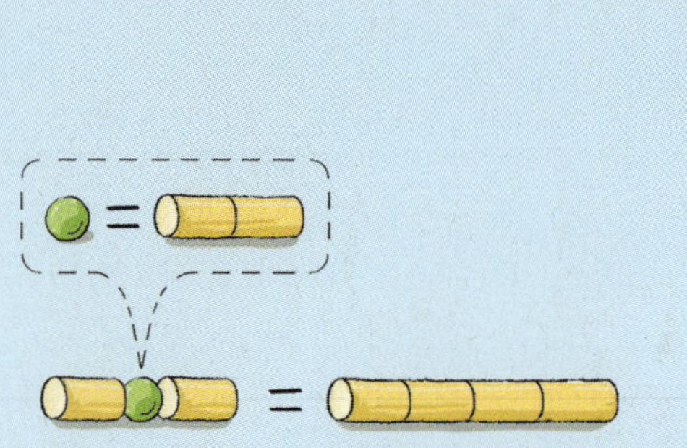

가로가 세로의 3배인 직사각형에서

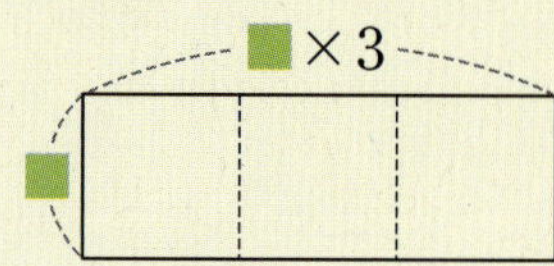

(직사각형의 가로)=■×3

(직사각형의 세로)=■

➡ (직사각형의 둘레)=(■×3)+■+(■×3)+■

$\qquad = ■×8$

대표문제 **5**

승우는 길이가 88 cm인 철사를 모두 사용하여 오른쪽과 같은 직사각형 모양을 한 개 만들었습니다. 직사각형 모양의 긴 변의 길이가 짧은 변의 길이의 3배일 때 긴 변의 길이는 몇 cm일까요?

직사각형 모양의 짧은 변의 길이를 ● cm라고 하면 긴 변의 길이는 (●×3) cm이므로

$$(●×3)+●+(●×3)+● = \boxed{}$$

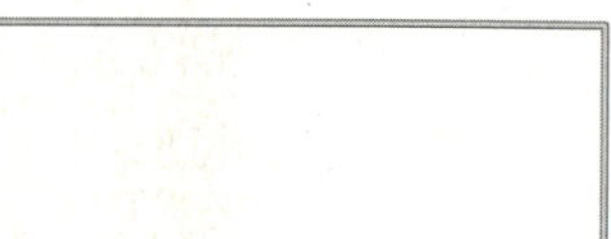

긴 변   짧은 변   긴 변   짧은 변

$$● × \boxed{} = \boxed{}$$

$$● = \boxed{} ÷ \boxed{}$$

$$● = \boxed{} \text{입니다.}$$

따라서 짧은 변의 길이가 $\boxed{}$ cm이므로 긴 변의 길이는 $\boxed{} × 3 = \boxed{}$ (cm)입니다.

5-1 길이가 60 cm인 막대를 두 도막으로 잘랐더니 긴 도막의 길이가 짧은 도막의 길이의 2배였습니다. 긴 도막의 길이와 짧은 도막의 길이는 각각 몇 cm일까요?

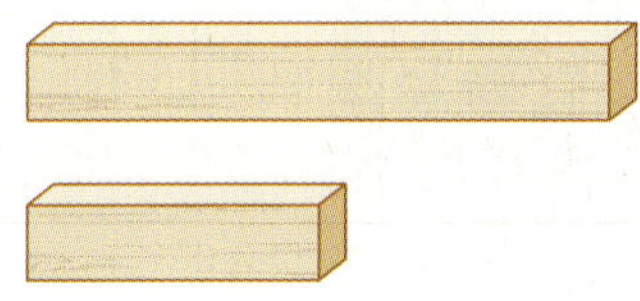

긴 도막 (   ), 짧은 도막 (   )

5-2 길이가 90 cm인 끈을 모두 사용하여 직사각형 모양을 한 개 만들었습니다. 짧은 변의 길이가 긴 변의 길이의 절반일 때 긴 변의 길이와 짧은 변의 길이는 각각 몇 cm일까요?

긴 변 (   ), 짧은 변 (   )

5-3 오른쪽 그림은 큰 정사각형을 4등분 한 것입니다. 색칠한 직사각형의 네 변의 길이의 합이 72 cm일 때 큰 정사각형의 한 변의 길이는 몇 cm일까요?

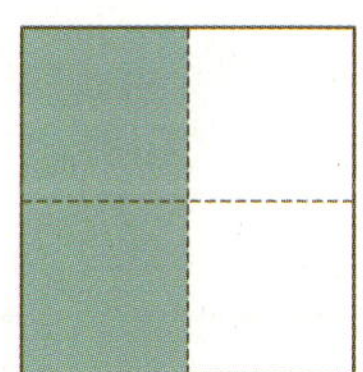

(   )

5-4 오른쪽 그림과 같이 정사각형 모양의 색종이를 똑같은 직사각형 모양 3개로 잘랐습니다. 자른 직사각형 모양 한 개의 네 변의 길이의 합이 80 cm일 때 처음 정사각형 모양의 네 변의 길이의 합은 몇 cm일까요?

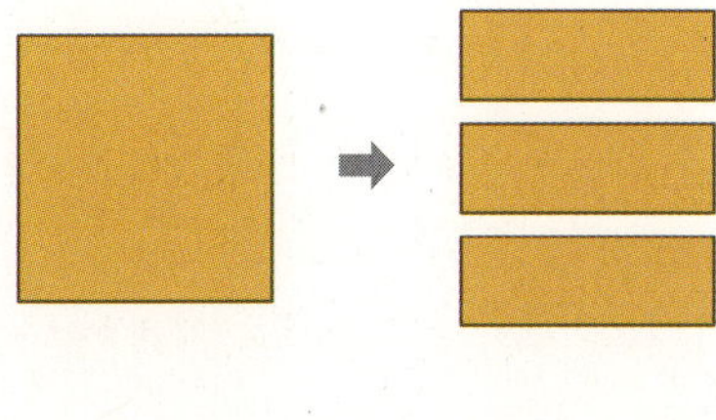

(   )

나누어떨어지는 나눗셈은 나머지가 0이다.

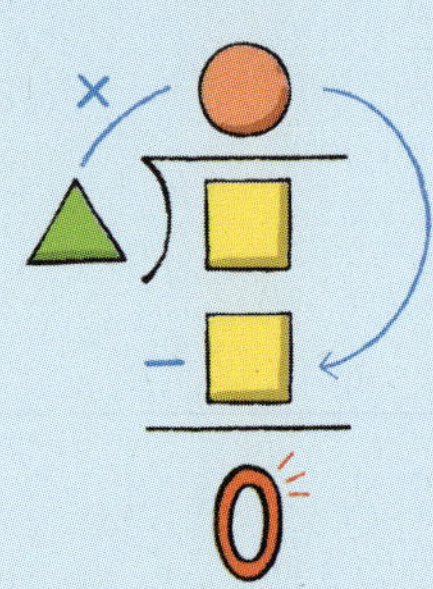

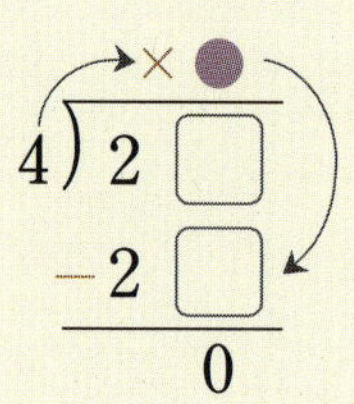

4단 곱셈구구에서 곱의 십의 자리 수가 2인
두 자리 수는 20, 24, 28이므로 □ 안에 들어갈
수 있는 수는 0, 4, 8입니다.

대표문제 6 다음 나눗셈은 나누어떨어집니다. ■에 알맞은 수를 모두 구해 보세요. (단, 7■는 두 자리 수입니다.)

$$7\blacksquare \div 4$$

4로 나누어떨어지므로 왼쪽 나눗셈에서

$4 \times \blacktriangle = 3\blacksquare$ 입니다.

4단 곱셈구구에서 곱의 십의 자리 수가 3인 경우는

$4 \times 8 = \boxed{}$, $4 \times 9 = \boxed{}$ 입니다.

따라서 ■에 알맞은 수는 $\boxed{}$, $\boxed{}$ 입니다.

6-1 다음 나눗셈은 나누어떨어집니다. □ 안에 알맞은 수를 구해 보세요. (단, 8□는 두 자리 수
입니다.)

$$7\,)\overline{8\square}$$

(   )

6-2 다음 나눗셈이 나누어떨어질 때 □ 안에 알맞은 수를 모두 구해 보세요. (단, 92□는 세 자리
수입니다.)

$$92\square \div 8$$

(   )

6-3 다음 조건을 모두 만족시키는 수를 구해 보세요.

> • 60보다 크고 70보다 작습니다.
> • 5로 나누면 나누어떨어집니다.

(   )

6-4 다음 조건을 모두 만족시키는 수를 9로 나누면 몫은 얼마일까요?

> • 800보다 크고 900보다 작습니다.
> • 백의 자리 숫자와 십의 자리 숫자는 같습니다.
> • 6으로 나누면 나누어떨어집니다.

(   )

깃발을 놓을 때
간격 수에 따라 깃발 수가 정해진다.

곧게 뻗은 도로의 처음부터 끝까지 나무를 심는다면

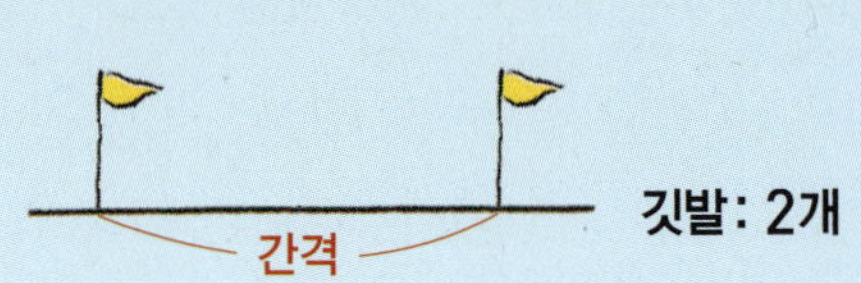

(나무 사이의 간격 수)=30÷5=6(군데)

➡ (필요한 나무 수)=6+1=7(그루)

대표문제 7

길이가 98 m인 곧게 뻗은 산책로의 양쪽에 7 m 간격으로 나무를 심으려고 합니다. 산책로의 처음부터 끝까지 나무를 심는다면 나무는 모두 몇 그루 필요할까요? (단, 나무의 두께는 생각하지 않습니다.)

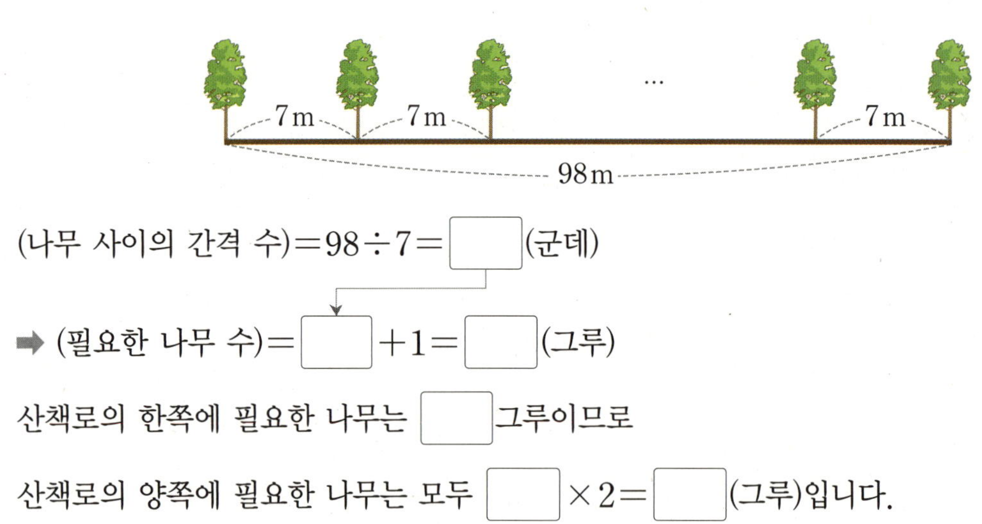

(나무 사이의 간격 수)=98÷7=☐(군데)

➡ (필요한 나무 수)=☐+1=☐(그루)

산책로의 한쪽에 필요한 나무는 ☐그루이므로

산책로의 양쪽에 필요한 나무는 모두 ☐×2=☐(그루)입니다.

7-1 둘레의 길이가 80 m인 원 모양의 호수 둘레에 5 m 간격으로 가로등을 세우려고 합니다. 가로등은 모두 몇 개 필요할까요? (단, 가로등의 두께는 생각하지 않습니다.)

(   )

서술형 **7-2** 길이가 351 m인 곧게 뻗은 도로의 양쪽에 9 m 간격으로 안내판을 세우려고 합니다. 도로의 처음부터 끝까지 안내판을 세운다면 안내판은 모두 몇 개 필요한지 풀이 과정을 쓰고 답을 구해 보세요. (단, 안내판의 너비나 두께는 생각하지 않습니다.)

풀이 ____

____

____

답 ________________________________

7-3 ㉮ 지점에서 ㉯ 지점까지 가는 길의 양쪽에 처음부터 끝까지 일정한 간격으로 의자가 20개 놓여 있습니다. ㉮ 지점과 ㉯ 지점 사이의 거리가 270 m라면 의자 사이의 간격은 몇 m일까요? (단, 의자의 길이는 생각하지 않습니다.)

(   )

7-4 둘레의 길이가 300 m인 원 모양의 목장 둘레에 나무 5그루를 일정한 간격으로 심은 다음, 나무와 나무 사이에 말뚝을 3 m 간격으로 박으려고 합니다. 나무를 심은 곳에는 말뚝을 박지 않는다면 말뚝은 모두 몇 개 필요할까요? (단, 나무와 말뚝의 두께는 생각하지 않습니다.)

(   )

같은 모양을 이어 붙인
도형의 둘레는 변의 수로 알 수 있다.

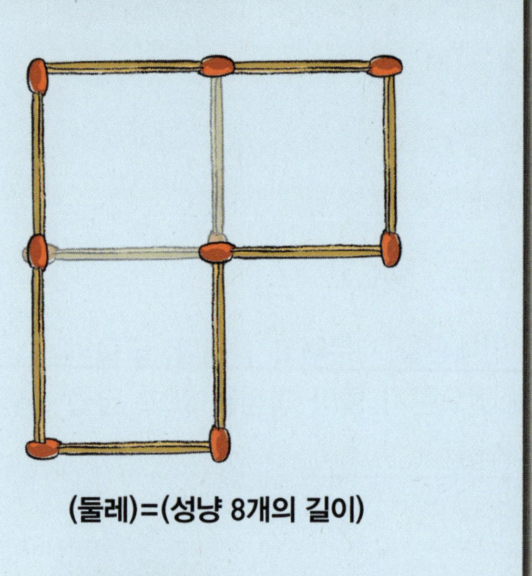

(둘레)=(성냥 8개의 길이)

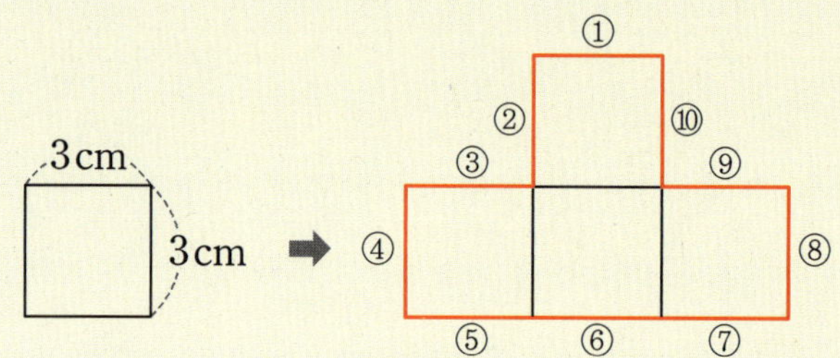

왼쪽 정사각형을 이어 붙여 오른쪽과 같은 도형을 만들면

오른쪽 도형은 3 cm인 변 10개로 둘러싸여 있습니다.

대표문제 8

크기가 같은 정사각형 6개와 세 변의 길이가 같은 삼각형 6개를 각각 겹치지 않게 이어 붙여서 만든 도형입니다. 정사각형의 한 변의 길이는 16 cm이고 두 도형에서 굵은 선의 길이가 같을 때 ■는 얼마인지 구해 보세요.

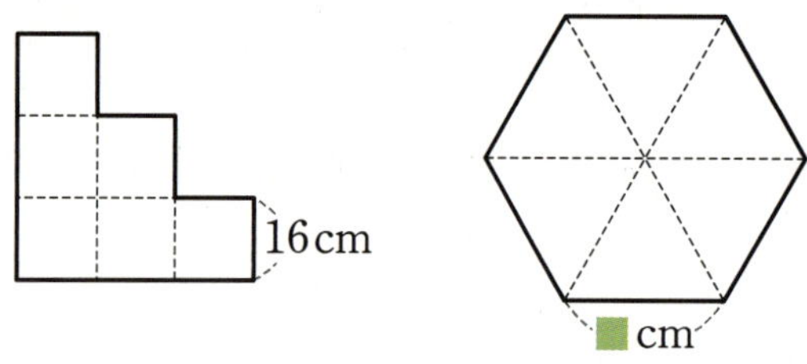

왼쪽 도형에서 굵은 선의 길이는 16 cm인 변 ☐개의 길이와 같으므로

$16 \times$ ☐ $=$ ☐ (cm)입니다.

오른쪽 도형에서 굵은 선의 길이는 ■cm인 변 ☐개의 길이와 같고 왼쪽 도형의 굵은 선의

길이가 ☐ cm이므로 ■ $\times$ ☐ $=$ ☐

■ $=$ ☐ $\div$ ☐

■ $=$ ☐ 입니다.

8-1 왼쪽 도형은 정사각형이고 오른쪽 도형은 세 변의 길이가 같은 삼각형입니다. 두 도형의 둘레가 같을 때 삼각형의 한 변의 길이는 몇 cm일까요?

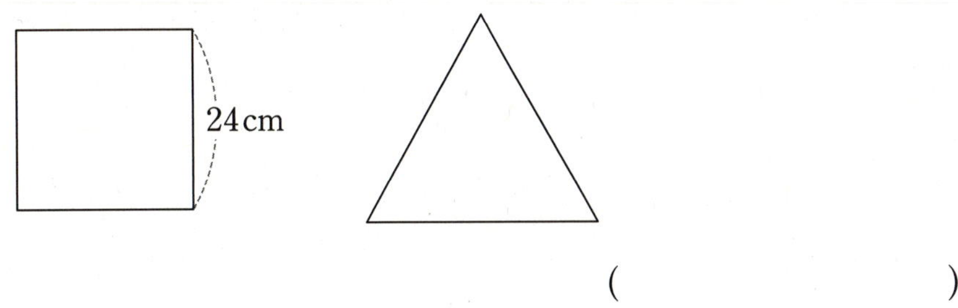

(   )

8-2 가 도형은 크기가 같은 정사각형 5개를 겹치지 않게 이어 붙여서 만든 것이고, 나 도형은 다섯 변의 길이가 같습니다. 가와 나 도형의 둘레가 같을 때 나 도형의 한 변의 길이는 몇 cm일까요?

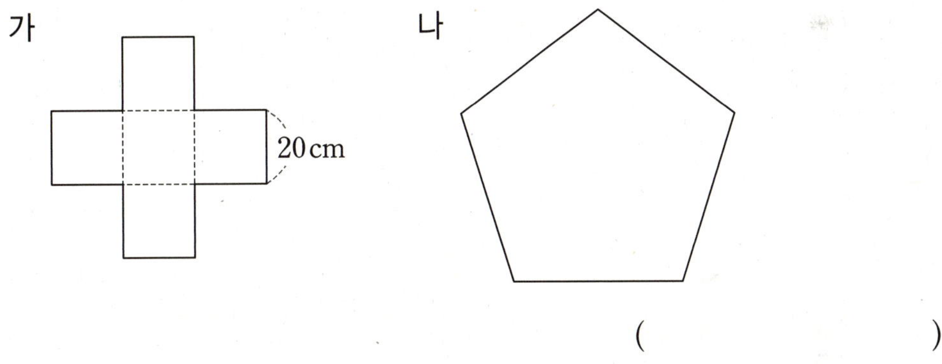

(   )

8-3 설아는 길이가 117 cm인 철사를 겹치지 않게 모두 사용하여 왼쪽과 같은 모양을 만들었고, 희재는 길이가 112 cm인 철사를 겹치지 않게 모두 사용하여 오른쪽과 같은 모양을 만들었습니다. ■＋▲는 얼마인지 구해 보세요. (단, 두 모양에서 가장 작은 삼각형은 정삼각형이고, 가장 작은 사각형은 정사각형입니다.)

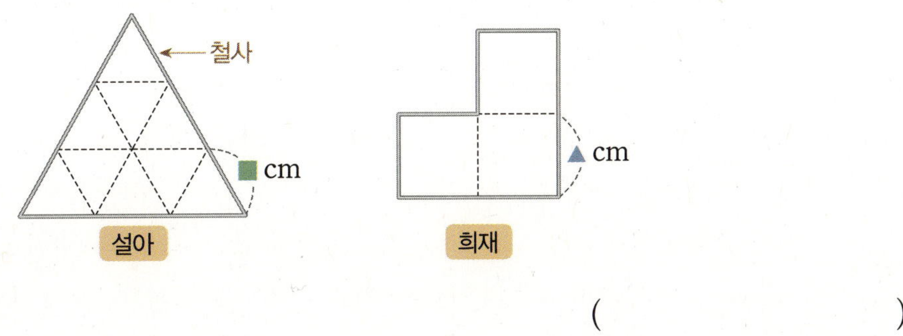

(   )

MATH MASTER

1 수 카드 2, 4, 9 를 모두 한 번씩 사용하여 (몇십몇)÷(몇)의 나눗셈식을 만들어 계산하려고 합니다. 나누어떨어지는 나눗셈식은 모두 몇 개 만들 수 있을까요?

(   )

2 귤을 소라는 54개, 동생은 42개 땄습니다. 두 사람이 딴 귤을 8봉지에 똑같이 나누어 담은 다음 그중 한 봉지를 똑같이 나누어 먹었습니다. 소라가 먹은 귤은 몇 개일까요?

(   )

3 오른쪽 그림은 네 변의 길이의 합이 $528\,\text{cm}$인 정사각형을 모양과 크기가 같은 직사각형 6개로 나눈 것입니다. 가장 작은 직사각형의 짧은 변의 길이는 몇 cm일까요?

(   )

서술형 4 길이가 $25\,\text{cm}$인 색 테이프 10장을 일정한 길이만큼씩 겹쳐서 한 줄로 이어 붙였더니 이어 붙인 전체 길이가 $160\,\text{cm}$가 되었습니다. 색 테이프를 몇 cm씩 겹쳐서 이어 붙였는지 풀이 과정을 쓰고 답을 구해 보세요.

풀이

답

5 세 학생이 카드에 적힌 수를 보고 설명한 것입니다. 카드에 적힌 수를 구해 보세요.

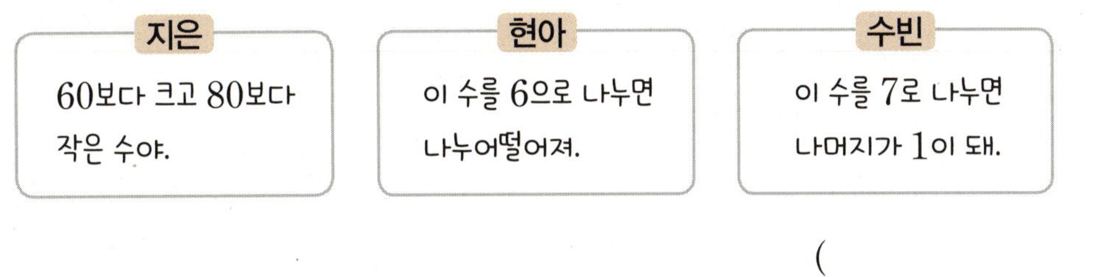

( )

6 새롬이와 영진이는 5주 동안 종이배를 980개 접었습니다. 두 사람이 하루에 접은 종이배의 수는 일정하고 서로 같다면 새롬이가 하루에 접은 종이배는 몇 개일까요?

( )

7 오른쪽 그림과 같이 직사각형 모양의 땅의 둘레에 말뚝을 박아 울타리를 만들려고 합니다. 말뚝 사이의 간격을 $3\,\text{m}$로 한다면 울타리를 만드는 데 필요한 말뚝은 모두 몇 개일까요? (단, 땅의 꼭 짓점 부분에는 반드시 말뚝을 박고 말뚝의 두께는 생각하지 않습니다.)

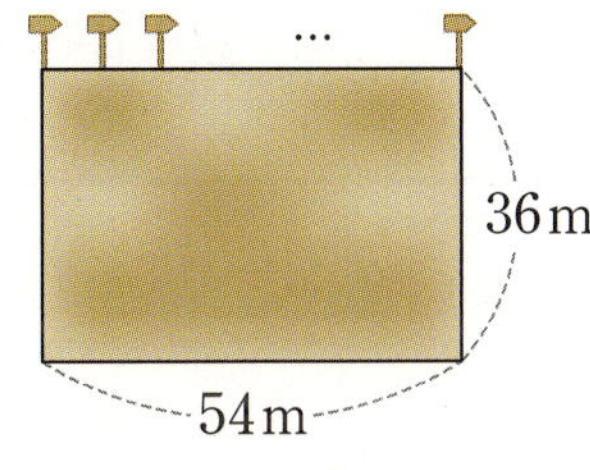

먼저 생각해 봐요!
한 변이 $12\,\text{cm}$인 정사각형의 둘레에 $4\,\text{cm}$ 간격으로 바둑돌을 놓을 때 필요한 바둑돌은?

( )

8 다음 두 식을 모두 만족시키는 ●와 ▲에 알맞은 수를 각각 구해 보세요. (단, 같은 모양은 같은 수를 나타냅니다.)

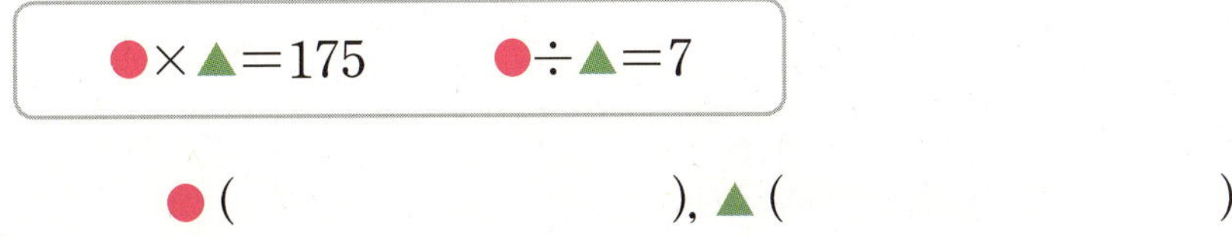

● ( ), ▲ ( )

서술형 9

노란 구슬 3개의 무게의 합은 39 g이고, 노란 구슬 4개와 파란 구슬 3개의 무게의 합은 97 g입니다. 파란 구슬 한 개의 무게는 몇 g인지 풀이 과정을 쓰고 답을 구해 보세요. (단, 같은 색깔의 구슬은 무게가 서로 같습니다.)

풀이

답

10

장난감을 ㉮ 기계는 2분 동안 30개 만들고 ㉯ 기계는 4분 동안 48개 만듭니다. 두 기계를 동시에 켜서 장난감을 만들기 시작하여 ㉮ 기계가 ㉯ 기계보다 장난감을 90개 더 많이 만들었을 때 두 기계를 동시에 껐습니다. 두 기계가 동시에 켜져 있던 시간은 몇 분일까요? (단, ㉮ 기계와 ㉯ 기계가 장난감을 만드는 빠르기는 각각 일정합니다.)

( )

11

현서네 학교 3학년 학생을 5명씩 모둠을 만들면 3명이 남고 8명씩 모둠을 만들면 남는 학생이 없습니다. 현서네 학교 3학년 학생이 100명보다 많고 130명보다 적을 때 이 학생들을 9명씩 모둠을 만들면 몇 명이 남을까요?

( )

먼저 생각해 봐요!

사탕을 한 봉지에 5개씩 담으면 3개가 남고 7개씩 담으면 남는 것이 없을 때 사탕은 몇 개? (단, 사탕은 30개보다 적다.)

3

원

원의 중심, 반지름, 지름과 원의 성질

- 점이 모여 선이 됩니다.
- 원은 평면 위의 한 점에서 일정한 거리에 있는 점들로 이루어진 곡선입니다.

원의 중심, 반지름, 지름

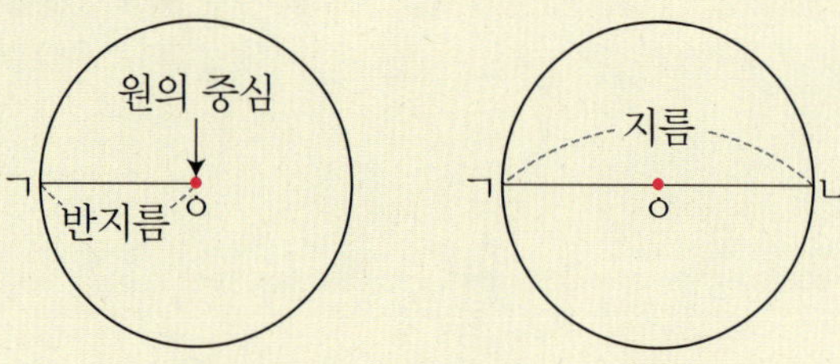

- **원의 중심**: 원을 그릴 때 누름 못을 꽂았던 점 ㅇ
- 원의 **반지름**: 선분 ㄱㅇ과 같이 원의 중심 ㅇ과 원 위의 한 점을 이은 선분
- 원의 **지름**: 선분 ㄱㄴ과 같이 원 위의 두 점을 이은 선분 중 원의 중심 ㅇ을 지나는 선분

원의 성질

- 한 원에서 반지름과 지름은 셀 수 없이 많습니다.
- 한 원에서 반지름의 길이는 모두 같고, 지름의 길이도 모두 같습니다.
- 원의 지름은 원을 똑같이 둘로 나눕니다.
- 원의 지름은 원 위의 두 점을 이은 선분 중 길이가 가장 깁니다.
- 원의 지름의 길이는 반지름의 길이의 2배입니다.

6-2 연계

- 원의 둘레를 원둘레 또는 원주라고 합니다.

- 원의 크기와 관계없이 지름에 대한 원주의 비는 일정하고, 이 비의 값을 원주율이라고 합니다.

- (원주)＝(지름)×(원주율)
  (원의 넓이)
  ＝(반지름)×(반지름)×(원주율)

---

1 오른쪽 그림에서 원의 지름과 반지름을 나타내는 선분을 모두 찾아 써 보세요.

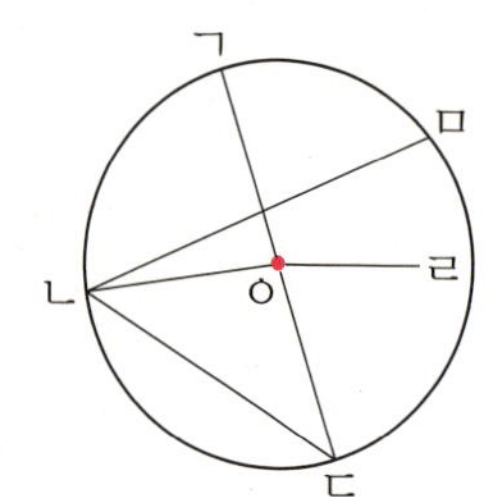

지름 (   )

반지름 (   )

2 원에서 설명하는 것이 다른 하나를 찾아 기호를 써 보세요.

> ㉠ 원을 똑같이 둘로 나누는 선분입니다.
> ㉡ 원 안에 그을 수 있는 가장 긴 선분입니다.
> ㉢ 원의 중심과 원 위의 한 점을 이은 선분입니다.
> ㉣ 원 위의 두 점을 이은 선분 중 원의 중심을 지나는 선분입니다.

(   )

정답과 풀이 **30**쪽

3 오른쪽 그림과 같이 정사각형 안에 가장 큰 원을 그렸습니다. 정사각형의 둘레는 몇 cm일까요?

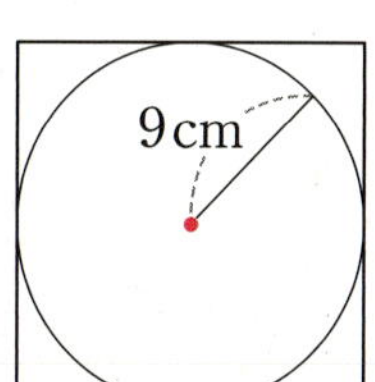

(   )

서로 맞닿는 원에서 중심을 이어서 만든 도형의 둘레 구하기

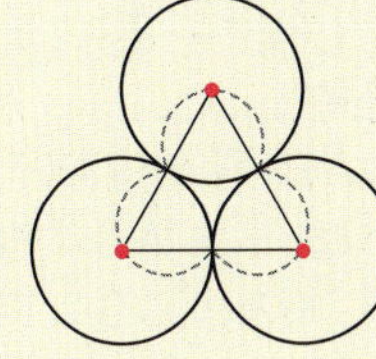

(삼각형의 둘레)=(원의 반지름)×6
           =(원의 지름)×**3**
           =(원의 지름)×**(원의 수)**

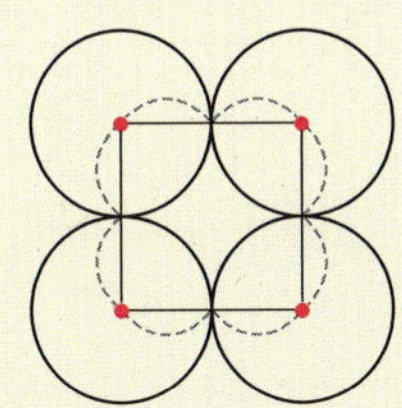

(사각형의 둘레)=(원의 반지름)×8
           =(원의 지름)×**4**
           =(원의 지름)×**(원의 수)**

➡ 원을 서로 맞닿게 그린 도형에서 원의 중심을 꼭짓점으로 하는 도형의 둘레는 각 원의 지름의 길이를 모두 더한 것과 같습니다.

4 오른쪽 도형은 크기가 같은 원을 서로 맞닿게 그리고 원의 중심을 이어 삼각형을 만든 것입니다. 삼각형의 둘레가 36 cm일 때 원의 지름은 몇 cm일까요?

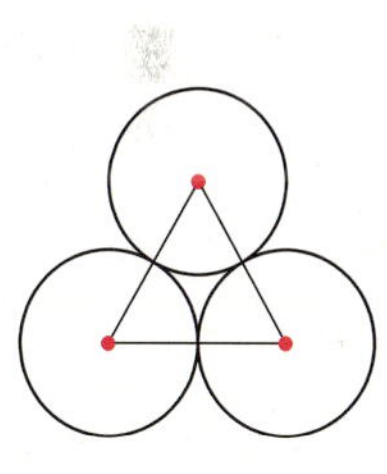

(   )

5 오른쪽 도형은 크기가 다른 원을 서로 맞닿게 그리고 원의 중심을 이어 사각형을 만든 것입니다. 큰 원의 지름이 8 cm, 작은 원의 지름이 5 cm일 때 사각형의 둘레는 몇 cm일까요? (단, 큰 원끼리, 작은 원끼리는 크기가 서로 같습니다.)

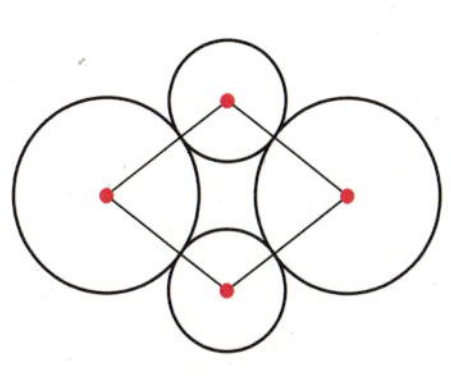

(   )

원 그리기, 원을 이용하여 여러 가지 모양 그리기

• 원의 중심에서 원 위의 점까지의 거리는 모두 같습니다.

컴퍼스를 이용하여 원 그리기

① 원의 중심이 되는 점 ㅇ을 정합니다.

② 컴퍼스를 원의 반지름만큼 벌립니다.

③ 컴퍼스의 침을 점 ㅇ에 꽂고 컴퍼스를 돌려 원을 그립니다.

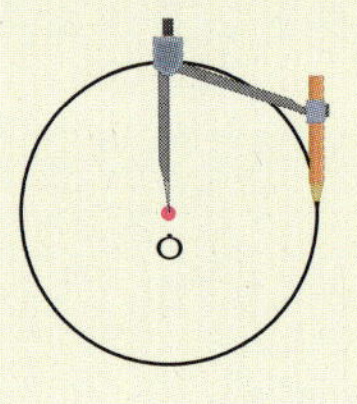

원을 이용하여 여러 가지 모양 그리기

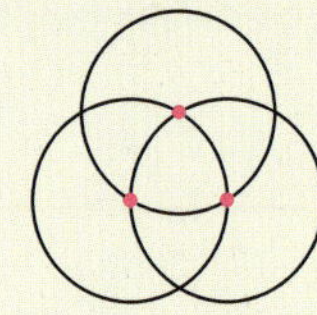
원의 반지름은 같고 다른 원의 중심을 지나도록 그립니다.

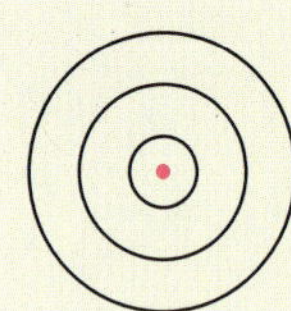
원의 중심은 같고 원의 반지름이 점점 커지게 그립니다.

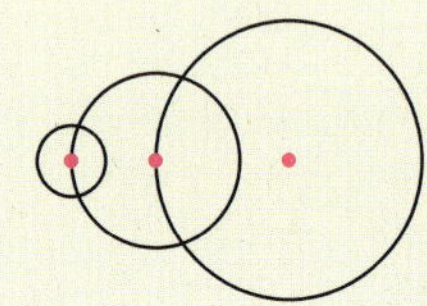
원의 반지름이 점점 커지면서 다른 원의 중심을 지나도록 그립니다.

중1 연계

• **원에서의 호와 현**

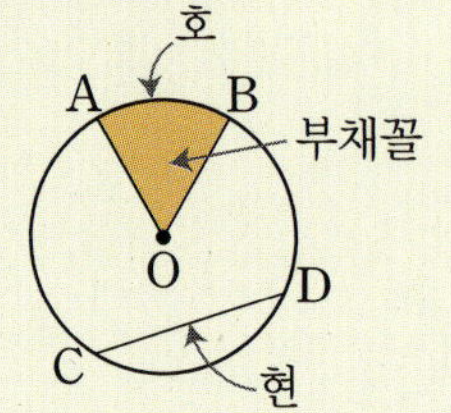

• 호 AB: 원 위의 두 점 A, B를 잡았을 때 나누어지는 원의 두 부분

• 현 CD: 원 위의 두 점 C, D를 이은 선분

• 부채꼴 OAB: 원 위의 두 점 A, B에 대하여 호 AB와 반지름 OA, 반지름 OB로 이루어진 도형

---

1 오른쪽 그림과 같이 컴퍼스를 벌려서 원을 그리면 원의 지름은 몇 cm가 될까요?

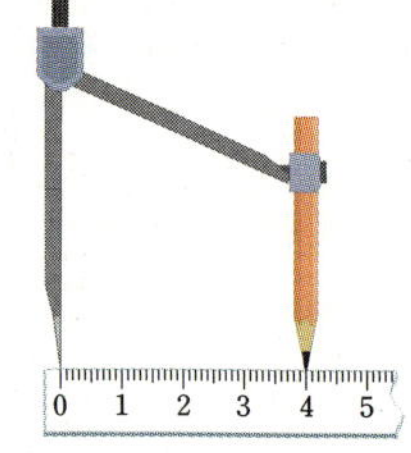

( )

2 컴퍼스를 이용하여 다음과 같은 모양을 그렸습니다. 컴퍼스의 침을 꽂아야 할 곳은 모두 몇 군데일까요?

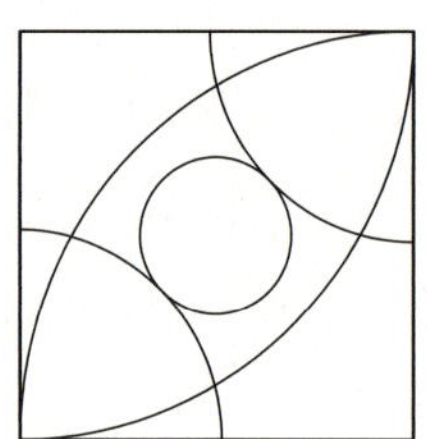

( )

3 모눈종이에 원을 똑같이 둘로 나누는 선분의 길이가 4 cm인 원을 그려 보세요.

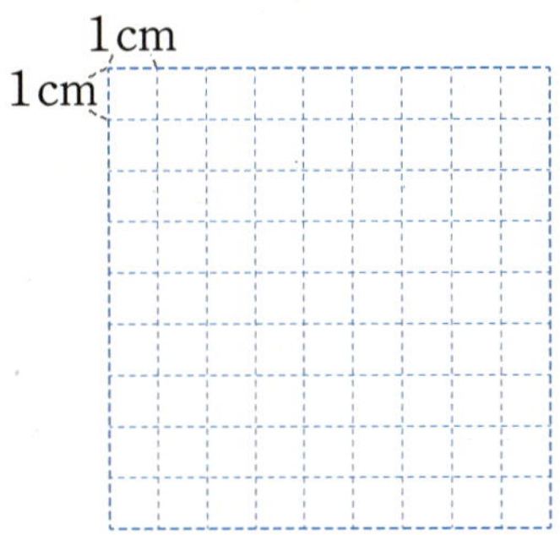

다른 원의 중심을 지나는 원에서 선분의 길이 구하기

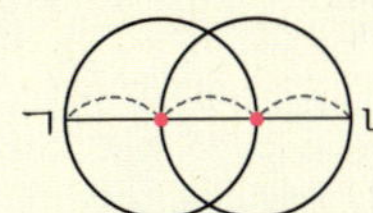

원의 수: **2**개
(선분 ㄱㄴ)＝(원의 반지름)×**3**

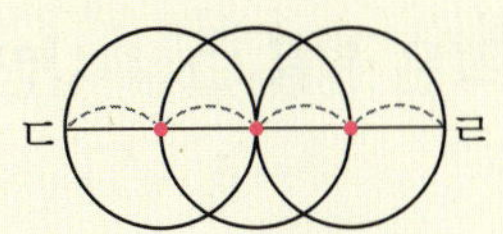

원의 수: **3**개
(선분 ㄷㄹ)＝(원의 반지름)×**4**

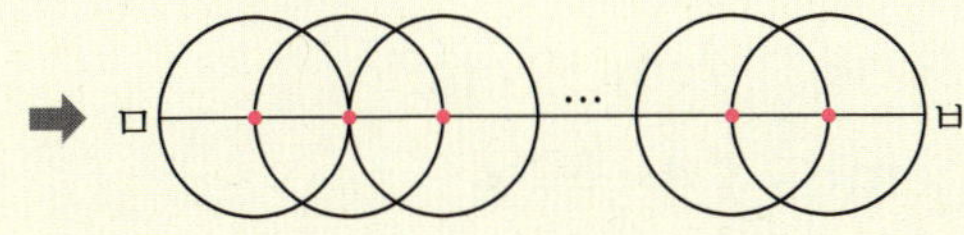

원의 수: ■개
(선분 ㅁㅂ)＝(원의 반지름)×(■＋1)

4 오른쪽 그림에서 네 원의 크기는 모두 같고 다른 원의 중심을 지납니다. 원의 반지름이 4 cm일 때 선분 ㄱㄴ은 몇 cm인지 알아보세요.

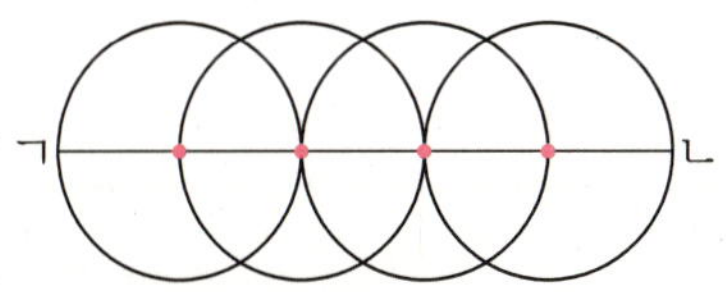

선분 ㄱㄴ의 길이는 원의 반지름의 ☐＋1＝☐(배)입니다.

➡ (선분 ㄱㄴ)＝4×☐＝☐(cm)

5 오른쪽 그림에서 세 원의 크기는 모두 같고 다른 원의 중심을 지납니다. 선분 ㄱㄴ이 28 cm일 때 원의 반지름은 몇 cm일까요?

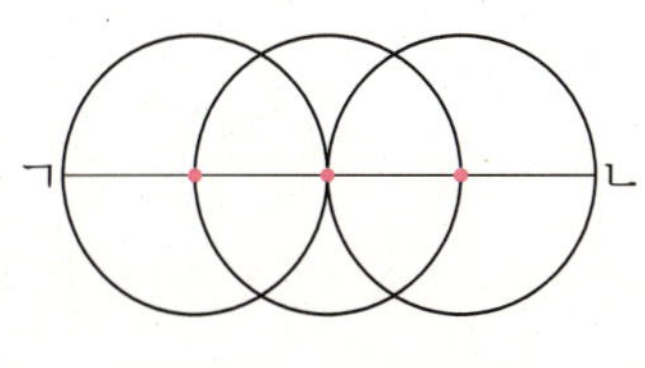

(   )

원의 반지름이나 지름을 구한다.

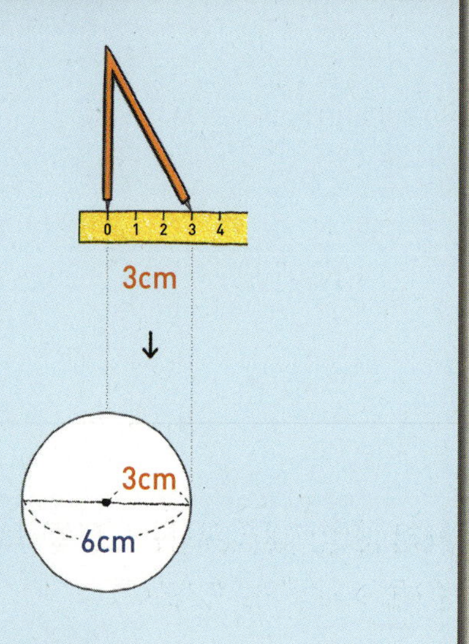

원의 지름	• 원 위의 두 점을 이은 선분 중 원의 중심을 지나는 선분 • 원 안에 그을 수 있는 가장 긴 선분 • 원을 똑같이 둘로 나누는 선분 • 원을 정사각형 안에 꼭 맞게 그렸을 때 정사각형의 한 변의 길이
원의 반지름	• 컴퍼스의 침과 연필심 사이의 거리

대표문제 1

세 사람이 각자 원을 그린 후 원에 대해 설명한 것입니다. 가장 작은 원을 그린 사람은 누구일까요?

> 서진: 내가 그린 원 안에 가장 긴 선분을 그었더니 그 길이가 12 cm였어.
>
> 예성: 나는 컴퍼스의 침과 연필심 사이를 7 cm만큼 벌려서 그렸어.
>
> 지은: 내가 그린 원을 똑같이 둘로 나누는 선분의 길이는 10 cm야.

• 원 안에 그을 수 있는 선분 중 가장 긴 선분은 (반지름 , 지름)이므로 서진이가 그린 원의 (반지름 , 지름)은 12 cm입니다.

• 컴퍼스의 침과 연필심 사이의 거리는 원의 (반지름 , 지름)이므로 예성이가 그린 원의 (반지름 , 지름)은 7 cm입니다.

　예성이가 그린 원의 지름은 $\boxed{} \times 2 = \boxed{}$ (cm)입니다.

• 원을 똑같이 둘로 나누는 선분은 원의 (반지름 , 지름)이므로 지은이가 그린 원의 (반지름 , 지름)은 10 cm입니다.

➡ 원의 지름의 길이를 비교하면 $\boxed{}$ cm < 12 cm < $\boxed{}$ cm이므로

　가장 작은 원을 그린 사람은 $\boxed{}$ 입니다.

1-1 원에 대한 설명입니다. 알맞은 것에 ○표 하세요.

⑴ 원 위의 두 점을 이은 선분이 원의 중심을 지날 때 이 선분을 원의 (반지름 , 지름)이라고 합니다.

⑵ 한 원에서 지름의 길이는 모두 (같고 , 다르고), 지름의 길이는 반지름의 길이의 ($\frac{1}{2}$, 2)배 입니다.

1-2 더 큰 원을 찾아 기호를 써 보세요.

> ㉠ 컴퍼스의 침과 연필심 사이를 6 cm만큼 벌려서 그린 원
>
> ㉡ 가로가 15 cm, 세로가 10 cm인 직사각형 안에 그린 가장 큰 원

(   )

1-3 세 사람이 각자 원을 그렸습니다. 큰 원을 그린 사람부터 차례로 이름을 써 보세요.

> 민주: 한 점에서 8 cm 거리의 점들을 찍어 원을 그렸어.
>
> 성환: 한 변이 14 cm인 정사각형 안에 꼭 맞게 원을 그렸어.
>
> 유라: 원의 중심을 지나면서 원 위의 두 점을 이은 선분이 9 cm인 원을 그렸어.

(   )

1-4 왼쪽 원에 대한 설명입니다. 틀린 것을 모두 찾아 기호를 써 보세요.

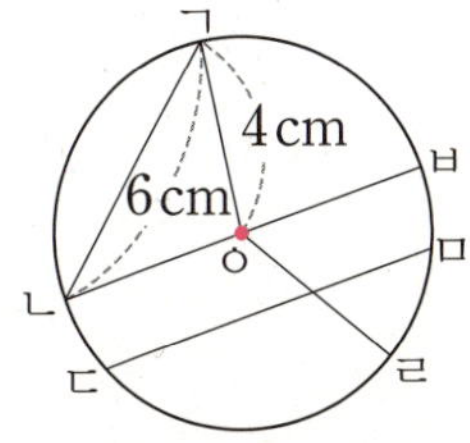

> ㉠ 원의 지름은 선분 ㄴㅂ으로 10 cm입니다.
>
> ㉡ 원의 반지름을 나타내는 선분은 모두 3개입니다.
>
> ㉢ 선분 ㄷㅁ의 길이는 4 cm보다 길고 8 cm보다 짧습니다.
>
> ㉣ 원을 똑같이 둘로 나누는 선분의 길이는 8 cm입니다.

(   )

한 원에서 반지름의 길이는 모두 같다.

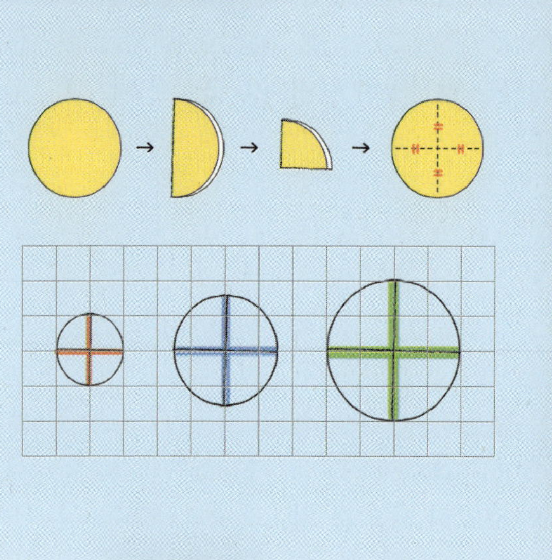

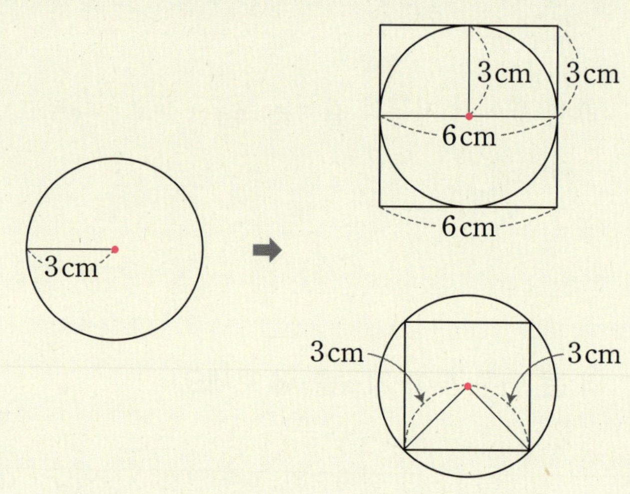

대표문제 2

원 안에 정사각형을 그린 것입니다. 정사각형 ㄱㄴㄷㄹ의 둘레가 40 cm일 때 삼각형 ㄹㄴㄷ의 둘레는 몇 cm일까요? (단, 원의 반지름은 가장 가까운 자연수로 어림한 값입니다.)

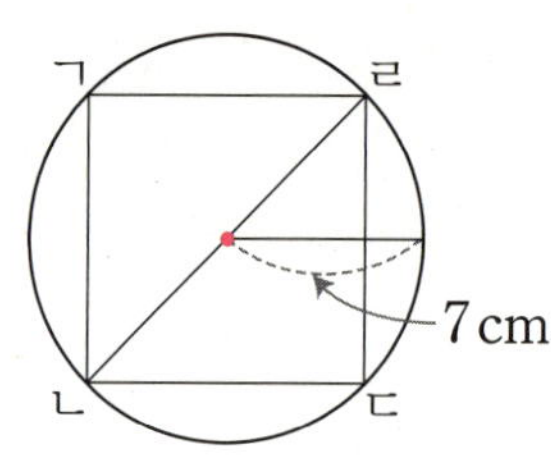

정사각형의 네 변의 길이는 모두 같고 둘레가 40 cm이므로

(선분 ㄱㄴ)＝(선분 ㄴㄷ)＝(선분 ㄷㄹ)＝(선분 ㄹㄱ)＝40÷☐＝☐(cm)입니다.

선분 ㄹㄴ은 원의 지름이므로 (선분 ㄹㄴ)＝7×☐＝☐(cm)입니다.

따라서 삼각형 ㄹㄴㄷ의 둘레는

(선분 ㄹㄴ)＋(선분 ㄴㄷ)＋(선분 ㄷㄹ)＝☐＋☐＋☐＝☐(cm)입니다.

2-1 오른쪽 그림에서 삼각형 ㄱㄴㄷ의 둘레는 68 cm입니다. 선분 ㄱㄴ과 선분 ㄱㄷ의 길이가 같을 때 선분 ㄱㄴ은 몇 cm일까요? (단, 원의 반지름은 가장 가까운 자연수로 어림한 값입니다.)

(   )

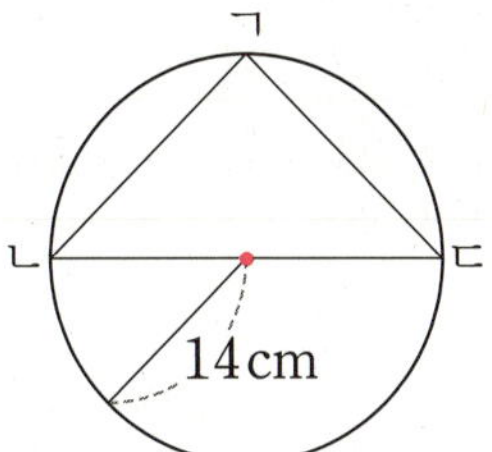

2-2 오른쪽 그림에서 삼각형 ㄱㅇㄷ의 둘레는 37 cm입니다. 선분 ㅇㄴ과 선분 ㄴㄷ의 길이가 같을 때 원의 반지름은 몇 cm일까요?

(   )

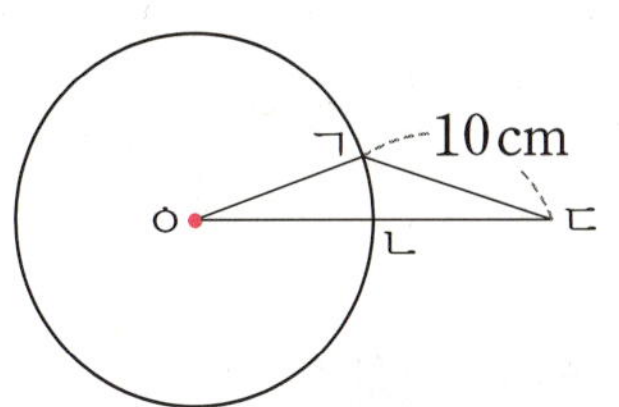

2-3 오른쪽 그림에서 직사각형 ㄱㄴㄷㄹ의 둘레는 90 cm입니다. 삼각형 ㅇㅁㅂ의 둘레는 몇 cm일까요?

(   )

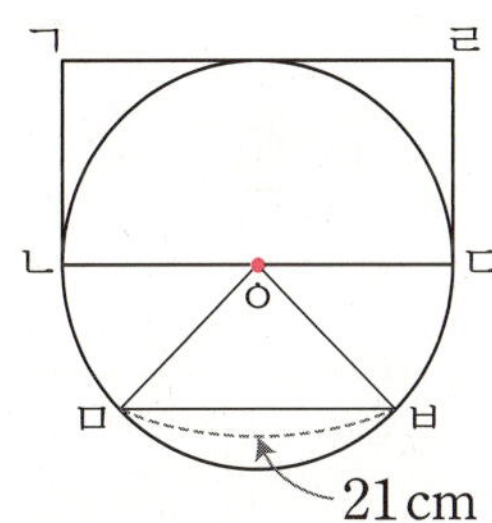

2-4 오른쪽 그림은 원 안에 직사각형을 그리고, 원 밖에 정사각형을 그린 것입니다. 직사각형의 둘레는 28 cm이고 선분 ㄱㄹ은 선분 ㄱㄴ보다 2 cm 더 깁니다. 선분 ㄱㅇ이 선분 ㄱㄴ보다 1 cm 더 짧을 때 정사각형의 둘레는 몇 cm일까요?

(   )

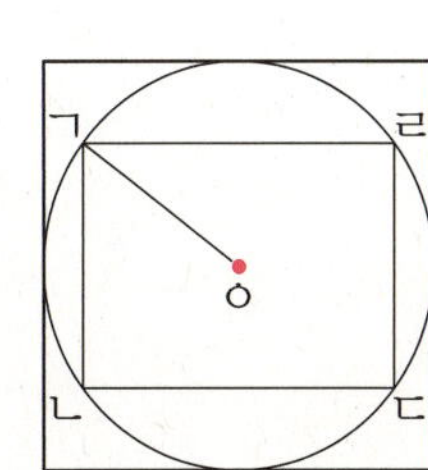

직사각형의 가로와 세로는 각각 지름의 몇 배이다.

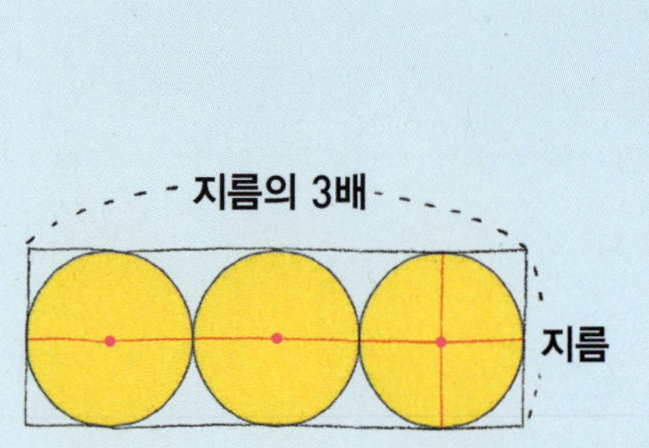

가로가 8 cm, 세로가 4 cm인 직사각형 안에
지름이 2 cm인 원을 겹치지 않게 최대한 많이 그릴 때

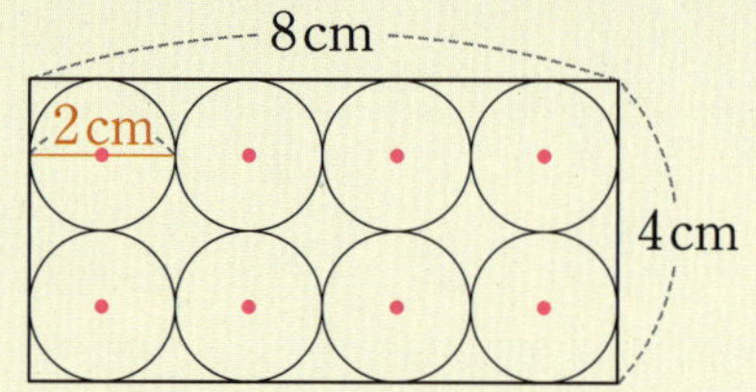

가로: $8 \div 2 = 4$(개), 세로: $4 \div 2 = 2$(개)

➡ 그릴 수 있는 원은 $4 \times 2 = 8$(개)입니다.

오른쪽 정사각형 안에 반지름이 1 cm인 원을 겹치지 않게 최대한 많이 그리려고 합니다. 원을 몇 개까지 그릴 수 있을까요?

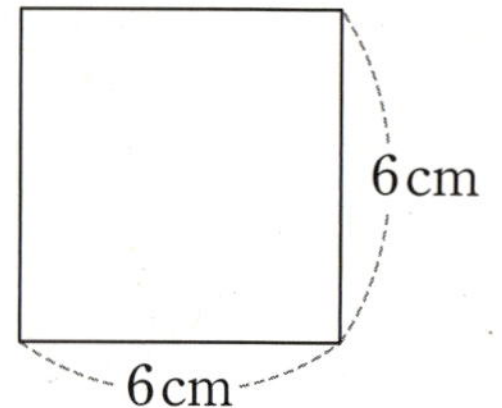

그리려는 원의 지름은 $1 \times \boxed{} = \boxed{}$ (cm)입니다.

정사각형의 가로와 세로에 원을 각각 $6 \div \boxed{} = \boxed{}$ (개)씩 그릴 수 있습니다.

따라서 원을 $\boxed{} \times \boxed{} = \boxed{}$ (개)까지 그릴 수 있습니다.

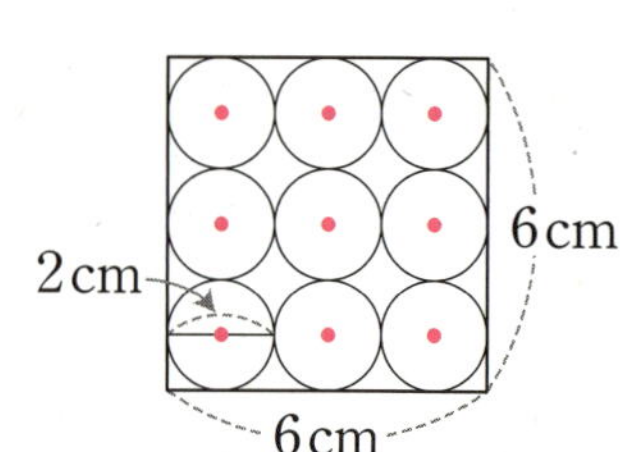

3-1 오른쪽 그림은 직사각형 안에 지름이 3 cm인 원을 서로 맞닿게 그린 것입니다. 직사각형의 가로와 세로는 각각 몇 cm일까요?

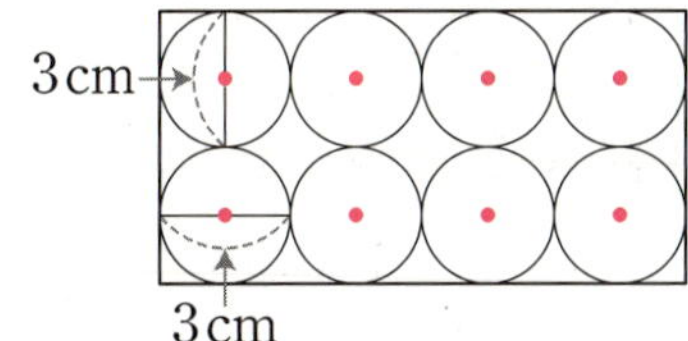

가로 (　　　　　　　　　　), 세로 (　　　　　　　　　　)

3-2 오른쪽 직사각형 안에 반지름이 2 cm인 원을 겹치지 않게 최대한 많이 그리려고 합니다. 원을 몇 개까지 그릴 수 있을까요?

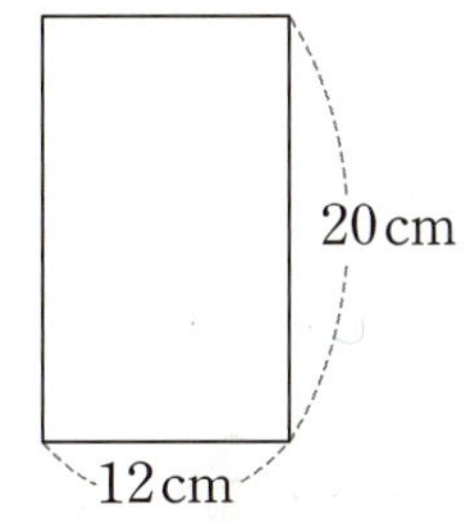

(　　　　　　　　　　)

3-3 오른쪽 그림은 직사각형 안에 반지름이 각각 6 cm, 3 cm인 원을 서로 맞닿게 그린 것입니다. 이 직사각형 안에 지름이 4 cm인 원을 겹치지 않게 몇 개까지 그릴 수 있을까요?

(단, 각 원의 중심들은 한 직선 위에 있습니다.)

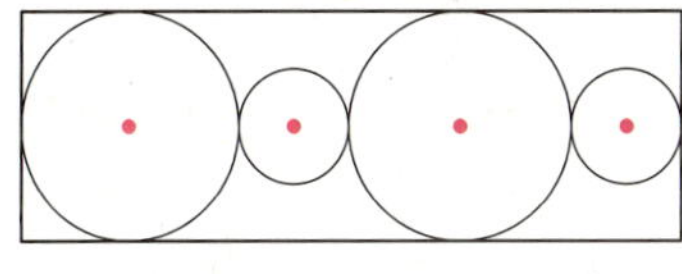

(　　　　　　　　　　)

3-4 다연이는 정사각형 안에 반지름이 3 cm인 원을 겹치지 않게 최대한 많이 그렸습니다. 다연이가 그린 원이 25개이고 정사각형의 각 변에 원이 맞닿았다면 이 정사각형 안에 그릴 수 있는 가장 큰 원의 지름은 몇 cm일까요?

(　　　　　　　　　　)

지름은 반지름의 2배이다.

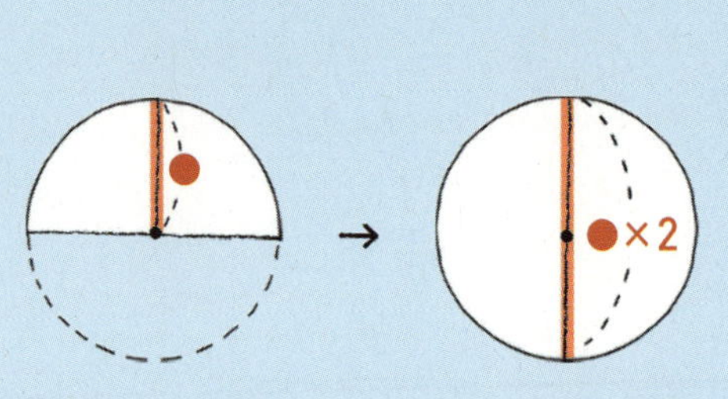

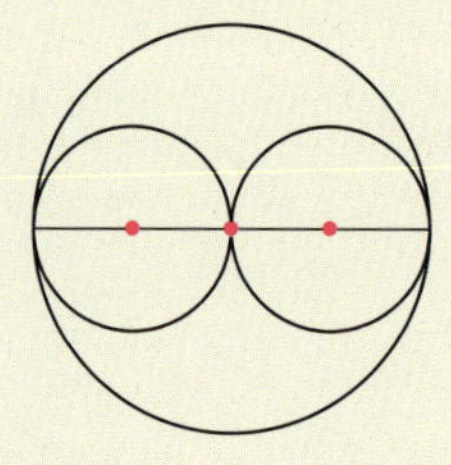

큰 원의 지름이 20 cm이면
(작은 원의 지름)=(큰 원의 반지름)
$$=20 \div 2 = 10(\text{cm})$$
(작은 원의 반지름)=$10 \div 2 = 5(\text{cm})$

대표문제 4

오른쪽 그림에서 가장 큰 원의 지름이 40 cm일 때 가장 작은 원의 반지름은 몇 cm일까요?

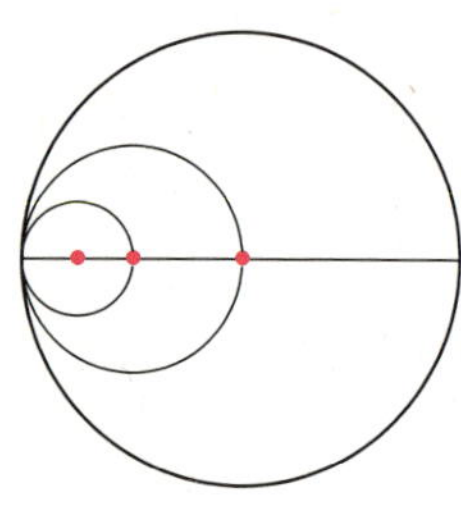

(중간 크기 원의 지름)=(가장 큰 원의 반지름)
$$=40 \div 2 = \boxed{}(\text{cm})$$
(가장 작은 원의 지름)=(중간 크기 원의 반지름)
$$=\boxed{} \div 2 = \boxed{}(\text{cm})$$
➡ (가장 작은 원의 반지름)=$\boxed{} \div 2 = \boxed{}(\text{cm})$

4-1 오른쪽 그림에서 작은 두 원의 크기는 같습니다. 작은 원의 반지름이 7 cm 일 때 큰 원의 지름은 몇 cm일까요?

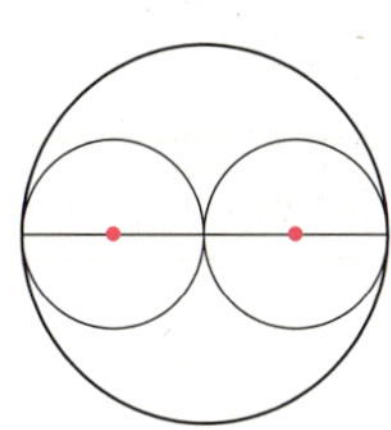

(   )

4-2 오른쪽 그림에서 가장 작은 원의 반지름이 3 cm일 때 선분 ㄱㄴ은 몇 cm인지 풀이 과정을 쓰고 답을 구해 보세요.

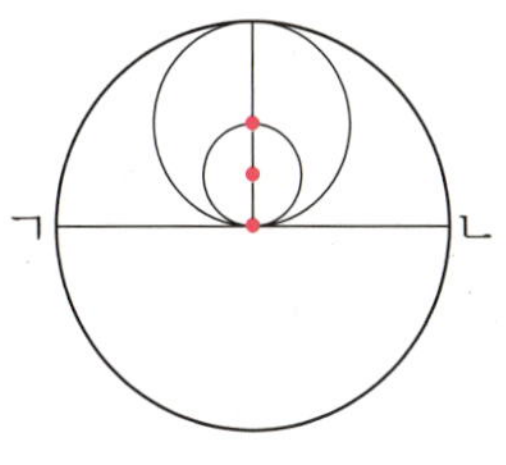

풀이

답

4-3 오른쪽 그림은 반원과 정사각형을 이어 붙여 만든 도형입니다. 정사각형의 둘레가 80 cm일 때 반원 안에 그린 원의 반지름은 몇 cm일까요?

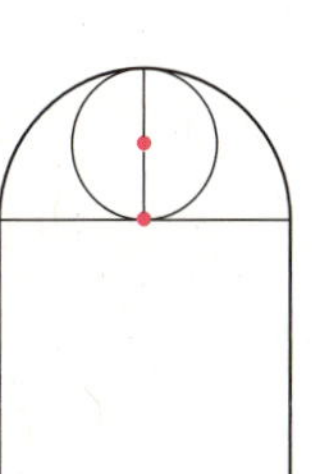

(   )

4-4 오른쪽 그림에서 점들은 모두 반원의 중심입니다. 선분 ㄱㄷ이 24 cm일 때 가장 큰 반원의 지름은 몇 cm일까요?

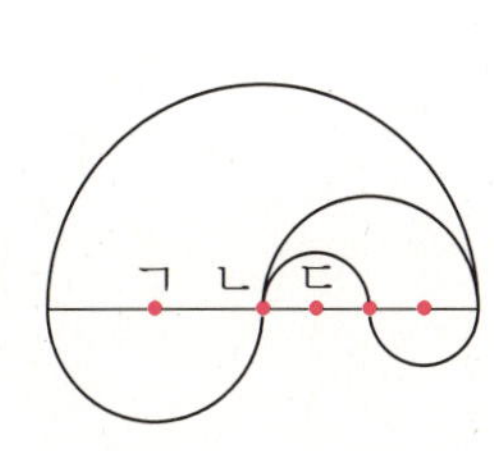

(   )

둘레는 원의 반지름인 부분과 아닌 부분의 합이다.

정사각형의 꼭짓점을 원의 중심으로 하는 크기가 같은 원의 일부를 그려 색칠했을 때

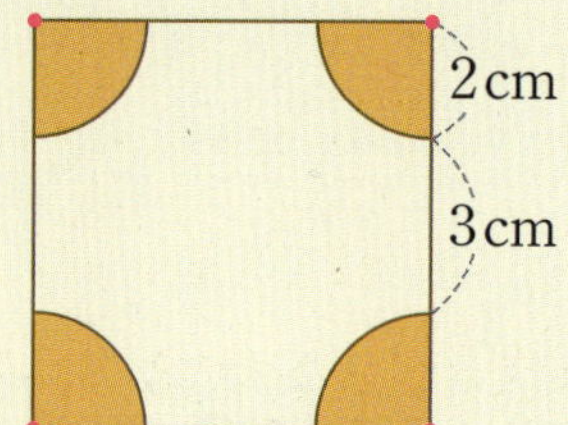

$$\text{(정사각형의 둘레)} = \text{(원의 반지름)} \times 8 + 3 \times 4$$
$$= 2 \times 8 + 3 \times 4$$
$$= 16 + 12 = 28(\text{cm})$$

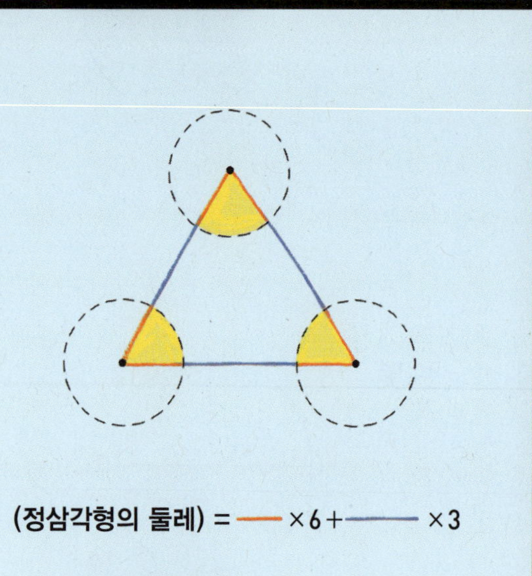

대표문제 5

오른쪽 그림은 둘레가 32 cm인 정사각형의 꼭짓점을 원의 중심으로 하는 크기가 같은 원의 일부를 그려 색칠한 것입니다. 원의 반지름은 몇 cm일까요?

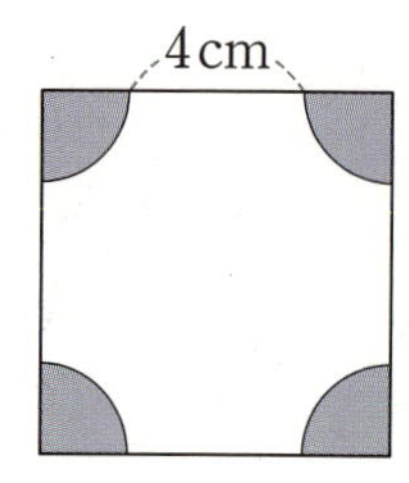

정사각형은 네 변의 길이가 모두 같으므로

$\text{(정사각형의 한 변)} = 32 \div \boxed{} = \boxed{}(\text{cm})$입니다.

원의 반지름을 ■ cm라고 하면 정사각형의 한 변이 $\boxed{}$ cm이므로

$■ + 4 + ■ = \boxed{}$, $■ + ■ = \boxed{}$, $■ = \boxed{}$입니다.

따라서 원의 반지름은 $\boxed{}$ cm입니다.

5-1 오른쪽 그림은 둘레가 40 cm인 정사각형의 꼭짓점을 원의 중심으로 하는 크기가 같은 원의 일부를 겹치지 않게 그려 색칠한 것입니다. 원의 반지름은 몇 cm일까요?

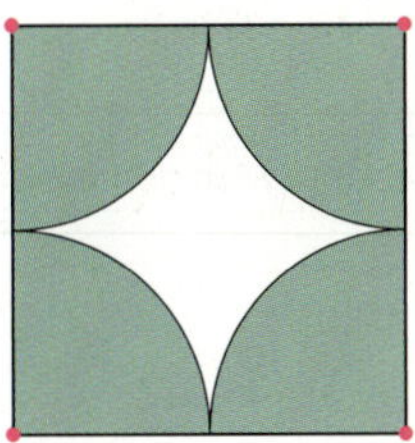

(   )

5-2 오른쪽 그림은 세 변의 길이가 같은 삼각형의 꼭짓점을 원의 중심으로 하는 크기가 같은 원의 일부를 그려 색칠한 것입니다. 삼각형의 둘레가 69 cm일 때 원의 지름은 몇 cm일까요?

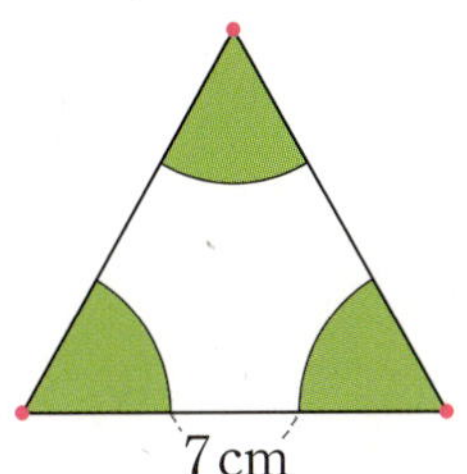

(   )

 5-3 오른쪽 그림은 둘레가 56 cm인 직사각형의 꼭짓점을 원의 중심으로 하는 크기가 같은 원의 일부를 그려 색칠한 것입니다. 원의 반지름은 몇 cm인지 풀이 과정을 쓰고 답을 구해 보세요.

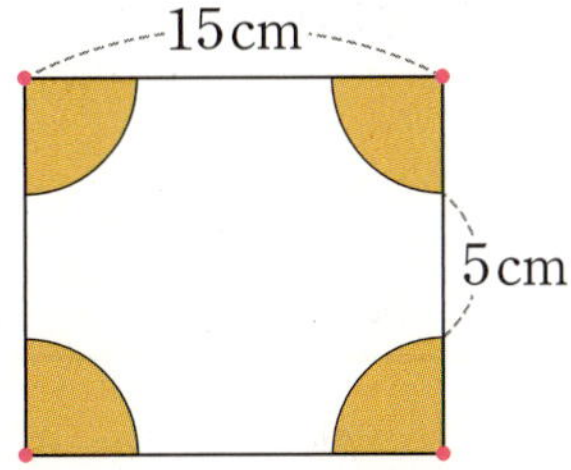

풀이

답

5-4 오른쪽 그림은 다섯 변의 길이가 모두 같은 도형의 꼭짓점을 원의 중심으로 하는 크기가 각각 같은 큰 원과 작은 원의 일부를 그려 색칠한 것입니다. 다섯 변의 길이의 합이 90 cm이고 큰 원의 반지름이 작은 원의 반지름의 2배일 때 ㉠은 몇 cm일까요?

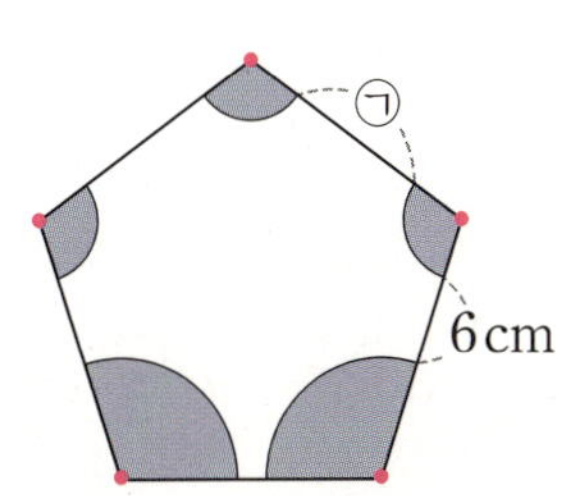

(   )

최상위 S

원의 중심에서 원 위의 점까지의 거리는 모두 같다.

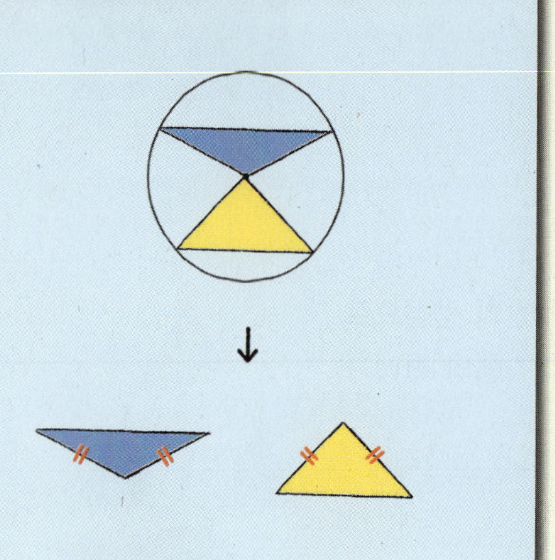

크기가 같은 두 원이 서로 원의 중심을 지날 때

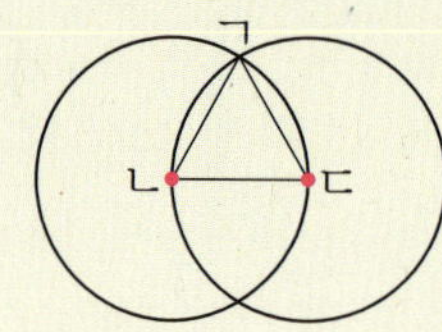

(선분 ㄱㄴ)=(원의 반지름)
(선분 ㄴㄷ)=(원의 반지름)
(선분 ㄷㄱ)=(원의 반지름)

삼각형 ㄱㄴㄷ의 둘레는
(선분 ㄱㄴ)+(선분 ㄴㄷ)+(선분 ㄷㄱ)
=(원의 반지름)×3

대표문제 6

오른쪽 그림에서 두 원은 크기가 같고 서로 원의 중심을 지납니다. 색칠한 사각형의 둘레가 28 cm일 때 선분 ㄱㄴ은 몇 cm일까요?

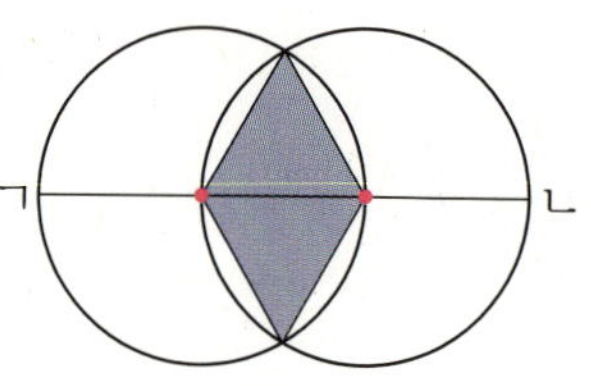

색칠한 사각형의 네 변은 모두 원의 반지름으로 길이가 같으므로

(사각형의 한 변)=28÷☐=☐(cm)입니다.

선분 ㄱㄴ의 길이는 원의 반지름의 ☐배이므로

(선분 ㄱㄴ)=☐×☐=☐(cm)입니다.

6-1 오른쪽 그림에서 두 원은 크기가 같고 서로 원의 중심을 지납니다. 원의 지름이 30 cm일 때 색칠한 삼각형의 둘레는 몇 cm일까요?

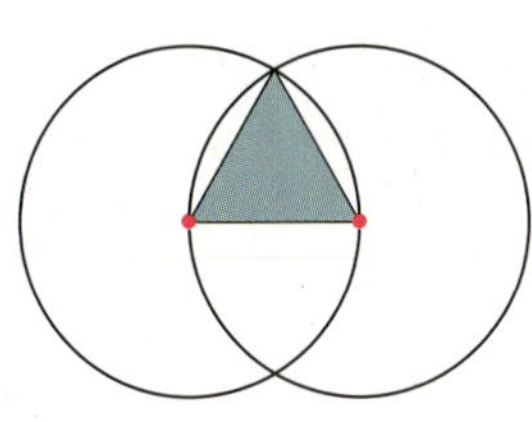

(   )

6-2 오른쪽 그림에서 큰 원의 반지름은 작은 원의 반지름의 2배입니다. 색칠한 사각형의 둘레가 42 cm일 때 큰 원의 지름은 몇 cm인지 풀이 과정을 쓰고 답을 구해 보세요.

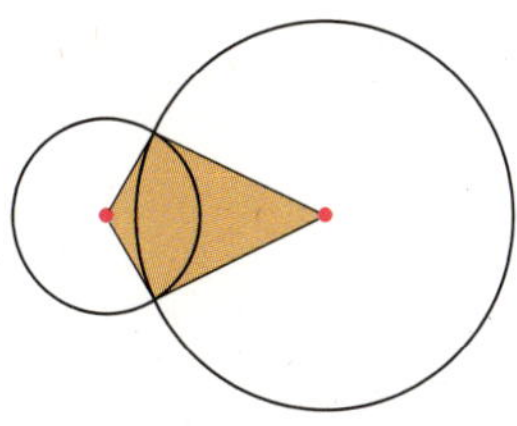

풀이

답

6-3 오른쪽 그림에서 두 원은 크기가 같고 서로 원의 중심을 지납니다. 색칠한 삼각형의 둘레가 21 cm일 때 직사각형의 가로와 세로의 합은 몇 cm일까요?

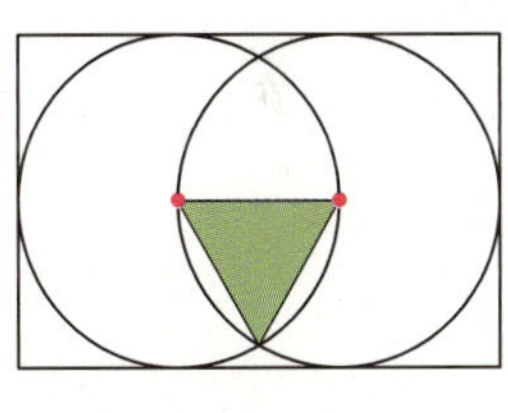

(   )

6-4 오른쪽 그림에서 작은 두 원의 크기는 같고 세 원의 중심들은 한 직선 위에 있습니다. 삼각형 ㄱㄴㄷ의 둘레는 102 cm, 색칠한 사각형의 둘레는 56 cm입니다. 선분 ㄱㄴ과 선분 ㄱㄷ의 길이가 같을 때 선분 ㄱㄴ은 몇 cm일까요? (단, 작은 원의 반지름은 가장 가까운 자연수로 어림한 값입니다.)

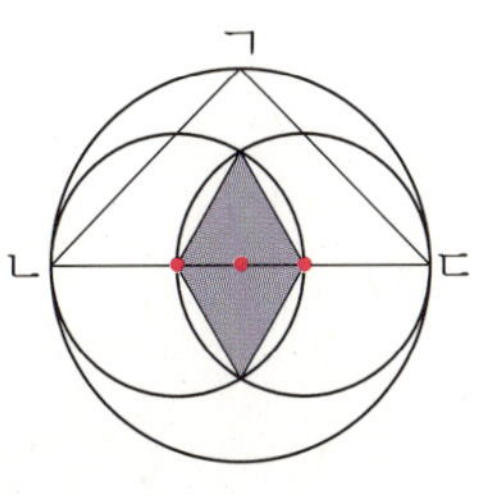

(   )

원의 중심에서 원 위의 점까지의 거리는 반지름이다.

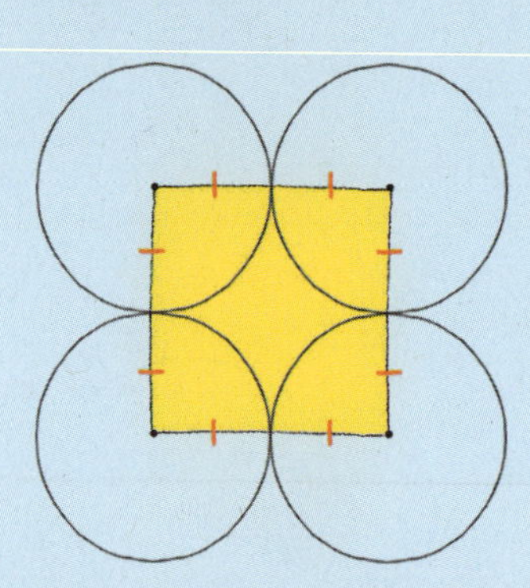

(사각형의 둘레) = (원의 반지름) × 8

세 원의 중심을 이어 삼각형을 만들었을 때

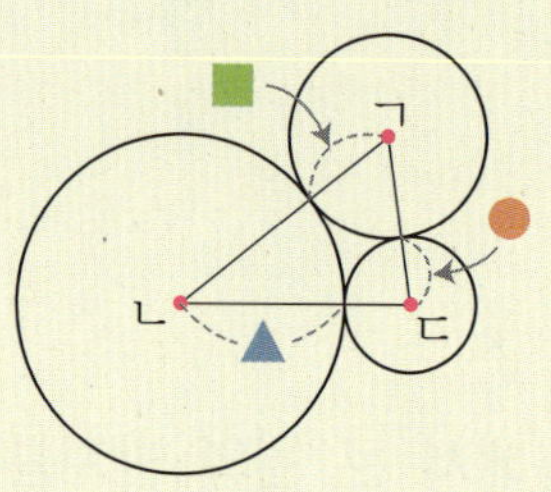

삼각형 ㄱㄴㄷ의 둘레는 ■+▲+▲+●+●+■

= (■+■)+(▲+▲)+(●+●)

➡ 세 원의 지름의 합

대표문제 7

오른쪽 그림은 세 원을 그리고 원의 중심을 이어 삼각형을 만든 것입니다. 삼각형 ㄱㄴㄷ의 둘레가 62 cm일 때 세 원의 반지름의 합은 몇 cm일까요?

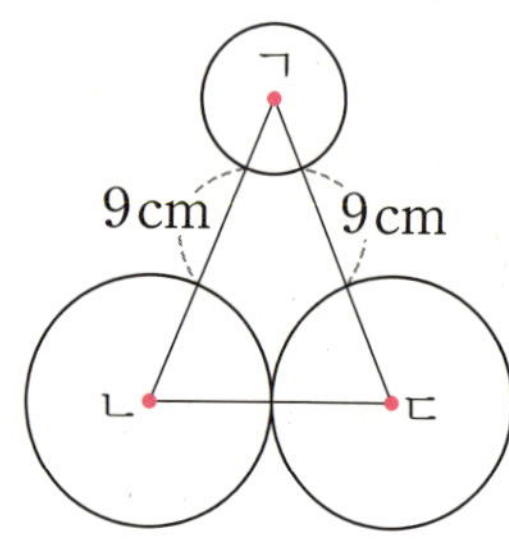

점 ㄱ을 원의 중심으로 하는 원의 반지름을 ■ cm, 점 ㄴ을 원의 중심으로 하는 원의 반지름을 ▲ cm, 점 ㄷ을 원의 중심으로 하는 원의 반지름을 ● cm라고 하면

삼각형 ㄱㄴㄷ의 둘레가 62 cm이므로

(■+9+▲)+(▲+●)+(●+9+■)=☐

(■+▲+●)×2+18=☐

(■+▲+●)×2=☐

■+▲+●=☐ 입니다.

따라서 세 원의 반지름의 합은 ☐ cm입니다.

7-1 오른쪽 그림은 반지름이 4 cm인 세 원을 서로 맞닿게 그리고 원의 중심을 이어 삼각형을 만든 것입니다. 삼각형 ㄱㄴㄷ의 둘레는 몇 cm일까요?

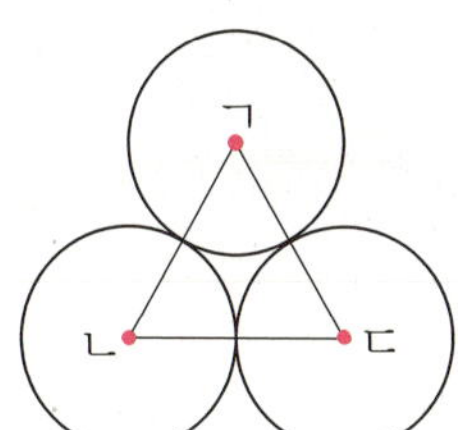

(   )

7-2 오른쪽 그림은 크기가 같은 두 원과 작은 원을 서로 맞닿게 그리고 원의 중심을 이어 삼각형을 만든 것입니다. 큰 원의 반지름이 6 cm이고 작은 원의 지름이 큰 원의 반지름과 같을 때 삼각형 ㄱㄴㄷ의 둘레는 몇 cm일까요?

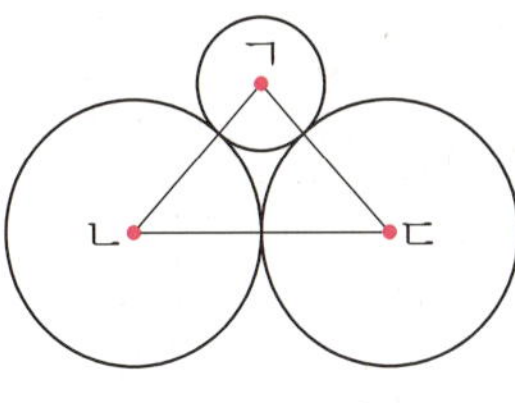

(   )

7-3 오른쪽 그림은 세 원을 그리고 원의 중심을 이어 삼각형을 만든 것입니다. 삼각형 ㄱㄴㄷ의 둘레가 34 cm일 때 세 원의 반지름의 합은 몇 cm일까요?

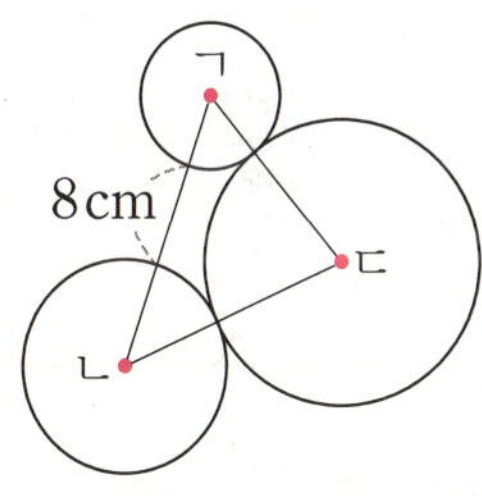

(   )

7-4 오른쪽 그림은 네 원을 그리고 원의 중심을 이어 각각 삼각형을 만든 것입니다. 삼각형 ㄱㄴㄹ의 둘레는 45 cm이고 삼각형 ㄴㄷㄹ의 둘레는 35 cm입니다. 점 ㄱ을 원의 중심으로 하는 원과 점 ㄷ을 원의 중심으로 하는 원의 반지름의 차는 몇 cm일까요?

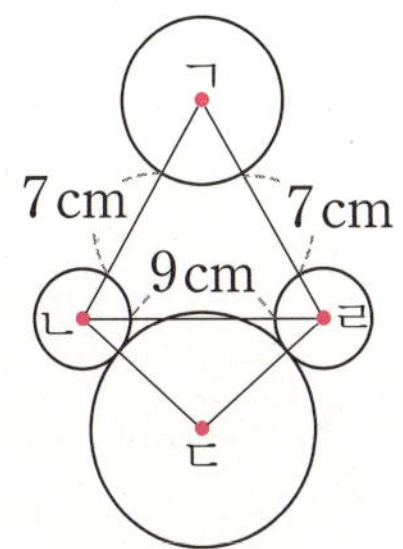

(   )

선분의 길이가 반지름의 몇 배인지 알아보자.

크기가 같은 원 5개를 서로 원의 중심을 지나도록 그렸을 때

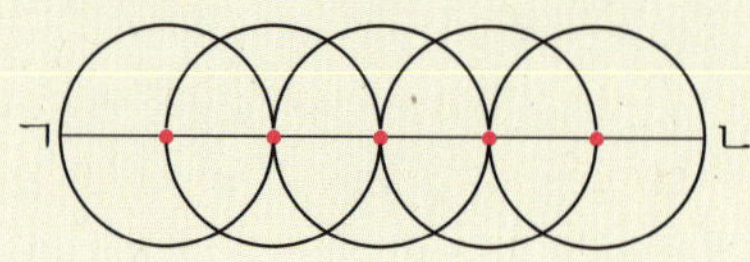

선분 ㄱㄴ의 길이는 원의 반지름의 6배입니다.

➡ (선분 ㄱㄴ)＝(원의 반지름)×6

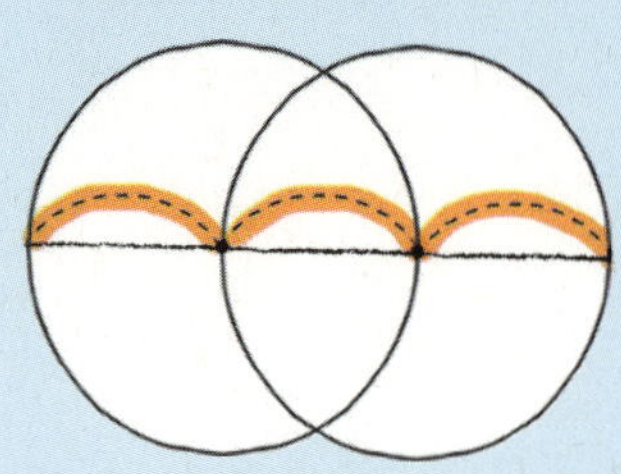

(선분의 길이) = (반지름의 3배)

대표문제 8 반지름이 5 cm인 원 21개를 서로 원의 중심을 지나도록 그린 것입니다. 선분 ㄱㄴ은 몇 cm일까요?

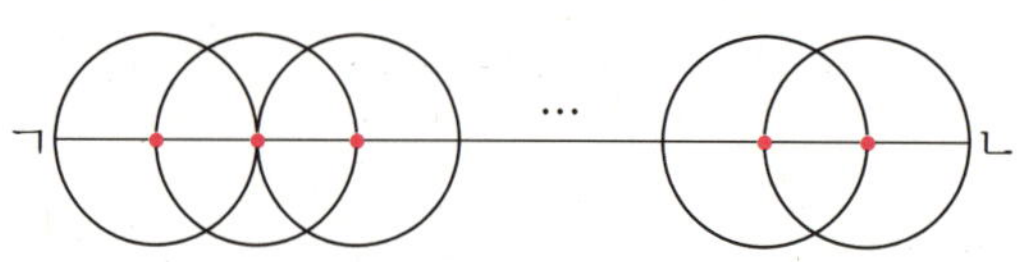

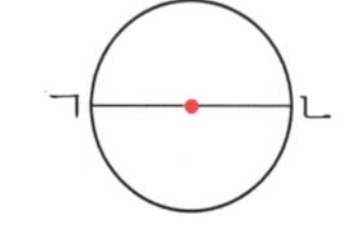
원을 1개 그리면 (선분 ㄱㄴ)＝(원의 반지름)× ☐

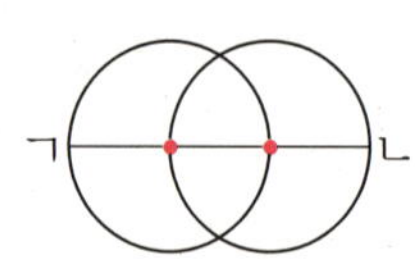
원을 2개 그리면 (선분 ㄱㄴ)＝(원의 반지름)× ☐

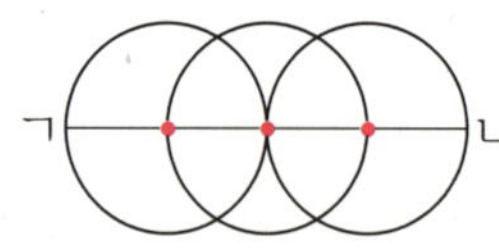
원을 3개 그리면 (선분 ㄱㄴ)＝(원의 반지름)× ☐

따라서 원을 21개 그리면 선분 ㄱㄴ의 길이는 원의 반지름의 ☐ 배이므로

(선분 ㄱㄴ)＝5× ☐ ＝ ☐ (cm)입니다.

8-1 반지름이 11 cm인 원 6개를 서로 원의 중심을 지나도록 그린 것입니다. 선분 ㄱㄴ은 몇 cm일까요?

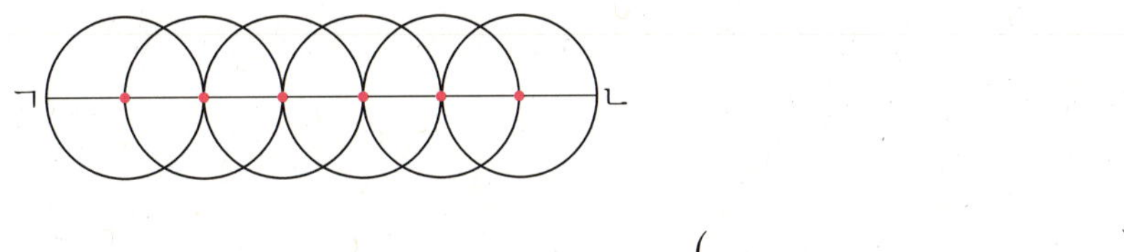

(   )

8-2 크기가 같은 원 25개를 서로 원의 중심을 지나도록 그린 것입니다. 선분 ㄱㄴ이 52 cm일 때 원의 반지름은 몇 cm일까요?

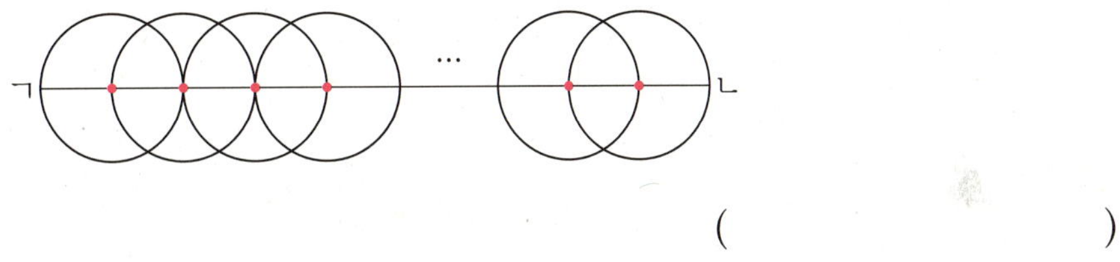

(   )

8-3 지름이 8 cm인 원들을 서로 원의 중심을 지나도록 그린 것입니다. 선분 ㄱㄴ이 76 cm일 때 원을 몇 개 그렸을까요?

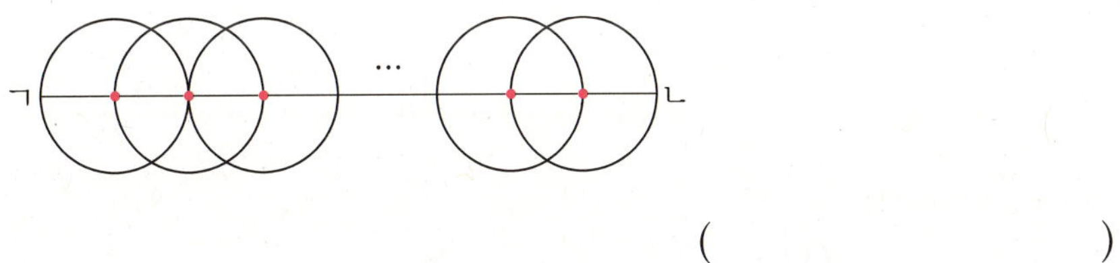

(   )

8-4 직사각형 안에 크기가 같은 원 12개를 서로 원의 중심을 지나도록 그린 것입니다. 직사각형의 둘레가 90 cm일 때 원의 지름은 몇 cm일까요?

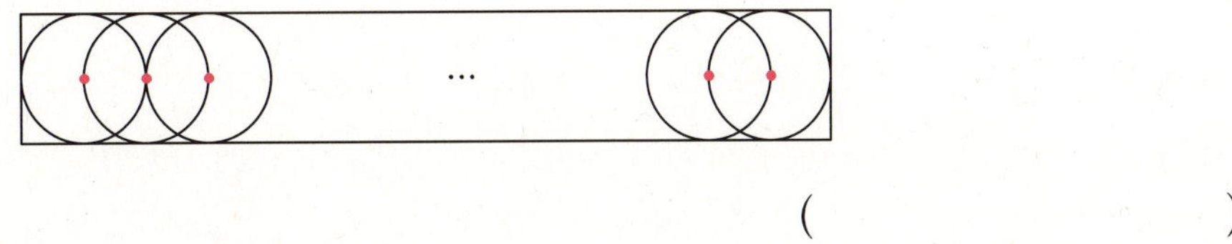

(   )

MATH MASTER

1 오른쪽 그림은 컴퍼스의 침을 고정시키고 크기가 다른 원을 그린 것입니다. 세 원의 지름이 각각 2 cm, 6 cm, 8 cm일 때 ㉠의 길이와 ㉡의 길이는 각각 몇 cm일까요?

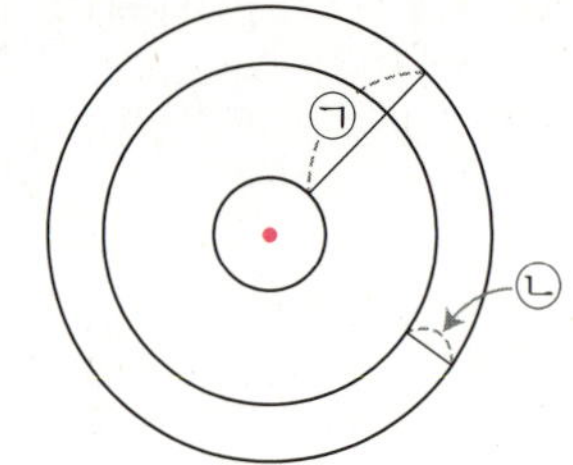

㉠ (   ), ㉡ (   )

2 오른쪽 그림에서 찾을 수 있는 원의 중심은 모두 몇 개일까요?

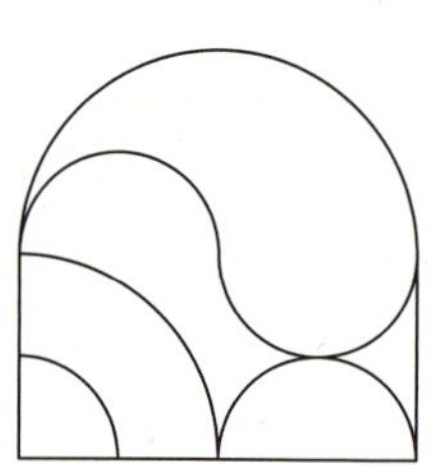

(   )

3 컴퍼스로 오른쪽 그림과 같이 큰 원 안에 크기가 같은 작은 원 4개를 서로 맞닿게 그리려고 합니다. 큰 원의 지름이 24 cm일 때 작은 원을 그리려면 컴퍼스의 침과 연필심 사이를 몇 cm만큼 벌려야 할까요?

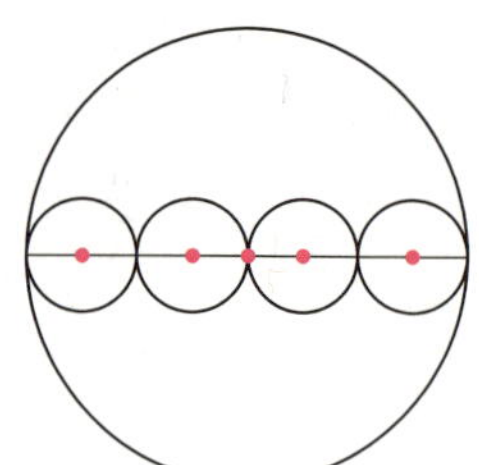

먼저 생각해 봐요!

큰 원의 지름이 12 cm일 때 작은 원의 지름은?

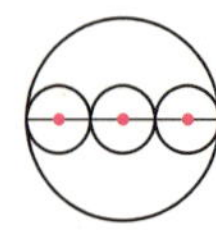

(   )

서술형 4 오른쪽 그림은 지름이 각각 14 cm, 18 cm인 두 원을 서로 겹치게 그린 것입니다. 선분 ㄴㄷ이 4 cm일 때 선분 ㄱㄹ은 몇 cm인지 풀이 과정을 쓰고 답을 구해 보세요.

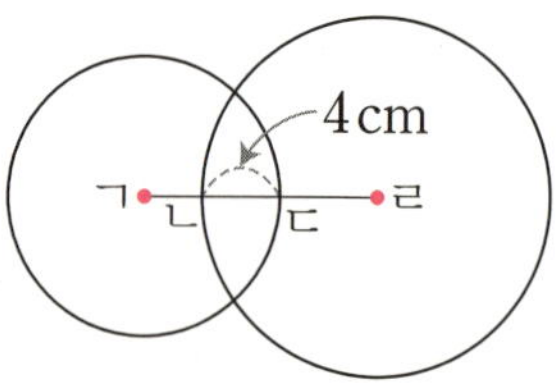

풀이

답

5 오른쪽 그림은 크기가 같은 원 5개를 서로 맞닿게 그린 것입니다. 사각형 ㄱㄴㄷㄹ의 둘레가 50 cm일 때 원의 지름은 몇 cm일까요?

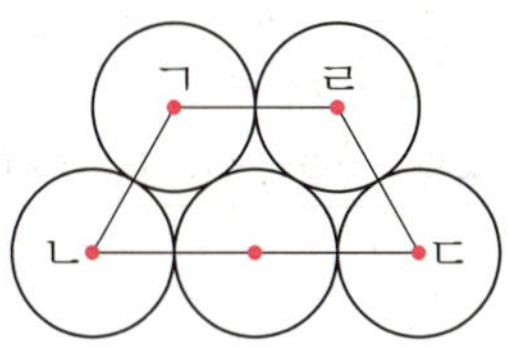

먼저 생각해 봐요!
사각형의 둘레가 20 cm일 때
원의 지름은?

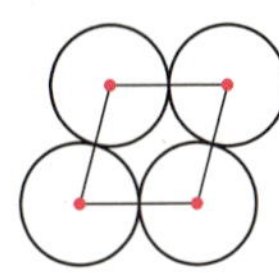

( )

6 오른쪽 그림은 직사각형 안에 큰 원과 크기가 같은 작은 원 2개를 서로 맞닿게 그린 것입니다. 작은 원의 반지름은 몇 cm일까요? (단, 세 원의 중심들은 한 직선 위에 있습니다.)

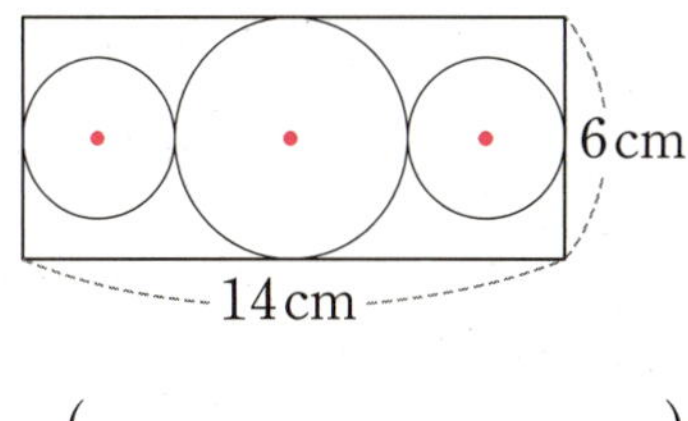

( )

7 오른쪽 그림에서 세 원의 크기는 같습니다. 선분 ㄱㄴ이 30 cm일 때 색칠한 사각형의 둘레는 몇 cm일까요?

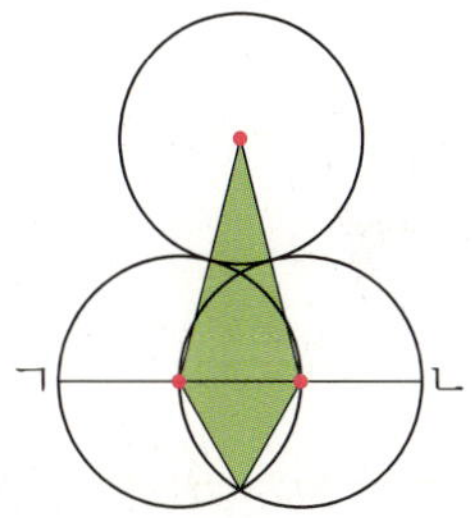

( )

8 윤재는 크기가 같은 정사각형 모양의 색종이 두 장에 크기가 같은 원을 그리려고 합니다. 색종이 한 장에는 오른쪽 그림과 같이 지름이 5 cm인 원을 4개 그렸고, 다른 한 장에는 반지름이 1 cm인 원을 겹치지 않게 최대한 많이 그리려고 합니다. 반지름이 1 cm인 원을 몇 개까지 그릴 수 있을까요?

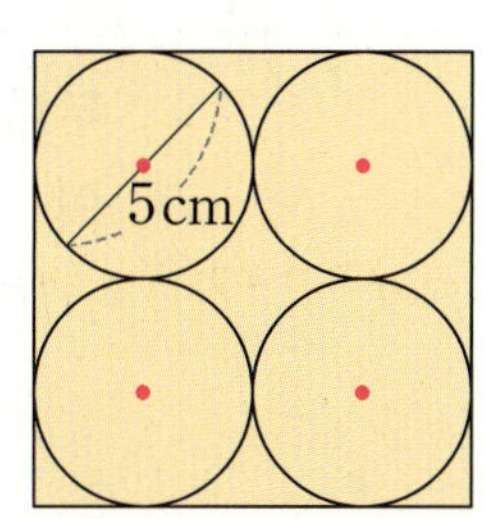

( )

9 오른쪽 그림에서 세 원의 크기는 모두 같습니다. 색칠한 삼각형의 둘레가 36 cm일 때 ㉠의 길이는 몇 cm일까요? (단, 색칠한 삼각형은 두 변의 길이가 같습니다.)

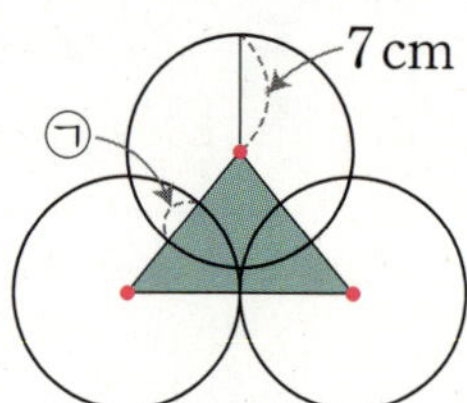

(   )

서술형 10 직사각형 안에 크기가 같은 원들을 서로 원의 중심을 지나도록 그린 것입니다. 직사각형의 둘레가 100 cm일 때 원을 몇 개 그렸는지 풀이 과정을 쓰고 답을 구해 보세요.

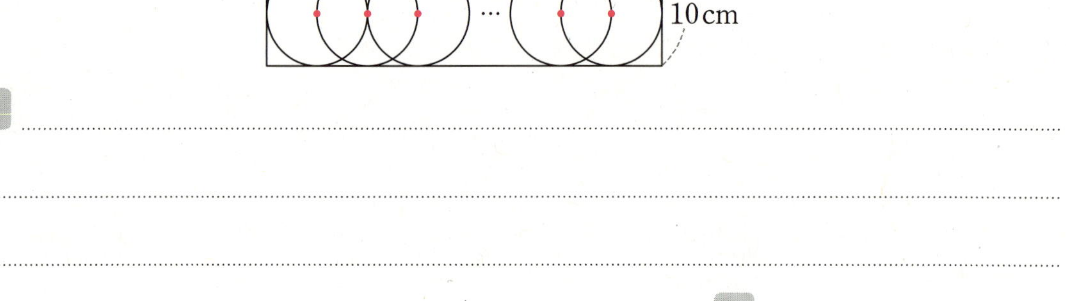

풀이 ....

....

....

답 ....

---

11 오른쪽 그림은 정사각형의 꼭짓점을 원의 중심으로 하는 원의 일부를 그린 것입니다. 가장 큰 원의 지름이 36 cm일 때 정사각형의 한 변은 몇 cm일까요?

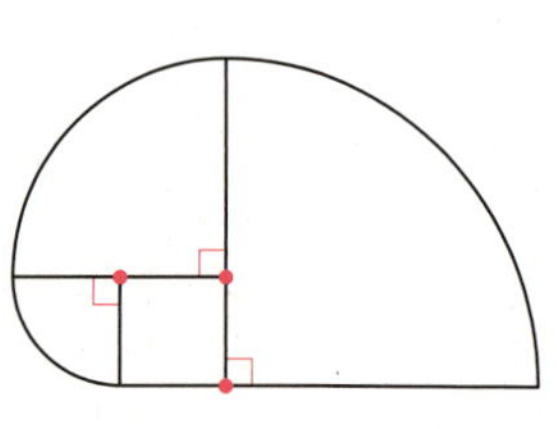

(   )

4

분수

1 분수로 나타내기, 분수만큼은 얼마인지 알아보기

• 전체 양을 1이라고 할 때 부분의 양을 분수로 나타낼 수 있습니다.

분수로 나타내기

모자 6개를 2개씩 묶으면 3묶음이 됩니다.
2는 6의 $\dfrac{1}{3}$입니다.

모자 6개를 3개씩 묶으면 2묶음이 됩니다.
3은 6의 $\dfrac{1}{2}$입니다.

1 그림을 보고 ☐ 안에 알맞은 수를 써넣으세요.

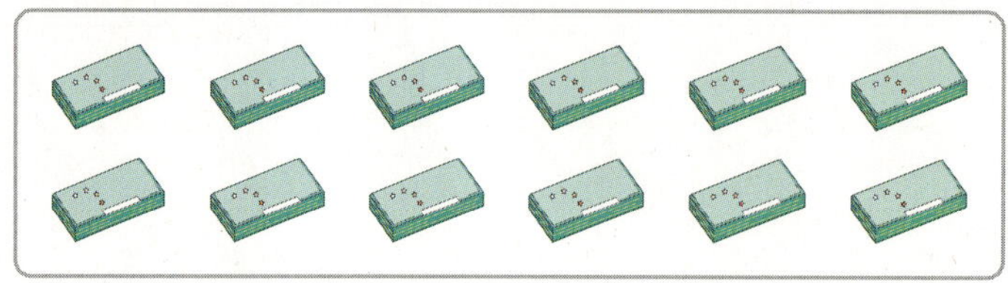

(1) 12개를 6개씩 묶으면 6은 12의 $\dfrac{\square}{\square}$입니다.

(2) 12개를 4개씩 묶으면 4는 12의 $\dfrac{\square}{\square}$입니다.

(3) 12개를 3개씩 묶으면 9는 12의 $\dfrac{\square}{\square}$입니다.

2 색칠한 부분을 분수로 나타내 보세요.

색칠한 부분은 전체의 $\dfrac{\square}{\square}$입니다.

3 쿠키 32개를 한 접시에 4개씩 나누어 담았습니다. 그중 3개의 접시에 담은 쿠키는 전체 쿠키의 얼마인지 분수로 나타내 보세요.

( )

분수만큼은 얼마인지 알아보기

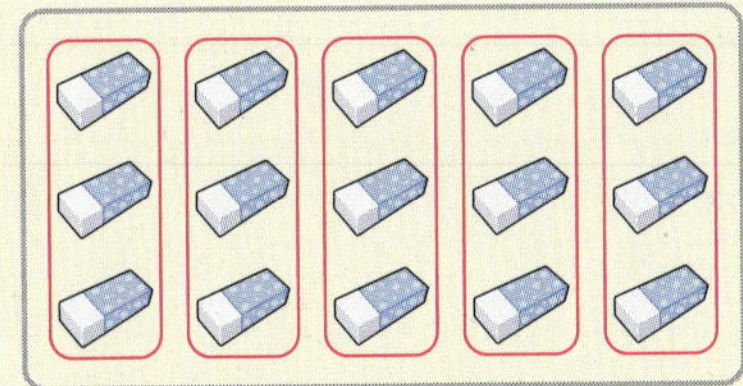

① 15의 $\dfrac{1}{5}$은 3입니다.

→ 15를 똑같이 5로 나눈 것 중의 1

② 15의 $\dfrac{3}{5}$은 9입니다.

→ 15를 똑같이 5로 나눈 것 중의 3

4 길이가 14 m인 리본의 $\dfrac{4}{7}$를 선물 상자를 포장하는 데 사용했습니다. 선물 상자를 포장하는 데 사용한 리본만큼 색칠하고, 몇 m인지 구해 보세요.

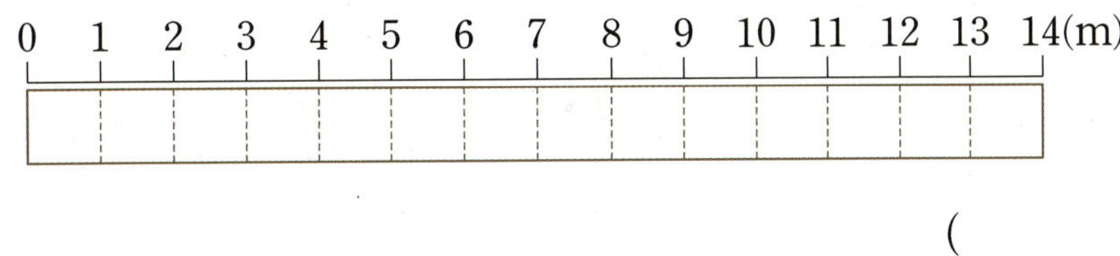

(   )

5 가장 작은 수는 어느 것일까요? (   )

① 49의 $\dfrac{2}{7}$　　　② 26의 $\dfrac{1}{2}$　　　③ 35의 $\dfrac{3}{5}$

④ 81의 $\dfrac{4}{9}$　　　⑤ 64의 $\dfrac{5}{8}$

전체의 수 구하기

★의 $\dfrac{5}{6}$가 25일 때 ★의 $\dfrac{1}{6}$은 $25 \div 5 = 5$입니다.

★을 똑같이 6으로 나눈 것 중의 1이 5이므로 ★$= 5 \times 6 = 30$입니다.

6 ■에 알맞은 수를 구해 보세요.

■의 $\dfrac{7}{10}$은 56입니다.

(   )

여러 가지 분수 알아보기, 분수의 크기 비교하기

- 분수는 나눗셈을 수로 나타낸 것입니다.
- '나누기를 한 것 중의 몇'이 분수의 크기입니다.

여러 가지 분수 알아보기

진분수: $\dfrac{1}{4}$, $\dfrac{2}{4}$, $\dfrac{3}{4}$과 같이 분자가 분모보다 작은 분수

가분수: $\dfrac{4}{4}$, $\dfrac{5}{4}$와 같이 분자가 분모와 같거나 분모보다 큰 분수

　└ $\dfrac{4}{4}$는 1과 같습니다.

자연수: 1, 2, 3과 같은 수

대분수: $1\dfrac{2}{3}$와 같이 자연수와 진분수로 이루어진 분수

　└ $1\dfrac{2}{3}$는 1과 3분의 2라고 읽습니다.

1 가분수가 아닌 것을 찾아 써 보세요.

$$\dfrac{9}{2} \qquad \dfrac{4}{5} \qquad \dfrac{8}{7} \qquad \dfrac{10}{9} \qquad \dfrac{21}{13}$$

(　　　　　　　　　　)

2 분모가 6인 진분수는 모두 몇 개일까요?

(　　　　　　　　　　)

대분수를 가분수로, 가분수를 대분수로 나타내기

- $2\dfrac{2}{3}$를 가분수로 나타내기

$$2\dfrac{2}{3}=2+\dfrac{2}{3}=\dfrac{6}{3}+\dfrac{2}{3}=\dfrac{8}{3}$$

- $\dfrac{9}{4}$를 대분수로 나타내기

$$\dfrac{9}{4}=\dfrac{8}{4}+\dfrac{1}{4}=2+\dfrac{1}{4}=2\dfrac{1}{4}$$

3 대분수는 가분수로, 가분수는 대분수로 나타내 보세요.

(1) $1\dfrac{1}{4}=\dfrac{\square}{\square}$

(2) $\dfrac{41}{9}=\square\dfrac{\square}{\square}$

분모가 같은 분수의 크기 비교

- 가분수의 크기 비교는 분자의 크기가 큰 가분수가 더 큽니다.
- 대분수의 크기 비교는 자연수의 크기가 큰 대분수가 더 크고, 자연수의 크기가 같으면 분수의 크기가 큰 대분수가 더 큽니다.
- 가분수와 대분수의 크기 비교는 가분수 또는 대분수 중 한 가지로 같게 하여 분수의 크기를 비교합니다.

$$\frac{7}{4} < \frac{9}{4} \qquad 4\frac{2}{5} > 1\frac{4}{5} \qquad \frac{24}{7} > 2\frac{6}{7}$$

$$3\frac{3}{7} > 2\frac{6}{7} \ \text{또는} \ \frac{24}{7} > \frac{20}{7}$$

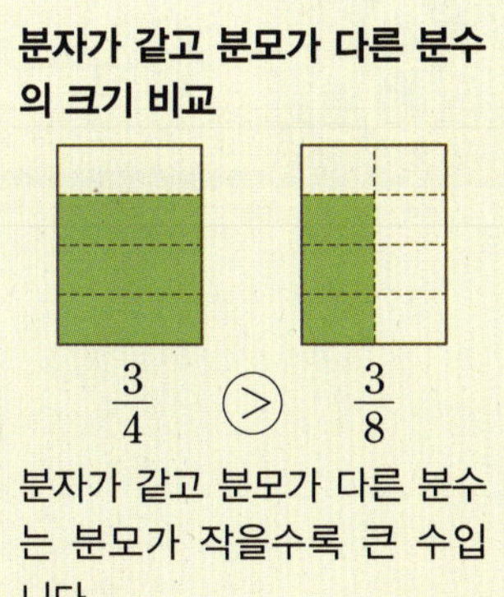

● 분자가 같고 분모가 다른 분수의 크기 비교

$$\frac{3}{4} \ > \ \frac{3}{8}$$

분자가 같고 분모가 다른 분수는 분모가 작을수록 큰 수입니다.

4 분수의 크기를 비교하여 ○ 안에 >, =, < 중 알맞은 것을 써넣으세요.

(1) $\frac{13}{6} \ \bigcirc \ \frac{7}{6}$

(2) $3\frac{1}{3} \ \bigcirc \ 2\frac{2}{3}$

(3) $3\frac{2}{9} \ \bigcirc \ \frac{32}{9}$

수 카드로 대분수 만들기

수 카드 **2**, **5**, **9** 로 대분수를 만드는 방법

- 가장 큰 대분수

  자연수 부분에 가장 큰 수를 놓고, 나머지 두 수로 진분수를 만듭니다.

  ➡ $9\frac{2}{5}$

- 가장 작은 대분수

  자연수 부분에 가장 작은 수를 놓고, 나머지 두 수로 진분수를 만듭니다.

  ➡ $2\frac{5}{9}$

5 수 카드 **2**, **3**, **7** 을 한 번씩만 사용하여 가장 큰 대분수를 만들고 가분수로 나타내 보세요.

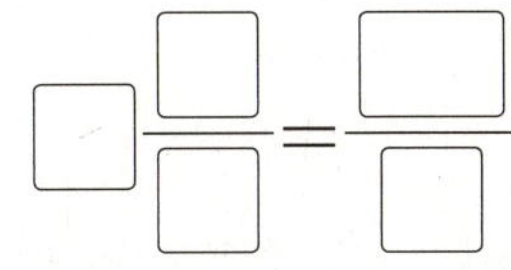

최상위

진분수만큼의 양은 1보다 적다.

길이가 $\frac{7}{3}$ m인 막대를 1 m씩 자르면

$\frac{7}{3}=2\frac{1}{3}$이므로

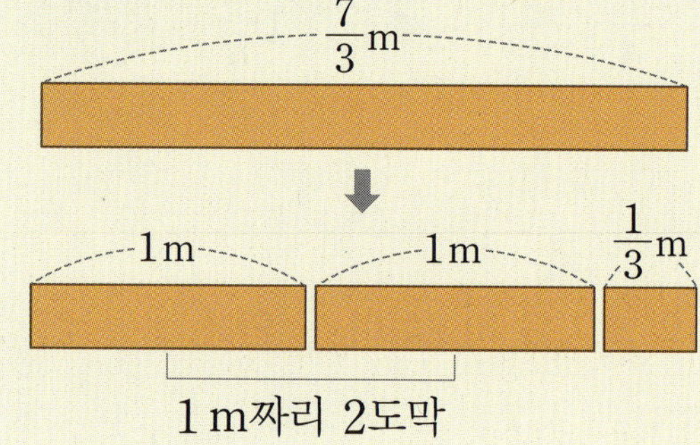

대표문제 1

지수가 주말농장에서 딴 딸기의 무게를 재었더니 $\frac{187}{20}$ kg이었습니다. 이 딸기를 한 상자에 2 kg씩 담아서 판매하려고 합니다. 딸기를 몇 상자까지 판매할 수 있을까요?

$\frac{187}{20}$ kg $=\boxed{}\frac{\boxed{}}{20}$ kg이므로 $\frac{187}{20}$ kg은 $\boxed{}$ kg과 $\frac{\boxed{}}{20}$ kg입니다.

딸기 9 kg을 한 상자에 2 kg씩 담으면

$9\div 2=\boxed{}\cdots\boxed{}$이므로 $\boxed{}$상자까지 담을 수 있습니다.

따라서 딸기를 $\boxed{}$상자까지 판매할 수 있습니다.

1-1 밀가루가 $\dfrac{54}{7}$ 컵 있습니다. 부침개 한 개를 만드는 데 밀가루 한 컵이 필요하다면 부침개를 몇 개까지 만들 수 있을까요?

(   )

1-2 콩을 한 봉지에 $1\,\text{kg}$까지 담을 수 있습니다. 콩 $\dfrac{184}{17}\,\text{kg}$을 모두 봉지에 담으려면 봉지는 적어도 몇 개 필요할까요?

(   )

1-3 현수가 $\dfrac{37}{12}$ 시간 동안 공부를 하는데 30분씩 공부한 후 한 번씩 쉬려고 합니다. 현수는 공부하는 동안 모두 몇 번 쉴까요? (단, $\dfrac{37}{12}$ 시간에는 쉬는 시간이 포함되지 않습니다.)

(   )

1-4 상자를 묶는 데 끈 $\dfrac{195}{8}\,\text{m}$가 필요합니다. 끈이 $5\,\text{m}$에 160원일 때 상자를 묶는 끈을 사는 데 필요한 돈은 적어도 얼마일까요? (단, 끈은 $5\,\text{m}$ 단위로만 팝니다.)

(   )

최상위 S 어떤 수의 분수만큼은 분모로 나누고 분자를 곱한다.

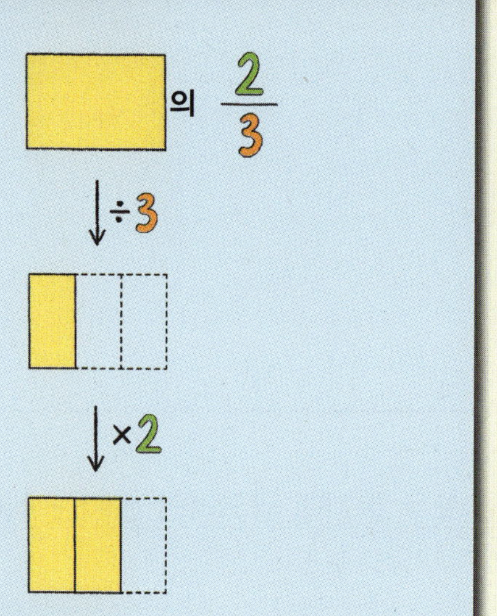

전체 길이가 24 cm일 때

$$\left(\text{전체의 }\dfrac{1}{8}\right)=24\div 8=3\,(\text{cm})$$

$$\left(\text{전체의 }\dfrac{5}{8}\right)=3\times 5=15\,(\text{cm})$$

길이가 30 m인 리본을 세영, 진수, 태민이가 각자 필요한 만큼 잘랐습니다. 세영이는 전체의 $\dfrac{1}{6}$ 만큼을, 진수는 전체의 $\dfrac{4}{15}$ 만큼을, 태민이는 전체의 $\dfrac{3}{10}$ 만큼을 잘랐습니다. 자른 리본의 길이가 가장 긴 사람은 누구일까요?

세영: 30 m의 $\dfrac{1}{6}$ 은 $30\div 6=\boxed{}\,(\text{m})$입니다.

진수: 30 m의 $\dfrac{1}{15}$ 은 $30\div 15=2\,(\text{m})$이므로

30 m의 $\dfrac{4}{15}$ 는 $2\times\boxed{}=\boxed{}\,(\text{m})$입니다.

태민: 30 m의 $\dfrac{1}{10}$ 은 $30\div 10=3\,(\text{m})$이므로

30 m의 $\dfrac{3}{10}$ 은 $3\times\boxed{}=\boxed{}\,(\text{m})$입니다.

자른 리본의 길이를 비교하면 $\boxed{}\,\text{m}>\boxed{}\,\text{m}>\boxed{}\,\text{m}$이므로

자른 리본의 길이가 가장 긴 사람은 $\boxed{}$입니다.

2-1 밤 90개 중에서 연우에게는 전체의 $\frac{1}{5}$만큼을, 지희에게는 전체의 $\frac{3}{10}$만큼을, 민규에게는 전체의 $\frac{2}{9}$만큼을 주려고 합니다. 밤을 가장 적게 가지게 되는 사람은 누구일까요?

(   )

2-2 빨간색 색종이가 37장, 노란색 색종이가 26장 있었습니다. 종이학을 접는 데 전체의 $\frac{4}{9}$만큼, 종이비행기를 접는 데 전체의 $\frac{3}{7}$만큼 사용했고 나머지는 종이배를 접는 데 사용했습니다. 색종이를 많이 사용한 것부터 차례로 써 보세요.

(   )

2-3 귤 85개 중에서 13개가 상해서 버렸습니다. 남은 귤 중에서 수진이는 전체의 $\frac{1}{4}$만큼을, 도훈이는 전체의 $\frac{2}{9}$만큼을, 성희는 전체의 $\frac{3}{8}$만큼을 먹었습니다. 귤을 가장 많이 먹은 사람은 가장 적게 먹은 사람보다 몇 개 더 많이 먹었을까요?

(   )

2-4 다빈이네 반 학생 27명 중에서 반려동물을 키우고 있는 학생은 전체의 $\frac{7}{9}$입니다. 반려동물을 키우고 있는 학생 중 강아지를 키우고 있는 학생은 $\frac{3}{7}$이고, 고양이를 키우고 있는 학생은 $\frac{1}{3}$입니다. 강아지와 고양이 중 어느 반려동물을 키우고 있는 학생이 몇 명 더 많을까요? (단, 강아지와 고양이를 둘 다 키우는 학생은 없습니다.)

(   ), (   )

분수의 종류를 같게 해야 크기를 비교할 수 있다.

$$\frac{36}{5} < \square\frac{2}{5} < \frac{48}{5}$$

모두 대분수로 나타내면 $\frac{36}{5} = 7\frac{1}{5}$, $\frac{48}{5} = 9\frac{3}{5}$

➡ $$7\frac{1}{5} < \square\frac{2}{5} < 9\frac{3}{5}$$

$7\frac{1}{5} < 7\frac{2}{5} < 8\frac{2}{5} < 9\frac{2}{5} < 9\frac{3}{5}$ 이므로

$\square$ 안에 들어갈 수 있는 자연수는 7, 8, 9입니다.

★에 들어갈 수 있는 자연수는 모두 몇 개일까요?

$$4\frac{3}{8} < \frac{★}{8} < 5\frac{1}{8}$$

두 분수를 가분수로 나타내면 $4\frac{3}{8} = \dfrac{\square}{8}$, $5\frac{1}{8} = \dfrac{\square}{8}$ 이므로

$$\dfrac{\square}{8} < \dfrac{★}{8} < \dfrac{\square}{8}$$ 입니다.

➡ ★에 들어갈 수 있는 자연수는 $\square$ 보다 크고 $\square$ 보다 작은 수입니다.

따라서 ★에 들어갈 수 있는 자연수는 $\square$, $\square$, $\square$, $\square$, $\square$ 으로

모두 $\square$ 개입니다.

3-1 □ 안에 들어갈 수 있는 자연수 중에서 가장 작은 수를 구해 보세요.

$$\frac{85}{18} < 4\frac{\square}{18}$$

(   )

3-2 □ 안에 들어갈 수 있는 자연수를 모두 구해 보세요.

$$\frac{52}{11} < \square\frac{5}{11} < \frac{98}{11}$$

(   )

3-3 □ 안에 들어갈 수 있는 자연수의 합을 구해 보세요.

$$4\frac{8}{9} < \frac{\square}{9} < 5\frac{2}{9}$$

(   )

3-4 □ 안에 공통으로 들어갈 수 있는 자연수는 모두 몇 개일까요?

$$3\frac{\square}{23} > \frac{81}{23} \qquad 2\frac{6}{7} > \frac{\square}{7}$$

(   )

최상위 S

어떤 수의 $\dfrac{1}{\blacksquare}$ 을 $\blacksquare$ 배 하면 어떤 수가 된다.

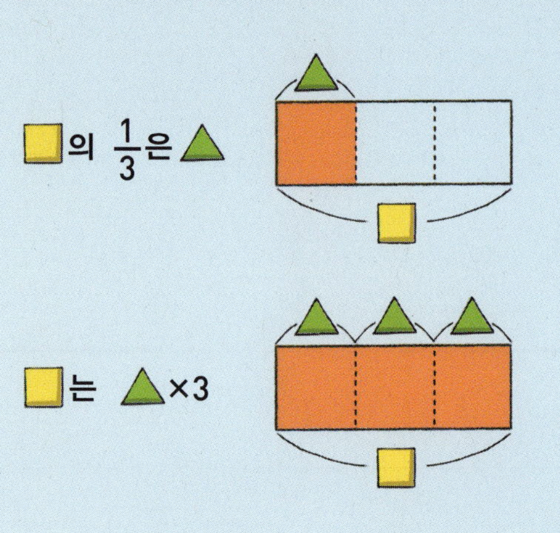

어떤 수의 $\dfrac{3}{5}$ 이 9이면

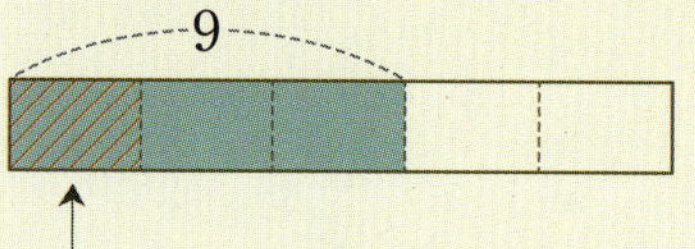

어떤 수의 $\dfrac{1}{5}$ 은 $9 \div 3 = 3$ 입니다.

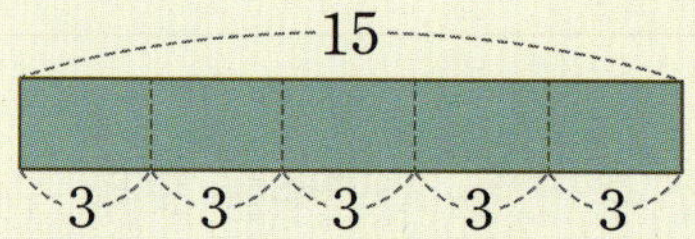

따라서 어떤 수는 $3 \times 5 = 15$ 입니다.

대표문제 4

다음을 만족시키는 ★의 $\dfrac{1}{9}$ 을 구해 보세요.

> ★의 $\dfrac{7}{12}$ 은 21입니다.

$$\dfrac{7}{12} = \dfrac{1}{12} \text{이 } 7\text{개}$$

★의 $\left(\dfrac{1}{12} \text{이 } 7\text{개} \right)$ 만큼이 21이므로

$\div 7$ $\div 7$

★의 $\left(\dfrac{1}{12} \text{이 } 1\text{개} \right)$ 만큼은 ☐입니다.

★의 $\dfrac{1}{12}$ 이 ☐이므로 ★은 ☐ × 12 = ☐입니다.

따라서 ☐의 $\dfrac{1}{9}$ 은 ☐ ÷ 9 = ☐입니다.

4-1 ★에 알맞은 수를 구해 보세요. (단, 같은 기호는 같은 수를 나타냅니다.)

> - ■의 $\dfrac{2}{3}$는 14입니다.
> - ■의 $\dfrac{5}{7}$는 ★입니다.

(   )

서술형 **4-2** 어떤 수의 $\dfrac{11}{15}$은 22입니다. 어떤 수의 $1\dfrac{1}{6}$은 얼마인지 풀이 과정을 쓰고 답을 구해 보세요.

풀이

답

4-3 ▲에 알맞은 수를 구해 보세요. (단, 같은 기호는 같은 수를 나타냅니다.)

> - ●의 $\dfrac{3}{7}$은 18입니다.
> - ▲의 $\dfrac{7}{8}$은 ●입니다.

(   )

4-4 ㉠과 ㉡에 알맞은 수의 합을 구해 보세요. (단, 같은 기호는 같은 수를 나타냅니다.)

> - 72의 $\dfrac{7}{12}$은 ㉠입니다.
> - ㉠의 $\dfrac{㉡}{14}$은 27입니다.

(   )

분자가 같은 분수는 분모가 작을수록 큰 수이다.

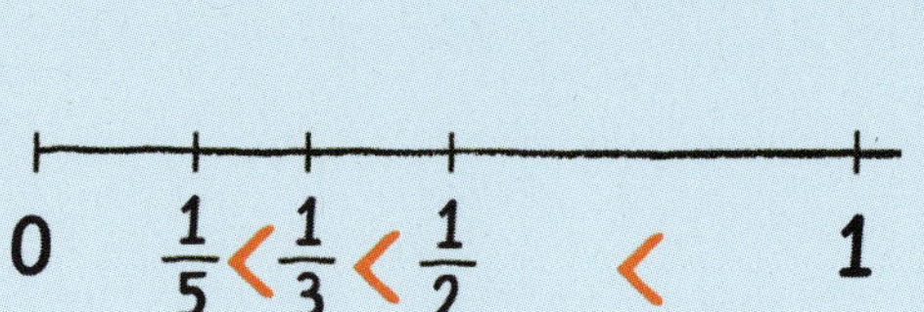

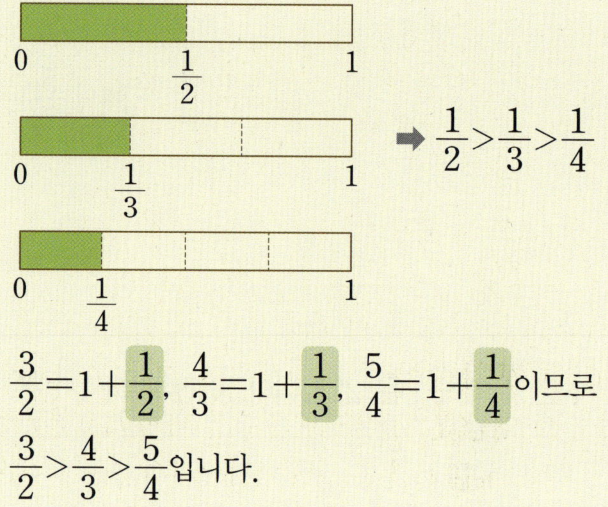

$$\frac{3}{2}=1+\frac{1}{2}, \quad \frac{4}{3}=1+\frac{1}{3}, \quad \frac{5}{4}=1+\frac{1}{4} \text{이므로}$$

$$\frac{3}{2}>\frac{4}{3}>\frac{5}{4} \text{입니다.}$$

대표문제 5 세 분수를 큰 수부터 차례로 써 보세요.

$$\frac{144}{143} \qquad \frac{353}{352} \qquad \frac{279}{278}$$

모두 대분수로 나타내면

$$\frac{144}{143}=\boxed{}\frac{1}{143}, \quad \frac{353}{352}=\boxed{}\frac{1}{352}, \quad \frac{279}{278}=\boxed{}\frac{1}{278} \text{이므로}$$

자연수 부분이 모두 같고 진분수 부분은 분자가 $\boxed{}$ 인 단위분수입니다.

단위분수는 분모가 작을수록 큰 수이므로 진분수 부분의 크기를 비교하면

$$\frac{1}{\boxed{}}>\frac{1}{\boxed{}}>\frac{1}{\boxed{}} \text{입니다.}$$

따라서 큰 수부터 차례로 쓰면 $\boxed{}$, $\boxed{}$, $\boxed{}$ 입니다.

5-1 세 분수를 큰 수부터 차례로 써 보세요.

$$\frac{107}{15} \qquad \frac{65}{9} \qquad \frac{79}{11}$$

( )

5-2 가장 큰 분수를 찾아 써 보세요.

$$\frac{161}{73} \qquad \frac{217}{101} \qquad \frac{127}{56} \qquad \frac{299}{142}$$

( )

5-3 세 분수를 큰 수부터 차례로 써 보세요.

$$\frac{539}{540} \qquad \frac{788}{789} \qquad \frac{180}{181}$$

( )

5-4 가장 작은 분수의 분모와 분자의 차를 구해 보세요.

$$\frac{191}{48} \qquad \frac{335}{84} \qquad \frac{267}{67}$$

( )

이웃하는 분수의 분자, 분모의 관계로 규칙을 찾는다.

$$\frac{1}{2}, \ \frac{3}{4}, \ \frac{5}{6}, \ \frac{7}{8}, \ \frac{9}{10}, \ \cdots$$

분모 2, 4, 6, 8, 10, …
➡ 2부터 시작하여 2씩 커지는 규칙

분자 1, 3, 5, 7, 9, …
➡ 1부터 시작하여 2씩 커지는 규칙

50째에 놓이는 분수의 분모는 $2 \times 50 = 100$,

분자는 $\underline{1 + 2 \times 49} = 99$이므로 $\dfrac{99}{100}$입니다.
　　　•또는 $2 \times 50 - 1 = 99$

대표문제 6 다음과 같은 규칙으로 분수를 늘어놓을 때, 41째에 놓을 분수를 구해 보세요.

$$\frac{1}{2}, \ \frac{1}{3}, \ \frac{2}{3}, \ \frac{1}{4}, \ \frac{2}{4}, \ \frac{3}{4}, \ \frac{1}{5}, \ \cdots$$

분모가 같은 분수끼리 묶으면 $\left(\dfrac{1}{2}\right)$, $\left(\dfrac{1}{3}, \dfrac{2}{3}\right)$, $\left(\dfrac{1}{4}, \dfrac{2}{4}, \dfrac{3}{4}\right)$, $\left(\dfrac{1}{5}, \cdots\right)$, …입니다.

➡ 각 묶음은 분자가 1씩 커지면서 진분수가 $\boxed{}$개씩 늘어나는 규칙입니다.

8째 묶음까지의 분수는 $1+2+3+4+5+6+7+8 = \boxed{}$(개)이므로

41째에 놓을 분수는 9째 묶음의 $\boxed{}$째 분수입니다.

따라서 9째 묶음의 $\boxed{}$째 분수는 분모가 $\boxed{}$이고 분자가 5이므로 $\dfrac{\boxed{}}{\boxed{}}$입니다.

6-1 다음과 같은 규칙으로 분수를 늘어놓을 때, 26째에 놓을 분수를 구해 보세요.

$$\frac{2}{3},\ 1\frac{1}{3},\ \frac{6}{3},\ 2\frac{2}{3},\ \frac{10}{3},\ \cdots$$

(   )

6-2 다음과 같은 규칙으로 분수를 늘어놓을 때, 19째에 놓을 분수를 구해 보세요.

$$\frac{1}{3},\ \frac{4}{7},\ \frac{7}{11},\ \frac{10}{15},\ \frac{13}{19},\ \cdots$$

(   )

서술형 **6-3** 다음과 같은 규칙으로 분수를 늘어놓을 때, 43째에 놓을 분수를 대분수로 나타내려고 합니다. 풀이 과정을 쓰고 답을 구해 보세요.

$$\frac{1}{2},\ \frac{4}{3},\ \frac{7}{4},\ \frac{10}{5},\ \frac{13}{6},\ \cdots$$

풀이 ....

....

....

답 ....

6-4 다음과 같은 규칙으로 수를 늘어놓을 때, 35째에 놓을 분수의 분모와 분자의 차를 구해 보세요.

$$2,\ 3,\ \frac{3}{2},\ 4,\ \frac{4}{2},\ \frac{4}{3},\ \cdots$$

(   )

최상위 S

떨어진 높이의 분수만큼은 분모로 나누고 분자를 곱한다.

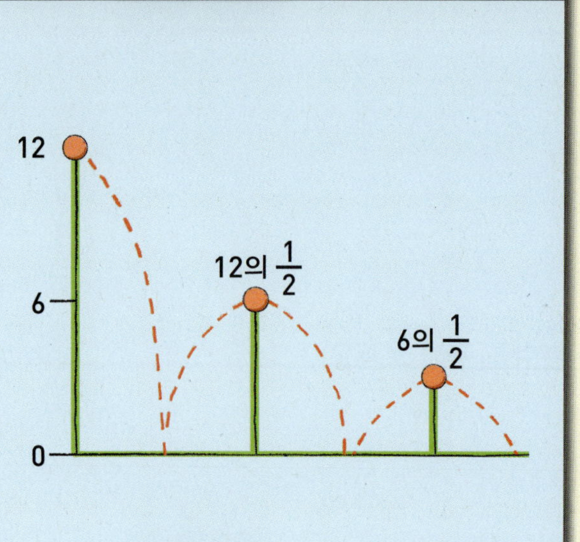

떨어진 높이의 $\dfrac{3}{4}$만큼 튀어 오르는 공

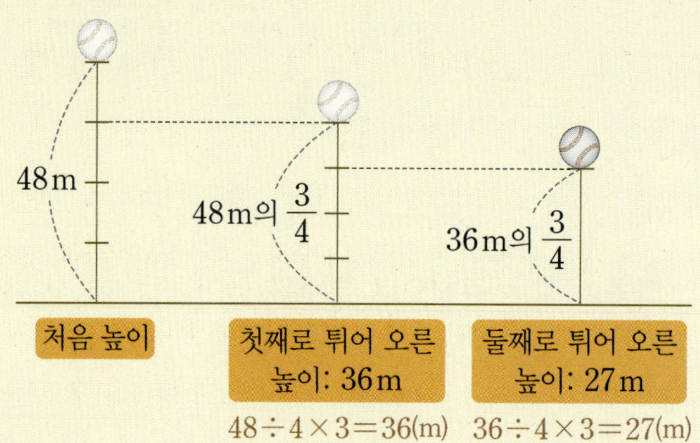

대표문제 7

떨어진 높이의 $\dfrac{2}{5}$만큼 튀어 오르는 공이 있습니다. 이 공을 150 m의 높이에서 떨어뜨린다면 둘째로 튀어 올랐을 때까지 공이 움직인 거리는 모두 몇 m일까요? (단, 공은 위, 아래로만 움직입니다.)

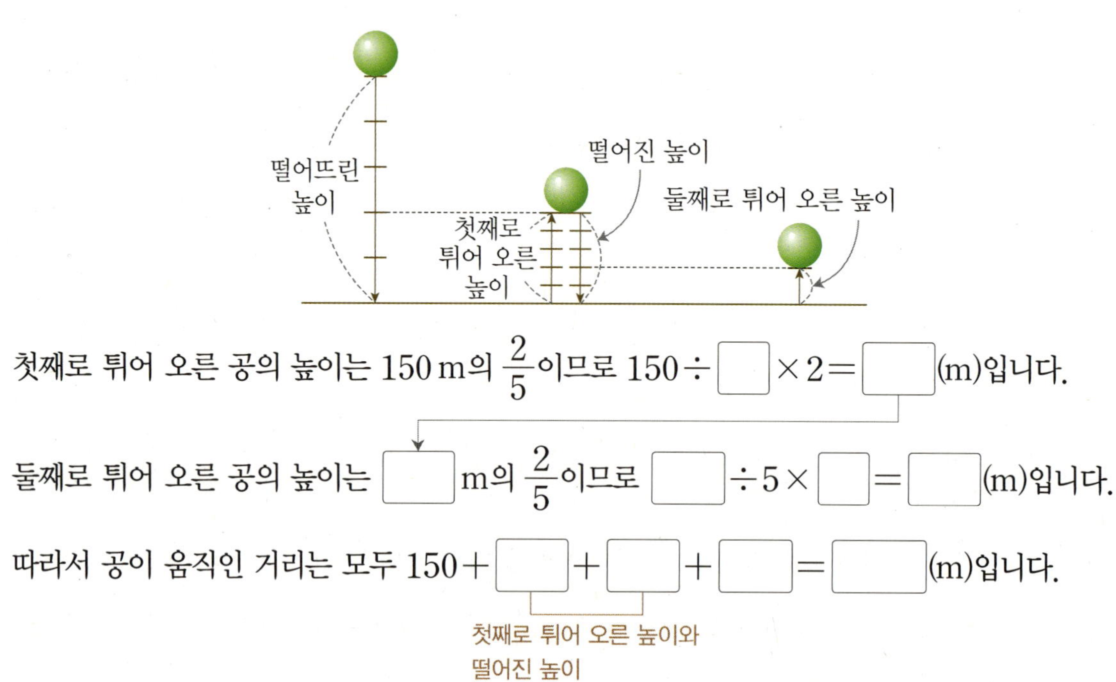

첫째로 튀어 오른 공의 높이는 150 m의 $\dfrac{2}{5}$이므로 $150 \div \boxed{} \times 2 = \boxed{}$ (m)입니다.

둘째로 튀어 오른 공의 높이는 $\boxed{}$ m의 $\dfrac{2}{5}$이므로 $\boxed{} \div 5 \times \boxed{} = \boxed{}$ (m)입니다.

따라서 공이 움직인 거리는 모두 $150 + \boxed{} + \boxed{} + \boxed{} = \boxed{}$ (m)입니다.

첫째로 튀어 오른 높이와 떨어진 높이

7-1 떨어진 높이의 $\dfrac{3}{7}$ 만큼 튀어 오르는 공이 있습니다. 이 공을 147 cm의 높이에서 떨어뜨린다면 둘째로 튀어 오른 공의 높이는 몇 cm일까요?

( )

서술형 **7-2** 떨어진 높이의 $\dfrac{2}{3}$ 만큼 튀어 오르는 공이 있습니다. 이 공을 54 m의 높이에서 떨어뜨린다면 셋째로 튀어 오른 공의 높이는 몇 m인지 풀이 과정을 쓰고 답을 구해 보세요.

풀이

답

7-3 영재가 공을 112 cm의 높이에서 떨어뜨렸더니 첫째는 떨어뜨린 높이의 $\dfrac{7}{8}$ 만큼 튀어 오르고, 둘째는 첫째에 튀어 오른 높이의 $\dfrac{4}{7}$ 만큼 튀어 올랐습니다. 공이 첫째로 튀어 오른 높이는 둘째로 튀어 오른 높이보다 몇 cm 더 높을까요?

( )

7-4 현지가 공을 81 m의 높이에서 떨어뜨렸더니 첫째는 떨어뜨린 높이의 $\dfrac{5}{9}$ 만큼 튀어 오르고, 둘째는 첫째에 튀어 오른 높이의 $\dfrac{3}{5}$ 만큼 튀어 올랐습니다. 이 공을 처음 떨어뜨린 후, 둘째로 튀어 올랐다가 다시 땅에 닿을 때까지 움직인 거리는 모두 몇 m일까요? (단, 공은 위, 아래로만 움직입니다.)

( )

가분수를 대분수로 바꾸기 위해
나눗셈의 몫과 나머지를 이용한다.

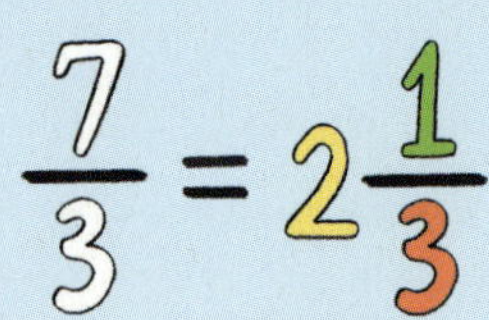

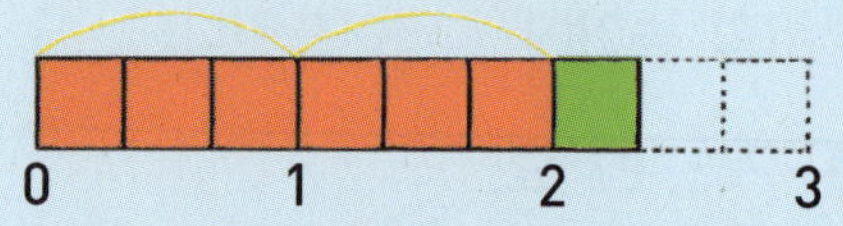

$\bigcirc$, $\bigcirc$, $\bigcirc$에 1부터 9까지의 자연수 중 서로 다른 수가 들어 간다고 할 때

$$\frac{4\bigcirc}{5}=\bigcirc\frac{\bigcirc}{5}$$

- $\bigcirc=1,\ 2,\ 3,\ 4$이면
$$\frac{41}{5}=8\frac{1}{5},\ \frac{42}{5}=8\frac{2}{5},\ \frac{43}{5}=8\frac{3}{5},\ \frac{44}{5}=8\frac{4}{5}$$
➡ $\bigcirc=\bigcirc$이므로 조건에 맞지 않습니다.

- $\bigcirc=6,\ 7,\ 8,\ 9$이면
$$\frac{46}{5}=9\frac{1}{5},\ \frac{47}{5}=9\frac{2}{5},\ \frac{48}{5}=9\frac{3}{5},\ \frac{49}{5}=9\frac{4}{5}$$
• $\bigcirc=\bigcirc$이므로 조건에 맞지 않습니다.

➡ 나올 수 있는 대분수는 $9\frac{1}{5}$, $9\frac{2}{5}$, $9\frac{3}{5}$입니다.

분모가 5인 가분수를 대분수로 나타냈습니다. $\bigcirc$, $\bigcirc$, $\bigcirc$, $\bigcirc$에 1부터 9까지의 자연수를 한 번씩만 넣을 때 $\bigcirc$에 3을 넣는 경우 나올 수 있는 대분수를 모두 구해 보세요.

(단, $\bigcirc\bigcirc$은 두 자리 수입니다.)

$$\frac{\bigcirc\bigcirc}{5}=\bigcirc\frac{\bigcirc}{5}$$

$\bigcirc$에 3을 넣으면 $\dfrac{3\bigcirc}{5}$입니다.

① $\bigcirc=5$이면 $\dfrac{35}{5}=7$이므로 대분수가 되지 않습니다.

② $\bigcirc=1,\ 2,\ 4$이면 $\bigcirc=\boxed{}$이고 $\bigcirc$은 $\bigcirc$과 같은 수가 되므로 조건에 맞지 않습니다.

③ $\bigcirc=6,\ 7,\ 8,\ 9$이면

$$\frac{36}{5}=7\frac{\boxed{}}{5},\ \frac{37}{5}=7\frac{\boxed{}}{5},\ \frac{38}{5}=7\frac{\boxed{}}{5},\ \frac{39}{5}=7\frac{\boxed{}}{5}$$입니다.

➡ $\bigcirc=7$이고 서로 다른 수가 들어가야 하므로 $\bigcirc=6,\ \boxed{}$만 가능합니다.

따라서 $\bigcirc$에 3을 넣는 경우 나올 수 있는 대분수는 $7\dfrac{\boxed{}}{5}$, $7\dfrac{\boxed{}}{5}$입니다.

8-1 분모가 9인 가분수를 대분수로 나타냈습니다. ㉠, ㉡, ㉢, ㉣에 1부터 9까지의 자연수 중 서로 다른 수가 들어간다고 할 때 ㉠에 5를 넣는 경우 나올 수 있는 대분수는 모두 몇 개일까요? (단, ㉠㉡은 두 자리 수입니다.)

$$\frac{㉠㉡}{9} = ㉢\frac{㉣}{9}$$

(   )

8-2 분모가 7인 가분수를 대분수로 나타냈습니다. ㉠, ㉡, ㉢, ㉣에 분모 7을 제외한 1부터 9까지의 자연수 중 서로 다른 수가 들어간다고 할 때 ㉢에 6을 넣는 경우 나올 수 있는 식을 모두 써 보세요. (단, ㉠㉡은 두 자리 수입니다.)

$$\frac{㉠㉡}{7} = ㉢\frac{㉣}{7}$$

(   )

8-3 분모가 8인 가분수를 대분수로 나타냈습니다. ㉠, ㉡, ㉢, ㉣에 1부터 9까지의 자연수 중 서로 다른 수가 들어간다고 할 때 나올 수 있는 가분수 중 가장 작은 가분수를 구해 보세요.
(단, ㉠㉡은 두 자리 수입니다.)

$$\frac{㉠㉡}{8} = ㉢\frac{㉣}{8}$$

(   )

MATH MASTER

1 수현이는 하루의 $\frac{1}{3}$은 잠을 자고 $\frac{1}{8}$은 밥을 먹고 $\frac{1}{4}$은 학교에서 보냅니다. 수현이가 하루를 보내는 나머지 시간은 몇 시간일까요?

( )

2 연필 1타는 12자루입니다. 연필 7타 중 수정이는 전체의 $\frac{1}{4}$만큼을, 우현이는 전체의 $\frac{2}{7}$만큼을 가지려고 합니다. 누가 연필을 몇 자루 더 많이 가지게 될까요?

( ), ( )

서술형 3 재민이네 반 학생은 28명입니다. 이 중에서 안경을 쓴 남학생은 전체의 $\frac{3}{14}$이고, 나머지의 $\frac{4}{11}$는 안경을 쓴 여학생입니다. 안경을 쓰지 않은 학생은 몇 명인지 풀이 과정을 쓰고 답을 구해 보세요.

풀이

답

4 5장의 수 카드 중 2장을 골라 만들 수 있는 가장 큰 가분수를 대분수로 나타내 보세요.

3   5   6   7   8

( )

5 호정이가 집에서 오후 12시 50분에 출발하여 오후 2시 5분에 식물원에 도착하였습니다. 집에서 식물원까지 가는 데 걸린 시간 중 전체의 $\frac{2}{3}$는 지하철을, 전체의 $\frac{1}{5}$은 버스를 타고 나머지는 걸었습니다. 호정이가 걸은 시간은 몇 분일까요?

(   )

6 희수가 동화책 한 권을 3일 동안 모두 읽었습니다. 첫째 날은 36쪽을 읽었고, 둘째 날은 첫째 날 읽은 쪽수의 $\frac{8}{9}$보다 2쪽 더 적게 읽었고, 셋째 날은 둘째 날 읽은 쪽수의 $\frac{5}{6}$보다 1쪽 더 많이 읽었습니다. 동화책은 모두 몇 쪽일까요?

(   )

먼저 생각해 봐요!
형이 귤 12개를 먹고 동생은 형의 $\frac{2}{3}$보다 1개 더 적게 먹었다면 동생이 먹은 귤은?

7 색종이 한 장의 $\frac{1}{2}$이 ①, $\frac{1}{4}$이 ②, $\frac{1}{8}$이 ③입니다. 주어진 모양을 ③으로만 만든다면 필요한 ③은 색종이 한 장의 얼마만큼인지 대분수로 나타내 보세요.

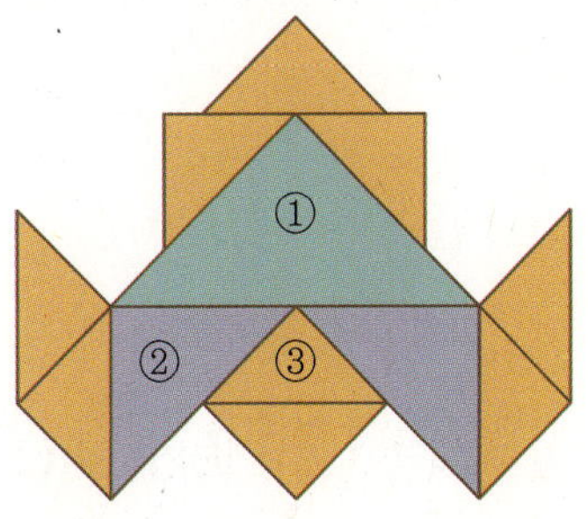

(   )

8 A 채소 가게에서 판매한 당근 수의 $\dfrac{8}{11}$은 40개이고, B 채소 가게에서 판매한 당근 수는 A 채소 가게에서 판매한 당근 수의 $1\dfrac{3}{5}$입니다. B 채소 가게에서 판매한 당근은 몇 개일까요?

먼저 생각해 봐요!
어떤 수의 $\dfrac{5}{7}$가 40일 때
어떤 수는?

(   )

서술형 9 가분수 $\dfrac{\blacksquare}{9}$의 분자를 분모로 나누었더니 몫이 6이고 나머지가 5였습니다. 이 가분수의 분모와 분자의 차는 얼마인지 풀이 과정을 쓰고 답을 구해 보세요.

풀이

답

10 분모와 분자의 합이 43이고 차가 7인 진분수를 구해 보세요.

(   )

11 대분수 $\bigcirc\dfrac{8}{13}$을 가분수로 나타내려고 합니다. $4<\bigcirc<7$일 때 가분수의 분자가 될 수 있는 수들의 합을 구해 보세요.

(   )

12 일정한 빠르기로 타는 양초에 불을 붙이고 12분이 지난 후 양초의 길이를 재어 보니 처음 양초 길이의 $\dfrac{5}{8}$가 남았습니다. 남은 양초가 모두 타는 데 걸리는 시간은 몇 분일까요?

(   )

13 다음을 만족시키는 ★과 ▲로 만들 수 있는 분수 $\dfrac{★}{▲}$ 중에서 대분수로 나타낼 수 있는 것은 모두 몇 개일까요? (단, ★과 ▲는 자연수입니다.)

$$3\frac{7}{9} < \frac{★}{9} < 4\frac{2}{9} \qquad \frac{32}{5} < ▲\frac{3}{5} < \frac{41}{5}$$

(   )

14 조건을 모두 만족시키는 세 분수 ㉠, ㉡, ㉢을 각각 구해 보세요.

- 세 분수는 분모가 21인 진분수입니다.
- 세 분수의 분자의 합은 25입니다.
- ㉠의 분자는 ㉡의 분자보다 5만큼 더 큽니다.
- ㉢의 분자는 ㉡의 분자보다 4만큼 더 작습니다.

㉠ (   ), ㉡ (   ), ㉢ (   )

15 조건을 모두 만족시키는 대분수 $㉠\dfrac{㉡}{7}$은 모두 몇 개일까요?

- $㉠\dfrac{㉡}{7} < \dfrac{40}{7}$
- ㉠은 ㉡보다 1만큼 더 작은 수입니다.

(   )

빈칸에 ○표나 ×표를 써넣으세요.
(단, 가로, 세로, 대각선(＼, ／)으로 같은 표시는 연달아 3개까지만 넣을 수 있어요.)

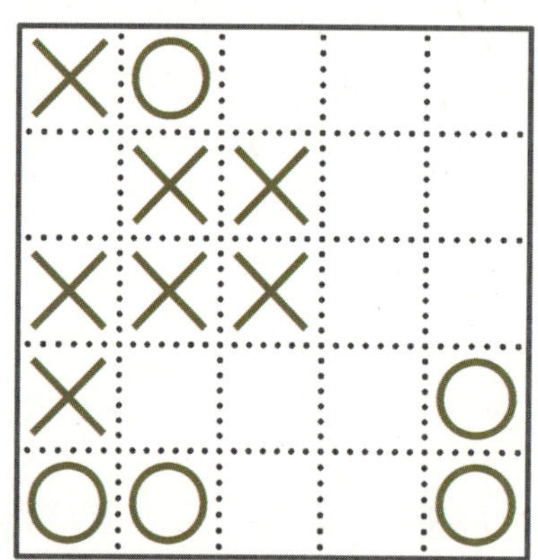

5

들이와 무게

들이의 단위, 들이의 합과 차

- 단위를 사용하면 많고 적은 정도를 수로 나타낼 수 있습니다.
- 들이에 따라 알맞은 단위를 사용하여 나타냅니다.

들이의 단위

- 들이의 단위에는 **리터**와 **밀리리터** 등이 있습니다.
- 1리터는 $1\,L$, 1밀리리터는 $1\,mL$라고 씁니다.
- 1리터는 1000밀리리터와 같습니다.

$$1L \quad 1mL$$

$$1\,L = 1000\,mL$$

➡ $\underline{1\,L\,200\,mL}$: $1\,L$보다 $200\,mL$ 더 많은 들이
└ 1리터 200밀리리터

$$1\,L\,200\,mL = 1200\,mL$$

들이를 어림하고 재어 보기

들이를 어림하여 말할 때에는 **약 ☐L** 또는 **약 ☐mL**라고 합니다.

⑩ 물병에 물을 가득 채운 후 들이가 $100\,mL$인 컵 5개에 모두 옮겨 담았습니다.

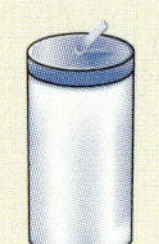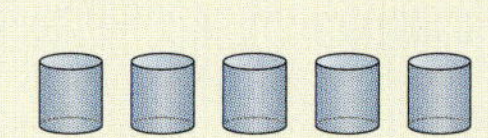

➡ 물병의 들이는 약 $500\,mL$입니다.

6–1 연계

● **부피와 들이**

부피는 겉으로 드러나는 양의 크기이고, 들이는 안에 담을 수 있는 양의 크기입니다.

● **부피의 단위**

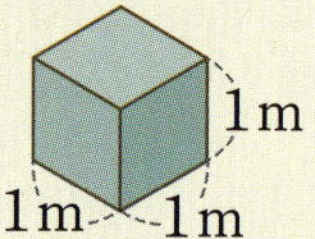

한 모서리가 $1\,m$인 정육면체의 부피를 $1\,m^3$라 하고 1세제곱미터라고 읽습니다.

---

1 그릇에 가득 담긴 물을 ㉮, ㉯, ㉰ 컵으로 각각 다음과 같이 모두 덜어 냈습니다. 들이가 많은 컵부터 차례로 기호를 써 보세요.

컵	㉮	㉯	㉰
덜어 낸 횟수(번)	7	5	6

(   )

2 들이를 비교하여 가장 많은 것에 ○표, 가장 적은 것에 △표 하세요.

$3\,L\,700\,mL$	$3070\,mL$	$7003\,mL$	$3\,L$
( )	( )	( )	( )

3 ☐ 안에 L와 mL 중에서 알맞은 단위를 써넣으세요.

(1) 욕조의 들이는 약 400 ☐ 입니다.

(2) 음료수 캔의 들이는 약 350 ☐ 입니다.

들이의 합과 차

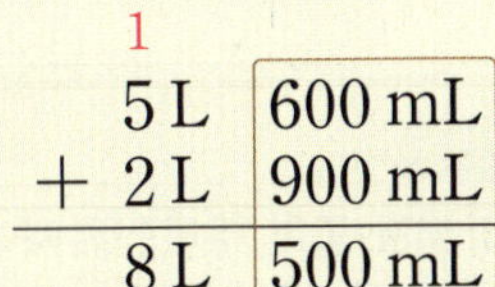

$$
\begin{array}{r}
1 \\
5\,\text{L} \quad 600\,\text{mL} \\
+\ 2\,\text{L} \quad 900\,\text{mL} \\
\hline
8\,\text{L} \quad 500\,\text{mL}
\end{array}
$$

mL 단위끼리의 합이 1000이 거나 1000보다 크면 1 L로 받아올림합니다.

• $600+900=1500(\text{mL})$

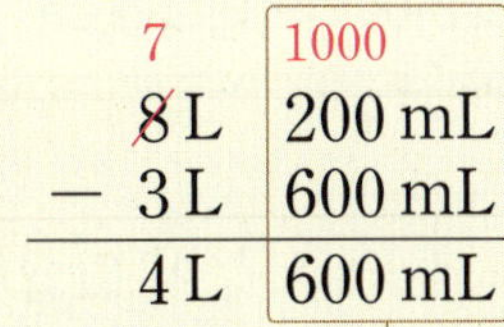

$$
\begin{array}{r}
7 \quad 1000 \\
8\,\text{L} \quad 200\,\text{mL} \\
-\ 3\,\text{L} \quad 600\,\text{mL} \\
\hline
4\,\text{L} \quad 600\,\text{mL}
\end{array}
$$

mL 단위끼리 뺄 수 없으면 1 L를 1000 mL로 받아내 림합니다.

• $1000+200-600=600(\text{mL})$

4 빈칸에 알맞은 들이는 몇 L 몇 mL인지 써넣으세요.

4 L 900 mL → +1 L 350 mL → −2 L 600 mL → ⬚

5 약수터에서 물을 민재는 4 L 500 mL 떠 왔고, 동생은 민재보다 1 L 700 mL 더 적게 떠 왔습니다. 동생이 약수터에서 떠 온 물의 양은 몇 L 몇 mL일까요?

(   )

1초 동안 ■ mL의 물을 받으면서 ▲ mL의 물을 내보내는 그릇에 1초 동안 채워지는 물의 양

1초 동안 받는 물의 양 ■ mL는 더하고
내보내는 물의 양 ▲ mL는 빼서 물의 양을 알아봅니다.

➡ 1초 동안 그릇에 채워지는 물의 양은 (■ − ▲) mL입니다.

6 1초에 280 mL씩 물이 나오는 수도로 들이가 1 L인 그릇에 물을 가득 채우려고 합니다. 그런데 그릇에 구멍이 생겨 1초에 30 mL씩 물이 흘러 나간다면 그릇에 물을 가득 채우는 데 걸리는 시간은 몇 초인지 ⬚ 안에 알맞은 수를 써넣으세요.

1초 동안 그릇에 채워지는 물의 양은 $280 - \boxed{} = \boxed{}$ (mL)입니다.

$1\,\text{L}=1000\,\text{mL}$는 250 mL씩 $\boxed{}$ 번이므로 그릇에 물을 가득 채우는 데 걸리는 시간은

$\boxed{}$ 초입니다.

2 무게의 단위, 무게의 합과 차

- 단위를 사용하면 무겁고 가벼운 정도를 수로 나타낼 수 있습니다.
- 무게에 따라 알맞은 단위를 사용하여 나타냅니다.

무게의 단위

- 무게의 단위에는 킬로그램과 그램 등이 있습니다.
- 1킬로그램은 1 kg, 1그램은 1 g이라고 씁니다.
- 1킬로그램은 1000그램과 같습니다.

$$1\,kg = 1000\,g$$

➡ 1 kg 200 g: 1 kg보다 200 g 더 무거운 무게
　　　　　　└ 1킬로그램 200그램

$$1\,kg\ 200\,g = 1200\,g$$

- 1000 kg의 무게를 1 t이라 쓰고 1톤이라고 읽습니다.
- 1톤은 1000킬로그램과 같습니다.

$$1\,t = 1000\,kg$$

무게를 어림하고 재어 보기

무게를 어림하여 말할 때에는 약 ☐ kg 또는 약 ☐ g이라고 합니다.

㉠ 수박의 무게는 1 kg인 설탕 6봉지의 무게와 비슷합니다.

➡ 수박의 무게는 약 6 kg입니다.

6-1 연계

- 물의 부피, 들이, 무게 단위 사이의 관계(단, 물의 온도는 4 ℃입니다.)

$$1\,cm^3 = 1\,mL = 1\,g$$
$$1000\,cm^3 = 1000\,mL$$
$$= 1000\,g$$
$$= 1\,kg = 1\,L$$

- **여러 가지 전자저울**

채소나 고기의 무게를 잽니다.

몸무게를 잽니다.

여행용 가방 등의 무게를 잽니다.

---

1 무게가 가벼운 것부터 차례로 기호를 써 보세요.

> ㉠ 3 kg 30 g　　㉡ 3300 g　　㉢ 30 kg　　㉣ 3003 g

(　　　　　　　　　　　)

2 한 상자의 무게가 50 kg인 물건 300상자를 트럭에 실었습니다. 트럭에 실은 물건의 무게는 몇 t일까요?

(　　　　　　　　　　　)

3 ☐ 안에 g, kg, t 중에서 알맞은 단위를 써넣으세요.

(1) 필통의 무게는 약 500 ☐ 입니다.

(2) 코끼리의 무게는 약 3 ☐ 입니다.

무게의 합과 차

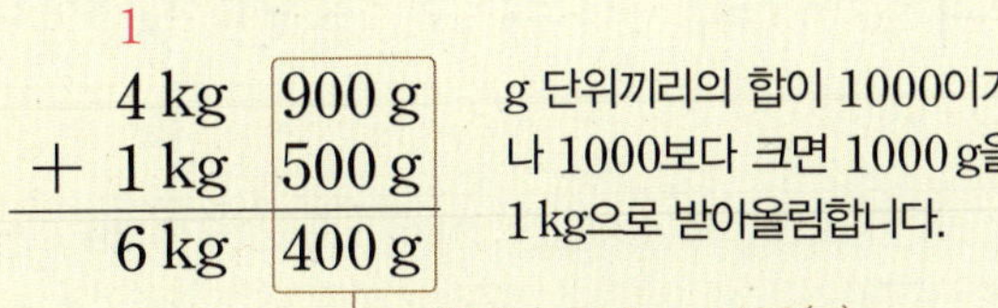

$$\begin{array}{r}4\,\text{kg}\ \boxed{900\,\text{g}}\\ +\ 1\,\text{kg}\ \boxed{500\,\text{g}}\\ \hline 6\,\text{kg}\ \boxed{400\,\text{g}}\end{array}$$

g 단위끼리의 합이 1000이거나 1000보다 크면 1000 g을 1 kg으로 받아올림합니다.

$900+500=1400(\text{g})$

$$\begin{array}{r}6\,\text{kg}\ \boxed{100\,\text{g}}\\ -\ 3\,\text{kg}\ \boxed{700\,\text{g}}\\ \hline 2\,\text{kg}\ \boxed{400\,\text{g}}\end{array}$$

g 단위끼리 뺄 수 없으면 1 kg을 1000 g으로 받아 내림합니다.

$1000+100-700=400(\text{g})$

4 ㉠에 알맞은 무게는 몇 kg 몇 g일까요?

$$10\,\text{kg}+㉠=6\,\text{kg}\ 850\,\text{g}+5\,\text{kg}\ 600\,\text{g}$$

(   )

5 가방의 무게는 1 kg 700 g이고, 책 1권의 무게는 400 g입니다. 가방에 책 4권을 넣은 무게는 몇 kg 몇 g일까요? (단, 책의 무게는 모두 같습니다.)

(   )

물건들의 무게 사이의 관계 ─● 공통으로 들어 있는 물건의 수를 같게 만들어 줍니다.

사과 1개의 무게는 귤 3개의 무게와 같고, 배 2개의 무게는 귤 9개의 무게와 같을 때

(사과 1개) = (귤 3개)
(배 2개) = (귤 9개)

귤이 공통으로 있습니다.

⇒ (사과 3개) = (귤 9개)
(배 2개) = (귤 9개)

귤의 수를 같게 만듭니다.

⇒ (사과 3개) = (배 2개)

6 수박 1통의 무게는 멜론 3통의 무게와 같고, 멜론 1통의 무게는 참외 4개의 무게와 같습니다. 수박 1통의 무게는 참외 몇 개의 무게와 같을까요? (단, 같은 과일끼리는 무게가 같습니다.)

(   )

실제 값과 어림한 값의 차가 작을수록 어림을 잘한 것이다.

실제 무게가 <u>1 kg</u>인 책의 무게를 다음과 같이 어림했을 때
•1000 g

원영: 약 800 g이야.

진우: 약 1050 g이야.

- 원영: $1000-800=200(\text{g})$
- 진우: $1050-1000=50(\text{g})$ → 실제 무게와 어림한 무게의 차가 더 작습니다.

실제 무게에 더 가깝게 어림한 사람은 진우입니다.

창준이의 몸무게는 53 kg 700 g입니다. 다음과 같이 창준이의 몸무게를 어림했을 때 실제 몸무게에 가장 가깝게 어림한 사람은 누구일까요?

> 지혜: 내가 보기엔 55 kg쯤 될 것 같아.
>
> 민호: 그렇게 많이? 난 52 kg 300 g쯤 될 것 같은데…….
>
> 연아: 난 53000 g으로 어림할래!

실제 몸무게와 어림한 몸무게의 차가 (클수록 , 작을수록) 실제 몸무게에 가깝게 어림한 것이므로 두 몸무게의 차를 구해 봅니다.

지혜: $55 \text{ kg}-53 \text{ kg } 700 \text{ g}=\boxed{}\text{ kg}\boxed{}\text{ g}$

민호: $53 \text{ kg } 700 \text{ g}-52 \text{ kg } 300 \text{ g}=\boxed{}\text{ kg}\boxed{}\text{ g}$

연아: $53000 \text{ g}=\boxed{}\text{ kg이므로 } 53 \text{ kg } 700 \text{ g}-\boxed{}\text{ kg}=\boxed{}\text{ g}$

따라서 $\boxed{}\text{ g}<\boxed{}\text{ kg}\boxed{}\text{ g}<\boxed{}\text{ kg}\boxed{}\text{ g}$이므로 실제 몸무게와 어림한 몸무게의 차가 가장 작은 $\boxed{}$가 실제 몸무게에 가장 가깝게 어림하였습니다.

1-1 오른쪽과 같은 오렌지주스 한 병의 들이를 세현이는 약 $1\,\text{L}\ 750\,\text{mL}$, 은성이
는 약 $1\,\text{L}\ 300\,\text{mL}$로 어림했습니다. 실제 들이에 더 가깝게 어림한 사람은 누구
일까요?

(   ) $1\,\text{L}\ 500\,\text{mL}$

1-2 눈금을 가린 저울 위에 $400\,\text{g}$짜리 참외 4개를 올려놓았습니다. 세 사람의 대화를 보고 실제
무게에 가깝게 어림한 사람부터 차례로 이름을 써 보세요.

> 정은: 얘들아! 참외 4개의 무게가 얼마일 것 같아?
>
>   난 $1\,\text{kg}\ 800\,\text{g}$쯤 될 것 같은데…….
>
> 보람: 난 $1\,\text{kg}\ 500\,\text{g}$ 정도 되어 보이는데…….
>
> 지우: 그것보다 더 무거울 것 같아. $2\,\text{kg}$은 될 것 같아!

(   )

1-3 들이가 $5\,\text{L}$인 수조에 가득 들어 있는 물을 들이가 $300\,\text{mL}$인 컵에 가득 담아 4번 덜어 냈습니
다. 수조에 남아 있는 물의 양을 다음과 같이 어림했다면 실제 남아 있는 물의 양에 가장 가
깝게 어림한 사람은 누구일까요?

> 정훈: 약 $4\,\text{L}$ 진석: 약 $3\,\text{L}\ 500\,\text{mL}$ 선주: 약 $3\,\text{L}\ 900\,\text{mL}$

(   )

처음 물의 양에 부은 물의 양을 더하면 전체 물의 양이다.

물이 1 L 들어 있는 수조에 똑같은 컵 2개에 물을
가득 담아 부었더니 1 L 400 mL가 되었다면

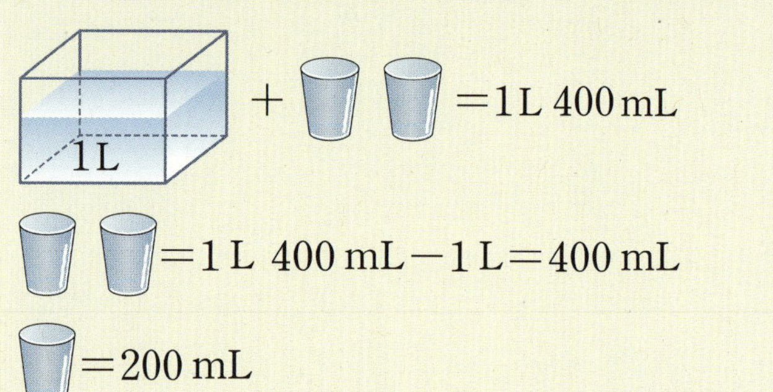

대표문제 2

설희 어머니는 간장이 2 L 800 mL 들어 있는 항아리에 간장을 그릇에 가득 담아 5번 더 부었습니다. 항아리에 들어 있는 간장이 4 L 300 mL가 되었다면 그릇의 들이는 몇 mL일까요?

(항아리에 더 부은 간장의 양)

=(간장을 더 부은 후의 양)−(처음에 들어 있던 간장의 양)

= ☐ L ☐ mL − ☐ L ☐ mL

= ☐ L ☐ mL = ☐ mL

그릇에 가득 담아 5번 부은 간장의 양이 ☐ mL이고

1500 mL = ☐ mL + ☐ mL + ☐ mL + ☐ mL + ☐ mL이므로

<u>똑같은 5개의 수의 합이 1500</u>

그릇의 들이는 ☐ mL입니다.

2-1 물통에 1 L 800 mL의 물이 들어 있습니다. 이 물을 들이가 200 mL인 컵에 가득 따라 3번을 덜어 냈다면 물통에 남아 있는 물은 몇 L 몇 mL일까요?

( )

2-2 어항에 5 L 700 mL의 물이 들어 있습니다. 통에 물을 가득 담아 4번 부었더니 어항의 물이 7 L 300 mL가 되었다면 통의 들이는 몇 mL일까요?

( )

2-3 쌀 4 kg 600 g과 보리 1 kg 500 g을 섞은 후 그릇에 가득 채워 3번 덜어 냈습니다. 남은 쌀과 보리가 3 kg 400 g이라면 그릇으로 1번 덜어 낸 무게는 몇 g일까요? (단, 한 번에 덜어 낸 무게는 모두 같습니다.)

( )

2-4 현수 아버지께서 약수터에서 떠 오신 물 8 L 100 mL를 큰 통과 작은 통에 나누어 담았습니다. 큰 통 2개와 작은 통 3개에 가득 담고 남은 물은 3 L 900 mL입니다. 큰 통의 들이가 작은 통의 들이의 2배일 때 큰 통의 들이는 몇 L 몇 mL일까요? (단, 같은 크기의 통끼리는 들이가 각각 같습니다.)

( )

덜어 내거나 더한 양으로 그릇의 무게를 구한다.

$$\begin{array}{l}\text{(빈 상자의 무게)}+\text{(수박 2통)}=17\ \text{kg} \\ \text{(빈 상자의 무게)}+\text{(수박 1통)}=\ \ 9\ \text{kg} \\ \hline \qquad\qquad\qquad\text{(수박 1통)}=\ \ 8\ \text{kg}\end{array}$$

➡ (빈 상자의 무게)$=9\ \text{kg}-8\ \text{kg}=1\ \text{kg}$

대표문제 3

귤이 가득 들어 있는 상자의 무게를 재었더니 10 kg 600 g이었습니다. 귤의 절반을 먹은 후 다시 상자의 무게를 재었더니 5 kg 700 g이었습니다. 빈 상자의 무게는 몇 g일까요?
(단, 귤 1개의 무게는 모두 같습니다.)

$$\begin{array}{l}\text{(빈 상자의 무게)}+\text{(귤 전체의 무게)}=10\ \text{kg}\quad 600\ \text{g} \\ \text{(빈 상자의 무게)}+\text{(귤 절반의 무게)}=\ \ 5\ \text{kg}\quad 700\ \text{g} \\ \hline \qquad\qquad\qquad\text{(귤 절반의 무게)}=\Box\ \text{kg}\ \Box\ \text{g}\end{array}$$

귤 절반의 무게가 $\Box$ kg $\Box$ g이므로 귤 전체의 무게는

$\Box$ kg $\Box$ g $+$ $\Box$ kg $\Box$ g $=$ $\Box$ kg $\Box$ g입니다.

➡ (빈 상자의 무게)=(귤이 가득 들어 있는 상자의 무게)−(귤 전체의 무게)

$=\Box$ kg $\Box$ g$-\Box$ kg $\Box$ g

$=\Box$ g

참고 빈 상자의 무게는 귤 절반이 들어 있는 상자의 무게에서 귤 절반의 무게를 빼도 됩니다.

3-1 무게가 같은 책 6권을 가방에 넣고 무게를 재었더니 2 kg 100 g이었습니다. 책 1권을 꺼낸 후 다시 무게를 재었더니 1 kg 850 g이었습니다. 책 2권의 무게는 몇 g일까요?

( )

서술형 **3-2** 상자에 참외 8개를 넣고 무게를 재었더니 3 kg 350 g이었습니다. 이 상자에 참외 4개를 더 넣고 다시 무게를 재었더니 4 kg 750 g이었습니다. 빈 상자의 무게는 몇 g인지 풀이 과정을 쓰고 답을 구해 보세요. (단, 참외 1개의 무게는 모두 같습니다.)

풀이

답

3-3 그릇에 고구마 4개를 담아 무게를 재었더니 1 kg 700 g이었고, 고구마 1개를 꺼낸 후 다시 무게를 재었더니 1 kg 350 g이었습니다. 이 그릇에 고구마 6개를 담아 무게를 재면 몇 kg 몇 g이 될까요? (단, 고구마 1개의 무게는 모두 같습니다.)

( )

3-4 하윤이가 수박 1통을 들고 저울에 올라갔더니 41 kg 400 g이었고 이 수박을 똑같이 3조각으로 나눈 것 중 2조각을 들고 저울에 올라갔더니 40 kg 100 g이었습니다. 하윤이가 무게가 5 kg 700 g인 강아지를 안고 저울에 올라가면 몇 kg 몇 g이 될까요?

( )

최상위 S

모르는 수가 하나만 있는 식으로 만든다.

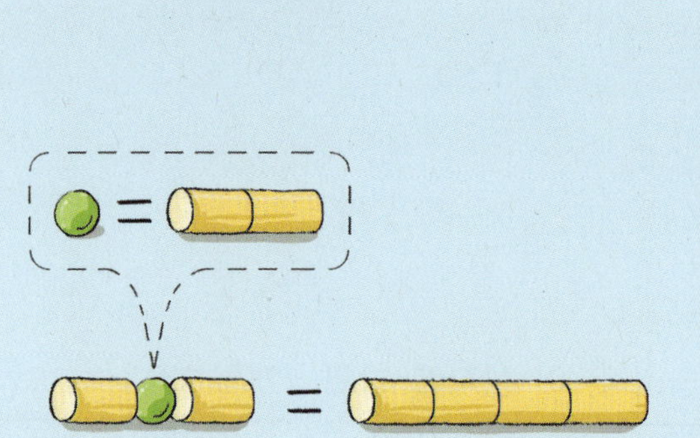

$$㉠+㉡=1000 \qquad ㉡=㉠+400$$

$㉠+㉡=1000$에서

$㉠+㉠+400=1000$

$㉠+㉠=600$

$㉠=300$

$㉡=㉠+400=300+400=700$

대표문제 **4**

식용유 5 L를 들이가 800 mL 차이가 나는 두 유리병에 모두 나누어 담았습니다. 두 유리병에 식용유가 가득 찼다면 작은 유리병에 담긴 식용유는 몇 L 몇 mL일까요?

작은 유리병의 들이를 ■ mL라고 하면 큰 유리병의 들이는 (■+800) mL입니다.

두 유리병에 담긴 식용유의 양이 5 L = ☐ mL이므로

$$■+(■+800)=\boxed{}$$

$$■+■=\boxed{}-800$$

$$■+■=\boxed{}$$

$$■=\boxed{}$$

따라서 작은 유리병에 담긴 식용유는 ☐ mL = ☐ L ☐ mL입니다.

4-1 우유 950 mL를 준서와 수혁이가 모두 나누어 마셨습니다. 준서가 수혁이보다 150 mL 더 많이 마셨다면 수혁이가 마신 우유는 몇 mL일까요?

(   )

4-2 밀가루 4 kg을 두 통에 모두 나누어 담았습니다. 두 통에 담긴 밀가루 무게의 차가 1 kg 200 g 이라면 두 통에 담긴 밀가루는 각각 몇 kg 몇 g일까요?

(   ), (   )

4-3 떡 5 kg 중에서 700 g을 먹은 후 남은 떡을 두 봉지에 모두 나누어 담았습니다. 큰 봉지와 작은 봉지에 담은 떡의 무게의 차가 500 g이라면 두 봉지에 담은 떡은 각각 몇 kg 몇 g일까요?

큰 봉지 (   ), 작은 봉지 (   )

4-4 가 그릇과 나 그릇의 들이의 차는 200 mL이고 나 그릇과 다 그릇의 들이의 차는 300 mL 입니다. 생수 4 L를 세 그릇에 남김없이 나누어 담았더니 세 그릇에 물이 모두 가득 찼다면 가 그릇과 나 그릇에 담긴 물은 모두 몇 L 몇 mL일까요? (단, 가 그릇의 들이가 가장 적고, 다 그릇의 들이가 가장 많습니다.)

(   )

최상위 S

남는 것이 없으려면 몫에 1을 더해야 한다.

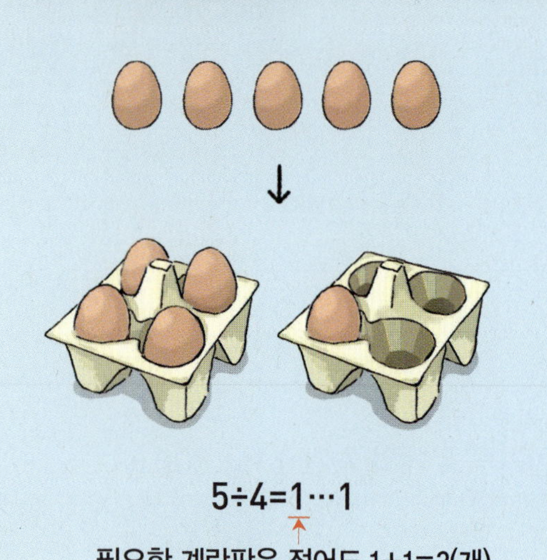

쌀 20 kg을 한 통에 3 kg씩 나누어 담으면

$$20 \div 3 = 6 \cdots 2$$

통의 수　　남는 쌀의 양

통 6개에 담고 2 kg이 남습니다.

➡ 쌀을 모두 담으려면 통은 적어도
$6 + 1 = 7$(개) 필요합니다.

대표문제 5

한 가마니에 80 kg인 쌀 60가마니를 트럭에 실으려고 합니다. 트럭 한 대에 1 t까지 실을 수 있다면 트럭은 적어도 몇 대 필요할까요?

(쌀 60가마니의 무게)＝(쌀 1가마니의 무게)×(가마니 수)

$$= \boxed{} \times \boxed{} = \boxed{} \text{(kg)}$$

$1 \text{ t} = \boxed{}$ kg이고 4800 kg＝4000 kg＋800 kg이므로

$4800 \text{ kg} = \boxed{} \text{ t} \boxed{}$ kg입니다.

트럭 한 대에 1 t까지 실을 수 있으므로

$\boxed{}$ t을 싣기 위한 트럭 $\boxed{}$ 대, 800 kg을 싣기 위한 트럭 $\boxed{}$ 대가 필요합니다.

따라서 트럭은 적어도 $\boxed{} + \boxed{} = \boxed{}$ (대) 필요합니다.

5-1 한 개의 무게가 20 kg인 철근 90개를 트럭에 실으려고 합니다. 트럭 한 대에 1 t까지 실을 수 있다면 트럭은 적어도 몇 대 필요할까요?

(   )

5-2 한 상자에 20 kg인 사과 500상자를 창고에 보관하려고 합니다. 창고 한 개에 사과를 3 t씩 보관할 수 있다면 창고는 적어도 몇 개 필요할까요?

(   )

5-3 한 포대에 20 kg인 밀가루 800포대와 한 포대에 10 kg인 설탕 500포대를 트럭에 실으려고 합니다. 트럭 한 대에 물건을 2 t까지 실을 수 있다면 트럭은 적어도 몇 대 필요할까요?

(   )

5-4 ┌─● 전철이나 열차의 차량을 세는 단위
한 량에 2 t까지 실을 수 있는 화물칸이 5량 연결되어 있는 화물 열차가 있습니다. 이 화물 열차에 한 통에 40 kg인 페인트 200통을 실은 후 한 자루에 8 kg인 모래를 실으려고 합니다. 모래를 몇 자루까지 실을 수 있을까요?

(   )

기준이 되는 양을 구한다.

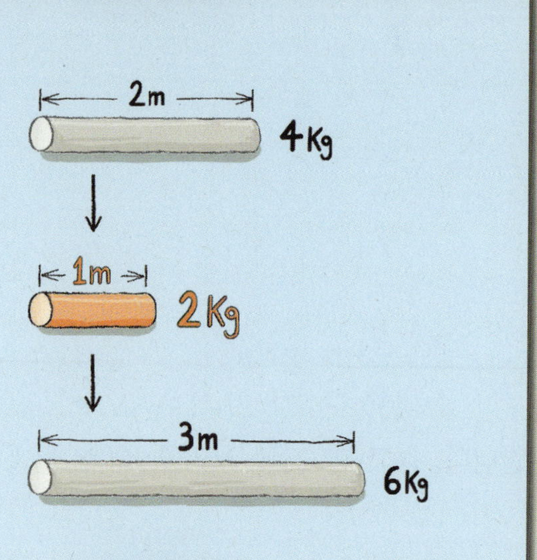

300 g에 1200원인 젤리 1 kg의 값은

100 g에 1200 ÷ 3 = 400(원)

➡ 1 kg = 1000 g이고 100 g의 10배이므로
1 kg에 400 × 10 = 4000(원)입니다.

대표문제 6

영서 어머니는 과일 가게에서 400 g에 2000원인 방울토마토 1 kg과 1 kg에 6000원인 귤 1 kg 500 g을 샀습니다. 영서 어머니께서 방울토마토와 귤을 사는 데 쓴 돈은 모두 얼마일까요?

방울토마토 400 g이 2000원이므로 100 g은 2000 ÷ ☐ = ☐ (원)입니다.

➡ 1 kg = 1000 g이고 100 g의 ☐ 배이므로

방울토마토 1 kg은 ☐ × ☐ = ☐ (원)입니다.

귤 1 kg이 6000원이므로 500 g은 6000 ÷ ☐ = ☐ (원)입니다.
└ 1000 g

➡ 귤 1 kg 500 g은 6000 + ☐ = ☐ (원)입니다.

따라서 영서 어머니께서 방울토마토와 귤을 사는 데 쓴 돈은 모두

☐ + ☐ = ☐ (원)입니다.

6-1 지은이는 300 g에 2400원인 사탕을 900 g 사려고 합니다. 지은이가 사탕을 사는 데 필요한 돈은 얼마일까요?

( )

6-2 예슬이는 200 mL에 1500원인 오렌지주스 500 mL와 700 mL에 8000원인 딸기주스 1 L 400 mL를 샀습니다. 예슬이가 주스를 사는 데 쓴 돈은 모두 얼마인지 풀이 과정을 쓰고 답을 구해 보세요.

풀이

답

6-3 한 근에 5000원인 돼지고기 900 g과 100 g에 2000원인 소고기 1 kg을 사고 30000원을 냈습니다. 거스름돈으로 얼마를 받아야 할까요? (단, 한 근은 600 g입니다.)

( )

6-4 1 kg에 5000원인 꿀떡 2 kg 500 g과 500 g에 3000원인 바람떡을 섞어서 상자에 담아 팔려고 합니다. 꿀떡과 바람떡을 담은 떡 한 상자의 가격이 21500원이라면 바람떡은 몇 kg 몇 g을 담아야 할까요? (단, 상자의 값은 생각하지 않습니다.)

( )

더하거나 빼서 모르는 두 수 중 한 수만 남긴다.

$$
\begin{array}{l}
(\text{귤 3개})+(\text{토마토 2개})=\ \ 700\,\text{g} \\
(\text{귤 3개})-(\text{토마토 2개})=\ \ 500\,\text{g} \\
\hline
(\text{귤 6개})\qquad\qquad\qquad\ =1200\,\text{g}
\end{array}
$$

➡ $(\text{귤 1개})=1200\div6=200(\text{g})$

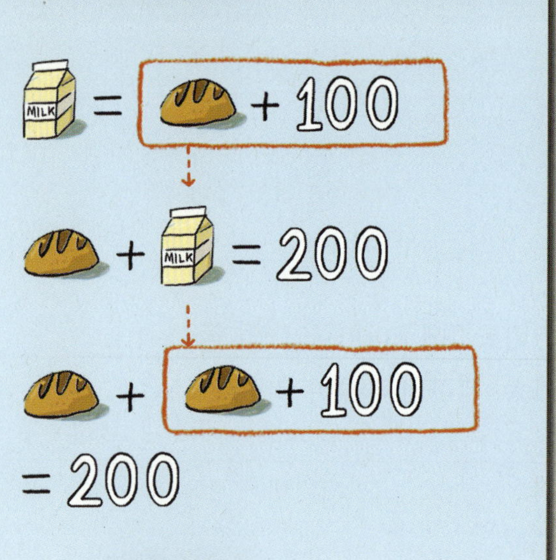

대표문제 7

콩 3봉지와 팥 1봉지의 무게를 더하면 2 kg 300 g이고, 콩 3봉지의 무게에서 팥 1봉지의 무게를 빼면 700 g입니다. 콩 5봉지의 무게는 몇 kg 몇 g일까요? (단, 콩 1봉지의 무게는 모두 같습니다.)

$$
\begin{array}{l}
(\text{콩 3봉지})+(\text{팥 1봉지})=2\,\text{kg}\ 300\,\text{g} \\
(\text{콩 3봉지})-(\text{팥 1봉지})=\qquad\ \ 700\,\text{g} \\
\hline
(\text{콩 6봉지})\qquad\qquad\quad\ =\ \boxed{}\ \text{kg}
\end{array}
$$

콩 6봉지의 무게가 $\boxed{}$ kg $=\boxed{}$ g이므로

콩 1봉지의 무게는 $\boxed{}\div6=\boxed{}$(g)입니다.

따라서 콩 5봉지의 무게는 $\boxed{}\times5=\boxed{}$(g) → $\boxed{}$ kg $\boxed{}$ g입니다.

7-1 수박과 참외의 무게를 나타낸 것입니다. 수박 1통의 무게는 몇 kg일까요? (단, 같은 과일끼리는 무게가 같습니다.)

> (수박 2통)＋(참외 2개)＝6 kg 600 g
> (수박 2통)－(참외 2개)＝5 kg 400 g

(   )

7-2 호박 7개와 오이 2개의 무게를 더하면 1 kg 600 g이고, 호박 3개의 무게에서 오이 2개의 무게를 빼면 400 g입니다. 호박 1개와 오이 1개의 무게는 각각 몇 g일까요? (단, 같은 채소끼리는 무게가 같습니다.)

호박 (   ), 오이 (   )

7-3 우유 2병과 주스 5병의 들이의 합은 2 L 400 mL이고, 우유 4병과 주스 1병의 들이의 합은 2 L 100 mL입니다. 우유 3병과 주스 3병의 들이의 합은 몇 L 몇 mL일까요? (단, 같은 음료수병끼리는 들이가 같습니다.)

(   )

7-4 노란 공 2개, 파란 공 3개, 빨간 공 1개의 무게의 합은 2 kg 400 g이고, 노란 공 4개와 파란 공 6개의 무게의 합에서 빨간 공 1개의 무게를 빼면 3 kg 600 g입니다. 빨간 공 1개의 무게는 몇 g일까요? (단, 같은 색 공끼리는 무게가 같습니다.)

(   )

최상위 S

채워진 물의 양은 받은 물에서 빠져나간 물을 뺀 양이다.

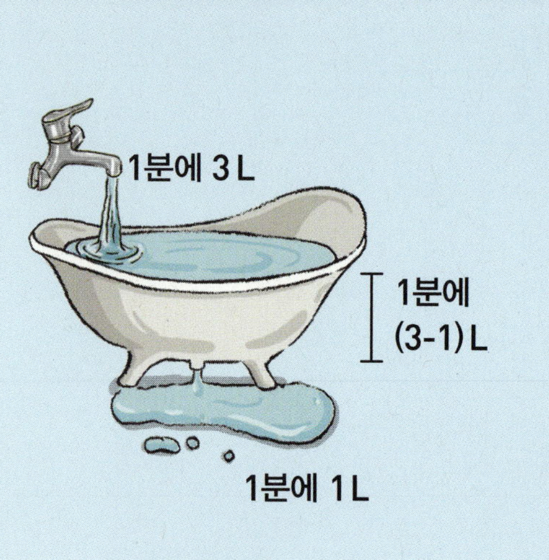

들이가 1 L인 물통에 물을 가득 채울 때

| 1초에 300 mL씩 물을 받고 | 1초에 50 mL씩 물을 빠져나간다면 |

➡ (1초 동안 채울 수 있는 물의 양)
$$= 300 - 50 = 250 \text{(mL)}$$

➡ $1\,\text{L} = 1000\,\text{mL} = 250\,\text{mL} \times 4$이므로

물통에 물을 가득 채우는 데 걸리는 시간은 **4초**

대표문제 8

1초에 250 mL씩 물이 나오는 수도로 들이가 5 L인 물통에 물을 가득 채우려고 합니다. 그런데 물통에 구멍이 생겨 1초에 50 mL씩 물이 샌다면 물통에 물을 가득 채우는 데 걸리는 시간은 몇 초일까요?

1초 동안 물통에 채울 수 있는 물의 양은

$250\,\text{mL} - \boxed{}\,\text{mL} = \boxed{}\,\text{mL}$입니다.

$1\,\text{L} = 1000\,\text{mL} = \boxed{}\,\text{mL} \times 5$이므로

물통에 1 L의 물을 받는 데 $\boxed{}$초가 걸립니다.

따라서 5 L는 1 L의 5배이므로 들이가 5 L인 물통에 물을 가득 채우는 데 걸리는 시간은

$\boxed{} \times 5 = \boxed{}$(초)입니다.

8-1 어느 기계가 1초에 350 mL씩 사과즙을 짜내면서 사과즙을 1초에 100 mL씩 봉지에 담아 포장합니다. 봉지에 담지 않은 사과즙이 1 L가 되는 데 몇 초가 걸릴까요?

( )

8-2 1초에 250 mL의 물이 나오는 ㉮ 수도와 1초에 150 mL의 물이 나오는 ㉯ 수도를 동시에 틀어서 그릇에 물을 받으려고 합니다. 그릇의 들이가 2 L라면 그릇에 물을 가득 채우는 데 걸리는 시간은 몇 초일까요?

( )

서술형 **8-3** 1초에 600 mL의 물이 나오는 수도로 들이가 40 L인 어항에 물을 가득 채우려고 합니다. 물을 받기 시작할 때 어항에서 물을 빼내는 마개를 열어 1초에 100 mL씩 물을 내보낸다면 어항에 물을 가득 채우는 데 걸리는 시간은 몇 초인지 풀이 과정을 쓰고 답을 구해 보세요.

풀이

답

8-4 들이가 10 L인 수조에 물을 내보내는 장치가 설치되어 있습니다. 이 수조에 1초에 400 mL 씩 물이 나오는 ㉮ 수도와 1초에 300 mL씩 물이 나오는 ㉯ 수도를 동시에 틀어서 물을 받았습니다. 물을 받기 시작할 때 수조에서 물을 내보내는 장치를 열어 물을 내보냈더니 20초 후에 수조에 물이 가득 찼다면 1초에 몇 mL씩 물을 내보냈을까요?

( )

1 혜민이네 냉장고에 식혜 1 L 800 mL와 주스 1 L 500 mL가 있었습니다. 혜민이네 가족이 식혜와 주스를 마신 후 식혜는 900 mL, 주스는 700 mL가 남았습니다. 혜민이네 가족이 마신 식혜와 주스는 모두 몇 L 몇 mL일까요?

( )

2 유나가 강아지를 안고 무게를 재면 37 kg 200 g이고, 고양이를 안고 무게를 재면 38 kg 500 g입니다. 강아지의 무게가 2 kg 500 g이면 고양이의 무게는 몇 kg 몇 g일까요?

( )

서술형 **3** 우유 1 L 200 mL를 민석, 준호, 지혁이가 모두 나누어 마셨습니다. 민석이는 준호보다 150 mL 더 많이 마셨고, 준호는 지혁이보다 150 mL 더 많이 마셨습니다. 준호가 마신 우유는 몇 mL인지 풀이 과정을 쓰고 답을 구해 보세요.

풀이

답

4 물건을 2 t까지 실을 수 있는 트럭이 있습니다. 이 트럭에 30 kg짜리 물건을 40개 실은 후 10 kg짜리 물건을 실으려고 합니다. 10 kg짜리 물건을 몇 개까지 실을 수 있을까요?

( )

5 수정, 대한, 현빈이가 똑같은 음료수를 한 병씩 사서 각자 가지고 있는 컵에 남김없이 가득 부었더니 컵에 부은 횟수가 다음과 같았습니다. 수정이의 컵의 들이가 180 mL라면 들이가 가장 많은 컵은 누구의 컵이고, 그 컵의 들이는 몇 mL일까요?

먼저 생각해 봐요!
들이가 1 L인 병에 물을 가득 채우려면 ㉮ 컵으로는 4번, ㉯ 컵으로는 5번 부어야 할 때 들이가 더 많은 컵은?

이름	수정	대한	현빈
부은 횟수	5번	4번	6번

(   ), (   )

6 감자 2개의 무게는 당근 1개의 무게와 같고, 고구마 3개의 무게는 당근 2개의 무게와 같습니다. 감자 1개의 무게가 150 g일 때 고구마 7개의 무게는 몇 kg 몇 g일까요?
(단, 같은 채소끼리는 무게가 같습니다.)

(   )

서술형 7 양팔저울과 250 g짜리, 400 g짜리 추가 각각 3개씩 있습니다. 양팔저울에 이 추들을 여러 개 사용하여 300 g짜리 참외를 고르는 방법을 설명해 보세요.

설명

8 들이가 5 L인 물통에 물이 절반만큼 채워져 있습니다. 이 물통에 3초에 750 mL씩 물이 나오는 수도로 물을 가득 채우는 데 걸리는 시간은 몇 초일까요?

( )

9 무게가 같은 전기 자전거 50대를 실은 트럭의 무게가 1 t 900 kg이었습니다. 다시 이 트럭에 똑같은 전기 자전거 20대를 더 싣고 무게를 재었더니 2 t 300 kg이었습니다. 빈 트럭의 무게는 몇 kg일까요?

( )

10 ㉮, ㉯, ㉰ 세 그릇이 있습니다. ㉰ 그릇의 들이는 ㉮ 그릇과 ㉯ 그릇의 들이를 합한 것과 같습니다. 냄비에 물을 가득 채우는 데 ㉮ 그릇만 사용하면 6번, ㉯ 그릇만 사용하면 3번 부어야 합니다. 냄비에 물을 가득 채우는 데 ㉰ 그릇만 사용하면 몇 번 부어야 할까요?
(단, ㉮, ㉯, ㉰ 그릇에 각각 물을 가득 담아서 붓습니다.)

( )

11 ㉮와 ㉯ 두 그릇에 물을 가득 담아 부으면 2 L, ㉮와 ㉰ 두 그릇에 물을 가득 담아 부으면 2 L 700 mL, ㉯와 ㉰ 두 그릇에 물을 가득 담아 부으면 3 L 100 mL입니다. ㉮, ㉯, ㉰ 세 그릇의 들이를 각각 구해 보세요.

㉮ 그릇 ( ), ㉯ 그릇 ( ), ㉰ 그릇 ( )

먼저 생각해 봐요!
㉮+㉯+㉰는?

㉮+㉯=5
㉯+㉰=7
㉮+㉰=6

6

그림그래프

1 그림그래프 알아보기

• 그림그래프에 나타난 여러 가지 사실을 알 수 있습니다.

그림그래프

그림그래프: 조사한 수를 그림으로 나타낸 그래프

농장별 참외 생산량

농장	생산량
㉮	
㉯	
㉰	
㉱	

🟡 100상자
🟡 10상자

① 🟡은 100상자, 🟡은 10상자를 나타냅니다.
② 농장별 참외 생산량은 ㉮ 농장: 520상자, ㉯ 농장: 310상자, ㉰ 농장: 440상자, ㉱ 농장: 620상자입니다.
③ 참외 생산량이 가장 많은 농장은 ㉱ 농장이고 가장 적은 농장은 ㉯ 농장입니다.
④ ㉱ 농장의 참외 생산량은 ㉯ 농장의 참외 생산량의 2배입니다.

그림그래프의 특징

① 자료의 특징에 알맞은 여러 가지 단위를 그림으로 나타낼 수 있습니다.
② 자료의 크기가 큰 경우 간단하게 나타낼 수 있습니다.
③ 각 항목별 많고 적음을 비교하기 편리합니다.

1 어느 음식점에서 하루 동안 팔린 종류별 음식의 수를 조사하여 나타낸 그림그래프입니다. 물음에 답하세요.

하루 동안 팔린 종류별 음식의 수

종류	음식의 수
짜장면	
짬뽕	
탕수육	
볶음밥	

🍚 10그릇
🍚 1그릇

⑴ 짬뽕은 몇 그릇 팔렸나요?

( )

⑵ 가장 많이 팔린 음식은 무엇이고, 몇 그릇 팔렸나요?

( ), ( )

2 희수네 학교 3학년 학생들이 좋아하는 운동을 조사하여 나타낸 그림그래프입니다. 가장 많은 학생이 좋아하는 운동과 가장 적은 학생이 좋아하는 운동의 학생 수의 차를 구해 보세요.

좋아하는 운동별 학생 수

운동	학생 수
농구	
야구	
축구	
피구	

10명
1명

(   )

모르는 항목의 수 구하기

가, 나, 다 세 목장의 소가 모두 1000마리일 때 다 목장의 소의 수 구하기

목장별 소의 수

목장	소의 수
가	
나	
다	

100마리
10마리

그림그래프에서 가 목장의 소는 340마리, 나 목장의 소는 520마리입니다.

➡ (다 목장의 소의 수)=1000−340−520=140(마리)

3 준우네 학교 3학년 학생들이 하고 있는 봉사 활동을 조사하여 나타낸 그림그래프입니다. 봉사 활동을 하고 있는 학생이 모두 60명일 때 환경 보호 활동을 하고 있는 학생은 몇 명일까요?

봉사 활동별 학생 수

봉사 활동	학생 수
벽화 그리기	
동물 보호	
환경 보호	
학습 도우미	

10명
1명

(   )

2 그림그래프로 나타내기

• 그림의 크기에 따라 여러 가지 그림그래프로 나타낼 수 있습니다.

그림그래프로 나타내기

① 조사한 수를 어떤 그림으로 나타낼지 정합니다.

② 그림을 몇 가지로 나타낼지 정하고, 그림이 나타내는 수를 표시합니다.

③ 조사한 수에 맞게 그림을 그립니다.

④ 그림그래프에 알맞은 제목을 씁니다.——• 제목을 먼저 써도 됩니다.

월별 읽은 책 수

월	9월	10월	11월	12월	합계
책 수(권)	29	45	35	16	125

월별 읽은 책 수——• 그림그래프에 알맞은 제목 쓰기

월	책 수
9월	
10월	
11월	
12월	

■ 10권
■ 1권
——• 조사한 수를 나타낼 그림과 단위 정하기

——• 조사한 수에 맞게 그림 그리기

1 윤지네 학교 3학년 학생들이 가고 싶어 하는 나라를 조사하여 나타낸 표입니다. 표를 보고 그림그래프로 나타내 보세요.

가고 싶어 하는 나라별 학생 수

나라	영국	중국	미국	이탈리아	합계
학생 수(명)	25	32	38	45	140

가고 싶어 하는 나라별 학생 수

나라	학생 수
영국	
중국	
미국	
이탈리아	

◎ 10명
○ 1명

2 어느 생과일주스 가게의 주스별 판매량을 조사하여 나타낸 그림그래프입니다. 오렌지주스는 딸기주스보다 9잔 더 적게 팔았고 판매한 주스는 모두 120잔일 때 그림그래프를 완성해 보세요.

주스별 판매량

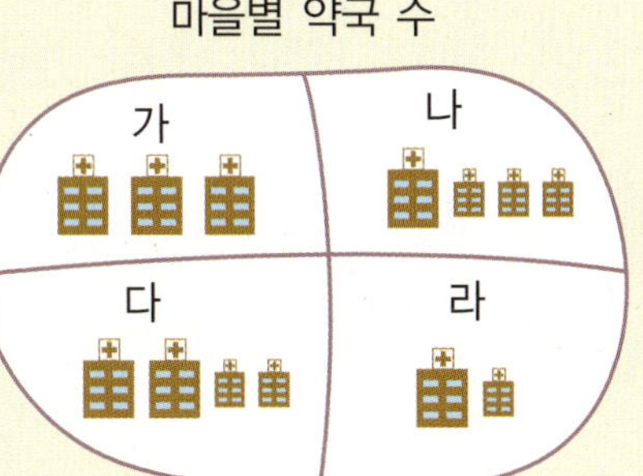

주스	판매량
오렌지주스	
딸기주스	
망고주스	

그림이 나타내는 수 알아보기

마을별 약국 수

마을	가	나	다	라	합계
약국 수(곳)	15	8	12	6	41

마을별 약국 수

가 마을에서 🏥 3개가 약국 15곳이므로 🏥 1개는 약국 15÷3＝5(곳)을 나타내고

나 마을에서 🏥 1개와 🏤 3개가 약국 8곳이므로 🏤 1개는 약국 1곳을 나타냅니다.

3 어느 지역의 마을별 초등학생 수를 조사하여 나타낸 표와 그림그래프입니다. 그림그래프를 완성해 보세요.

마을별 초등학생 수

마을	하늘	바람	호수	별빛	합계
학생 수(명)	15	17		24	65

마을별 초등학생 수

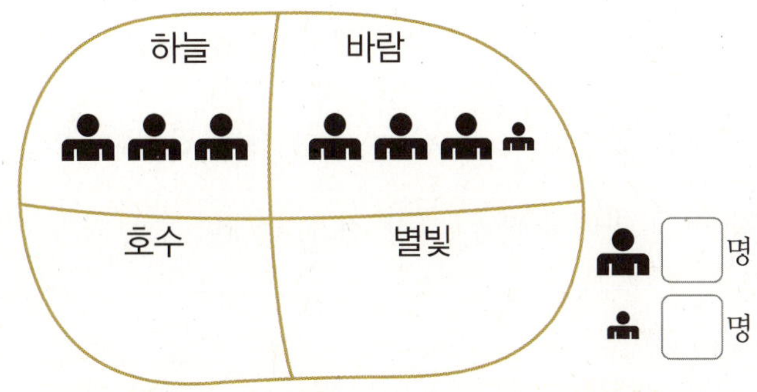

그림의 크기에 따라 나타내는 수가 달라진다.

좋아하는 과일별 학생 수

과일	학생 수
사과	☺ ☺☺☺
귤	☺ ☺ ☺ ☺☺
복숭아	☺ ☺ ☺☺☺☺☺☺

☺ 10명
☺ 1명

- 사과를 좋아하는 학생은 13명입니다.
- 복숭아를 좋아하는 학생 수는 사과를 좋아하는 학생 수의 2배입니다.
- 가장 많은 학생이 좋아하는 과일은 귤입니다.

대표문제 1

어느 제과점에서 하루 동안 판매한 빵을 조사하여 나타낸 그림그래프입니다. 가장 많이 판매한 빵은 가장 적게 판매한 빵보다 몇 개 더 많을까요?

빵별 판매량

빵	판매량
식빵	🍞🍞 🍞🍞🍞🍞
꽈배기	🍞🍞🍞 🍞🍞
도넛	🍞🍞🍞🍞 🍞🍞🍞
케이크	🍞 🍞🍞🍞🍞🍞🍞🍞🍞

🍞 10개
🍞 1개

그림그래프에서 🍞은 ☐개, 🍞은 ☐개를 나타냅니다.

빵별 판매량은

식빵: 🍞 2개, 🍞 4개 → ☐개, 꽈배기: 🍞 3개, 🍞 2개 → ☐개,

도넛: 🍞 4개, 🍞 3개 → ☐개, 케이크: 🍞 1개, 🍞 8개 → ☐개입니다.

가장 많이 판매한 빵은 ☐이고 가장 적게 판매한 빵은 ☐입니다.

따라서 가장 많이 판매한 빵은 가장 적게 판매한 빵보다 ☐ − ☐ = ☐(개) 더 많습니다.

1-1

목장별 우유 생산량을 조사하여 나타낸 그림그래프를 보고 □ 안에 알맞은 수를 써넣으세요.

목장별 우유 생산량

목장	생산량
가	
나	
다	
라	

🛢10 L 🛢1 L

- 라 목장의 우유 생산량은 다 목장의 우유 생산량의 □배입니다.
- 가, 나, 다, 라 네 목장의 우유 생산량은 모두 □ L입니다.

1-2

현수가 월요일부터 목요일까지 달리기를 한 시간을 조사하여 나타낸 그림그래프입니다. 화요일에는 월요일보다 15분 더 짧게 달렸을 때 달리기를 한 시간이 가장 긴 요일과 가장 짧은 요일을 차례로 써 보세요.

요일별 달리기를 한 시간

요일	시간
월요일	
화요일	
수요일	
목요일	

🏃10분 🏃1분

(   ), (   )

1-3

유진이네 학교 3학년 학생들이 가 보고 싶어 하는 체험 학습 장소를 조사하여 나타낸 그림그래프입니다. 체험 학습 장소로 어느 곳을 가면 좋을지 쓰고, 그 까닭을 써 보세요.

가 보고 싶어 하는 체험 학습 장소별 학생 수

장소	학생 수
놀이공원	
고궁	
박물관	
과학관	

🙂10명 🙂5명 🙂1명

(   )

까닭 ....

그림 한 개가 나타내는 수를 알아본다.

230개

 : 100개

: 10개

과수원별 사과 생산량

과수원	그림	수
달콤		350상자
새콤		520상자

3개와 5개가 350상자이므로

한 개는 100상자, 한 개는 10상자를 나타냅니다.

대표문제 2

민희네 모둠 학생들이 일주일 동안 마신 우유의 양을 조사하여 나타낸 그림그래프입니다. 혜수가 일주일 동안 마신 우유가 2500 mL라면 민희네 모둠 학생들이 일주일 동안 마신 우유는 모두 몇 mL일까요?

학생별 마신 우유의 양

이름	우유의 양
민희	
호현	
혜수	
찬우	

◻ mL

100 mL

혜수가 마신 우유의 양은 ◻개가 2500 mL이므로 1개는 ◻ mL를 나타냅니다.

학생별 마신 우유의 양은

민희: ◻ mL, 호현: ◻ mL, 혜수: 2500 mL, 찬우: ◻ mL입니다.

따라서 민희네 모둠 학생들이 일주일 동안 마신 우유는 모두

◻ + ◻ + 2500 + ◻ = ◻ (mL)입니다.

2-1 어느 공원에 심은 종류별 나무 수를 조사하여 나타낸 그림그래프입니다. 벚꽃나무를 46그루 심었다면 목련나무는 몇 그루 심었을까요?

종류별 나무 수

종류	나무 수
벚꽃나무	
은행나무	
목련나무	

( )

2-2 어느 마을에서 태어난 병원별 신생아 수를 조사하여 나타낸 그림그래프입니다. 무지개 병원에서 태어난 신생아가 190명이라면 이 마을에서 태어난 신생아는 모두 몇 명인지 풀이 과정을 쓰고 답을 구해 보세요.

병원별 신생아 수

병원	신생아 수
사랑	
행복	
봄빛	
무지개	

풀이

답

2-3 소희네 학교 도서관의 종류별 책 수를 조사하여 나타낸 그림그래프입니다. 동화책이 320권이라면 가장 많은 책은 가장 적은 책보다 몇 권 더 많을까요?

종류별 책 수

종류	책 수
동화책	
위인전	
학습 만화	
과학책	

( )

최상위 S

표는 수로, 그림그래프는 그림으로 정보를 알려준다.

종류별 과일 수

종류	배	사과
과일 수(개)	5	

↔

종류별 과일 수

종류	과일 수
배	
사과	○○○

○ 1개

○○○

○: 1개

- 표에서 배 5개
  ➡ 그림그래프의 배에 ○○○○○을 그립니다.
- 그림그래프에서 사과 ○○○
  ➡ 표의 사과에 3을 씁니다.

대표문제 3

과수원별 사과 생산량을 조사하여 나타낸 표와 그림그래프입니다. 표와 그림그래프를 완성해 보세요.

과수원별 사과 생산량

과수원	싱싱	맛나	달콤	행복	합계
생산량(상자)	780			800	3000

과수원별 사과 생산량

과수원	생산량
싱싱	
맛나	
달콤	🍎🍎🍎🍎🍎🍎🍎🍎🍎🍎🍎🍎
행복	🍎🍎🍎🍎🍎🍎🍎🍎

🍎 100상자
🍎 10상자

그림그래프에서 달콤 과수원의 사과 생산량은 🍎 6개, 🍎 9개이므로 [ ]상자입니다.

맛나 과수원의 사과 생산량은 3000 − 780 − [ ] − 800 = [ ](상자)입니다.

싱싱 과수원의 사과 생산량은 780상자이므로 🍎 [ ]개, 🍎 [ ]개를 그리고,

맛나 과수원의 사과 생산량은 [ ]상자이므로 🍎 [ ]개, 🍎 [ ]개를 그립니다.

3-1 민수네 모둠 학생들이 하루 동안 사용한 물의 양을 조사하여 나타낸 표와 그림그래프입니다. 사용한 물의 양이 모두 $280\,\mathrm{L}$일 때 경희가 사용한 물은 몇 L일까요?

학생별 사용한 물의 양

이름	물의 양(L)
민수	
선혜	60
승현	
경희	

학생별 사용한 물의 양

이름	물의 양
민수	
선혜	
승현	
경희	

10L
1L

(   )

3-2 농장별 돼지 수를 조사하여 나타낸 표와 그림그래프입니다. 나 농장의 돼지 수와 라 농장의 돼지 수가 같을 때 표와 그림그래프를 완성해 보세요.

농장별 돼지 수

농장	돼지 수(마리)
가	340
나	
다	
라	
합계	1400

농장별 돼지 수

농장	돼지 수
가	
나	
다	
라	

100마리
10마리

3-3 어느 해 월별 맑은 날수를 조사하여 나타낸 표와 그림그래프입니다. 11월의 맑은 날수는 11월 날수의 반일 때 표와 그림그래프를 완성해 보세요.

월별 맑은 날수

월	맑은 날수(일)
9월	
10월	18
11월	
12월	
합계	55

월별 맑은 날수

월	맑은 날수
9월	
10월	
11월	
12월	

10일
1일

그림을 보고 전체 자료의 양을 알 수 있다.

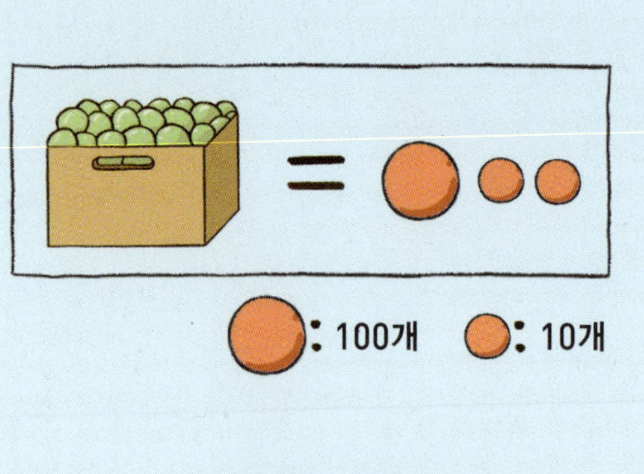

도시별 병원 수

도시	병원 수
가	
나	
다	

➡ 가, 나, 다 세 도시의 병원은 모두
$34+26+42=102$(곳)입니다.

대표문제 4

꽃 가게에 있는 꽃을 종류별로 조사하여 나타낸 그림그래프입니다. 꽃을 종류에 상관없이 7송이씩 묶어 꽃다발 한 개를 만들려고 합니다. 꽃다발 한 개를 만드는 데 리본이 95 cm 필요하다면 리본은 모두 몇 m 몇 cm 필요할까요? (단, 꽃다발은 최대한 많이 만듭니다.)

종류별 꽃의 수

종류	꽃의 수
장미	
튤립	
국화	
백합	

꽃 가게에 있는 종류별 꽃의 수는

장미: ☐ 송이, 튤립: ☐ 송이, 국화: ☐ 송이, 백합: ☐ 송이이므로

모두 ☐ + ☐ + ☐ + ☐ = ☐ (송이)입니다.

☐ ÷ 7 = ☐ … ☐ 이므로 꽃다발은 ☐ 개 만들 수 있고 ☐ 송이가 남습니다.

꽃다발을 만드는 데 필요한 리본은 모두 95 × ☐ = ☐ (cm)입니다.

따라서 리본은 모두 ☐ cm = ☐ m ☐ cm 필요합니다.

4-1 반별로 모은 헌 종이의 무게를 조사하여 나타낸 그림그래프입니다. 헌 종이를 모두 모아 한 묶음에 $5 \, \text{kg}$씩 묶으려고 합니다. 헌 종이의 한 묶음을 묶는 데 끈이 $3 \, \text{m}$ 필요하다면 끈은 모두 몇 m 필요할까요? (단, 헌 종이를 최대한 많이 묶습니다.)

반별 모은 헌 종이의 무게

반	헌 종이의 무게
1반	
2반	
3반	
4반	

□ 10 kg
□ 1 kg

(   )

4-2 어느 문구점의 표지 색깔별 공책의 수를 조사하여 나타낸 그림그래프입니다. 공책을 표지 색깔에 상관없이 10권씩 묶어 상자에 담은 후 남은 공책은 한 권에 800원씩 받고 모두 팔았습니다. 남은 공책을 판매한 금액은 모두 얼마일까요? (단, 공책은 최대한 많이 묶어 상자에 담습니다.)

표지 색깔별 공책의 수

색깔	공책의 수
빨간색	
파란색	
초록색	
노란색	

□ 10권
□ 1권

(   )

4-3 어느 공장의 기계별 지우개 생산량을 조사하여 나타낸 그림그래프입니다. 이 공장에서 생산한 지우개를 한 상자에 9개씩 담아 900원씩 받고 팔고, 상자에 담고 남은 지우개는 한 개에 150원씩 받고 모두 팔았습니다. 지우개를 판매한 금액은 모두 얼마일까요? (단, 상자에 담은 지우개는 낱개로 팔지 않습니다.)

기계별 지우개 생산량

기계	생산량
㉮	
㉯	
㉰	

□ 10개
□ 1개

(   )

조건을 이용하여 모르는 자료의 양을 구한다.

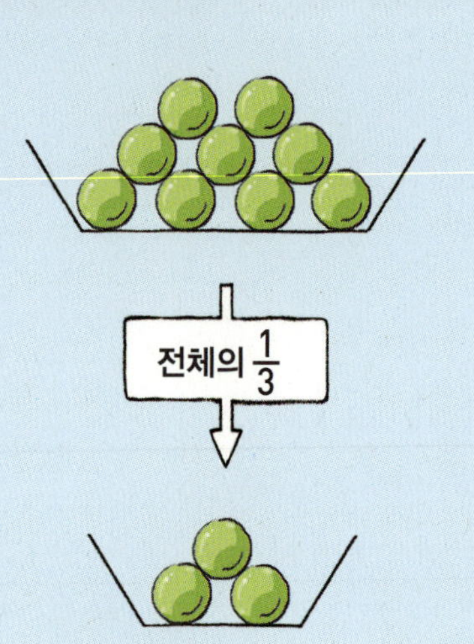

전체의 $\dfrac{1}{3}$

종류별 책의 수

종류	책의 수
동화책	
과학책	동화책 수의 $\dfrac{1}{3}$
위인전	(과학책 수)-50권

■ 100권
□ 10권

$$(\text{과학책 수})=\left(420\text{권의 }\dfrac{1}{3}\right)=140(\text{권})$$

$$(\text{위인전 수})=140-50=90(\text{권})$$

대표문제 5

가희네 마을의 아파트별 가구 수를 조사하여 나타낸 그림그래프입니다. 무궁화 아파트의 가구 수를 구해 보세요.

아파트별 가구 수

아파트	가구 수
달빛	
초원	🏠🏠🏠🏠🏠🏠🏠🏠🏠
무궁화	
태양	

🏠100가구 🏠10가구

- 달빛 아파트의 가구 수는 초원 아파트의 가구 수보다 140가구 더 적습니다.
- 태양 아파트의 가구 수는 달빛 아파트의 가구 수의 $\dfrac{5}{7}$ 입니다.
- 무궁화 아파트의 가구 수는 태양 아파트의 가구 수보다 120가구 더 많습니다.

초원 아파트의 가구 수는 🏠 ☐ 개, 🏠 ☐ 개이므로 ☐ 가구입니다.

달빛 아파트의 가구 수는 ☐ $-140=$ ☐ (가구)입니다.

태양 아파트의 가구 수는 ☐ 가구의 $\dfrac{5}{7}$ 이므로 ☐ $\div 7 \times 5 =$ ☐ (가구)입니다.

무궁화 아파트의 가구 수는 ☐ $+120=$ ☐ (가구)입니다.

5-1 진희네 모둠 학생들이 가지고 있는 사탕 수를 조사하여 나타낸 그림그래프입니다. 은하가 가지고 있는 사탕은 몇 개일까요?

학생별 가지고 있는 사탕 수

이름	사탕 수
진희	
민우	
정현	
은하	

🍬 10개
🍬 1개

- 민우는 사탕을 정현이의 $\frac{3}{4}$ 만큼 가지고 있습니다.
- 진희는 사탕을 민우보다 12개 더 적게 가지고 있습니다.
- 은하는 사탕을 진희보다 16개 더 많이 가지고 있습니다.

(   )

서술형 5-2 어느 문구점에 있는 색깔별 색연필의 수를 조사하여 나타낸 그림그래프입니다. 노란색 색연필 수는 빨간색 색연필 수의 $\frac{5}{6}$ 이고, 초록색 색연필은 보라색 색연필보다 140자루 더 많습니다. 파란색 색연필은 초록색 색연필보다 50자루 더 적을 때 문구점에 있는 색연필은 모두 몇 자루인지 풀이 과정을 쓰고 답을 구해 보세요.

색깔별 색연필 수

색깔	노란색	보라색	파란색	초록색	빨간색
색연필 수					

✏ 100자루
✏ 10자루

풀이 ....

....

....

답 ....

1 예은이가 주별 텔레비전을 본 시간을 조사하여 나타낸 그림그래프입니다. 4주 동안 텔레비전을 본 시간이 모두 45시간일 때 텔레비전을 가장 많이 본 주와 가장 적게 본 주의 텔레비전을 본 시간의 차는 몇 시간일까요?

주별 텔레비전을 본 시간

주	시간
1주	▨ ▨ ▨ ▨ ▨ ▨ ▨
2주	▨ ▨
3주	▨ ▨ ▨
4주	

▨ 10시간
▧ 1시간

(   )

서술형 2 나무별 감 수확량을 조사하여 나타낸 그림그래프입니다. ㉯ 나무의 감 수확량은 ㉮ 나무와 ㉰ 나무의 감 수확량의 합의 절반이고, 전체 감 수확량은 1000개입니다. ㉭ 나무의 감 수확량은 몇 개인지 풀이 과정을 쓰고 답을 구해 보세요.

나무별 감 수확량

나무	수확량
㉮	🟠 🟠 🟠 🟠 🟠 🟠 🟠
㉯	
㉰	🟠 🟠 🟠 🟠 🟠 🟠 🟠 🟠 🟠
㉭	

🟠 100개
🟠 10개

풀이

....

....

....

답

3 진호네 모둠 학생들이 만든 도넛 수를 조사하여 나타낸 표와 그림그래프입니다. 태우가 만든 도넛의 수는 규현이가 만든 도넛 수의 $\dfrac{3}{4}$일 때 그림그래프를 완성해 보세요.

먼저 생각해 봐요!
가 과수원의 사과 생산량이 2100 kg일 때 🍊은 몇 kg?

과수원	사과 생산량
가	🍊🍊🍊🍊

학생별 만든 도넛 수

이름	진호	수경	태우	은영	규현	합계
도넛 수(개)	13			21		90

학생별 만든 도넛 수

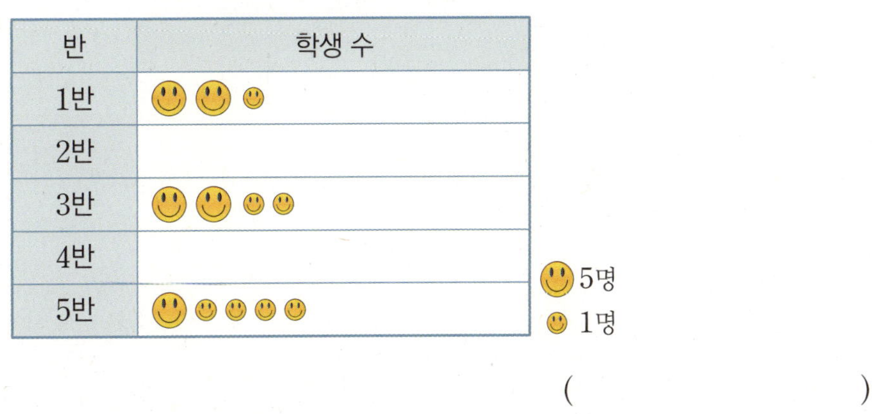

이름	도넛 수
진호	
수경	
태우	
은영	
규현	

◉ ☐개
◉ 1개

4 지아네 학교 3학년의 반별 안경을 쓴 학생 수를 조사하여 나타낸 그림그래프입니다. 2반의 안경을 쓴 학생 수는 5반의 안경을 쓴 학생 수의 $\dfrac{2}{3}$이고, 4반의 안경을 쓴 학생 수는 2반과 3반의 안경을 쓴 학생 수의 합의 $\dfrac{4}{9}$입니다. 안경을 쓴 3학년 전체 학생 수를 구해 보세요.

반별 안경을 쓴 학생 수

반	학생 수
1반	😀😀🙂
2반	
3반	😀😀🙂🙂
4반	
5반	😀🙂🙂🙂🙂

😀 5명
🙂 1명

(   )

5 모둠별 딸기 수확량을 조사하여 나타낸 그림그래프입니다. 예진이네 모둠은 현우네 모둠보다 $8\,kg$ 더 적게 땄고, 찬영이네 모둠은 현우네 모둠과 예진이네 모둠의 딸기 수확량의 합의 $\dfrac{5}{8}$만큼 땄습니다. 현우네 모둠이 전체 딸기 수확량의 $\dfrac{1}{4}$만큼을 땄을 때 그림그래프를 완성해 보세요.

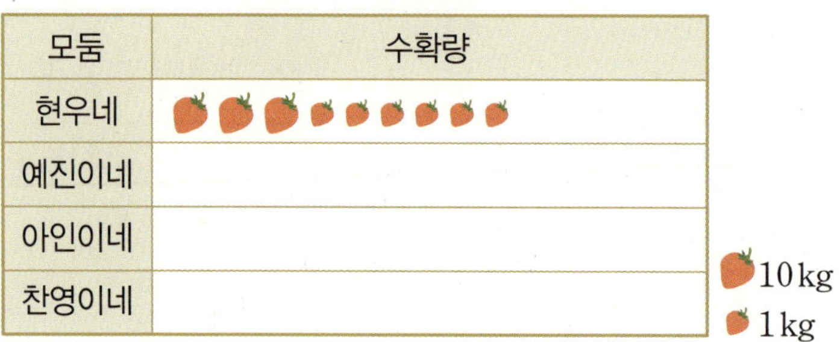

6 우영이네 모둠 학생들이 가지고 있는 구슬 수를 조사하여 나타낸 그림그래프입니다. 우영이가 가지고 있는 구슬은 연희가 가진 구슬보다 24개 더 적고, 민수가 가지고 있는 구슬은 재진이와 연희가 가진 구슬 수의 합의 $\dfrac{1}{2}$입니다. 구슬이 한 상자에 15개씩 들어 있을 때 구슬을 가장 적게 가지고 있는 사람은 누구인지 풀이 과정을 쓰고 답을 구해 보세요.

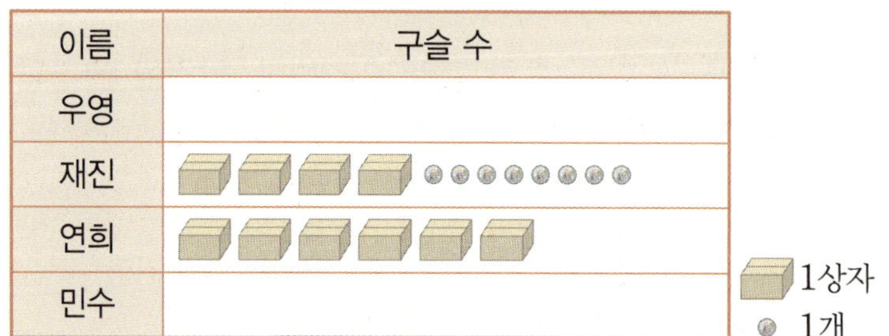

풀이

답

7 하영이네 반 학생들의 수행평가 점수별 학생 수를 조사하여 나타낸 그림그래프입니다. 총 네 문제의 배점은 1번 문제가 10점, 2번 문제가 20점, 3번 문제가 30점, 4번 문제가 40점입니다. 2번 문제를 맞힌 학생이 17명이라면 두 문제만 맞힌 학생은 몇 명일까요?

먼저 생각해 봐요!

30점이 되는 경우는?

문제	1번	2번	3번
배점	10점	20점	30점

수행평가 점수별 학생 수

점수	학생 수
100점	☺☺
90점	☺☺☺☺☺☺☺☺☺
80점	☺☺☺☺☺
70점	☺

☺10명
☺1명

(   )

8 소정, 시윤, 연경이의 몸무게에 대한 설명입니다. 학생별 몸무게를 그림그래프로 나타내 보세요.

먼저 생각해 봐요!

어떤 수의 $\frac{2}{3}$가 6일 때 어떤 수는?

- 소정이 몸무게의 $\frac{2}{3}$는 18 kg입니다.
- 시윤이 몸무게의 $\frac{1}{2}$과 소정이 몸무게의 $\frac{7}{9}$은 같습니다.
- 연경이 몸무게의 $\frac{8}{11}$과 시윤이 몸무게의 $\frac{4}{7}$는 같습니다.

학생별 몸무게

이름	몸무게
소정	
시윤	
연경	

●10 kg
●1 kg

Brain👍

1부터 시작하여 순서대로 8까지 선을 그어 보세요.
(단, 대각선(＼, ／)으로 선을 그으면 안 돼요.)

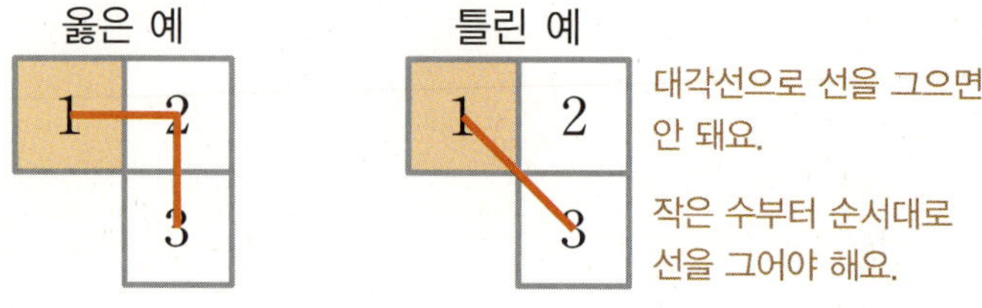

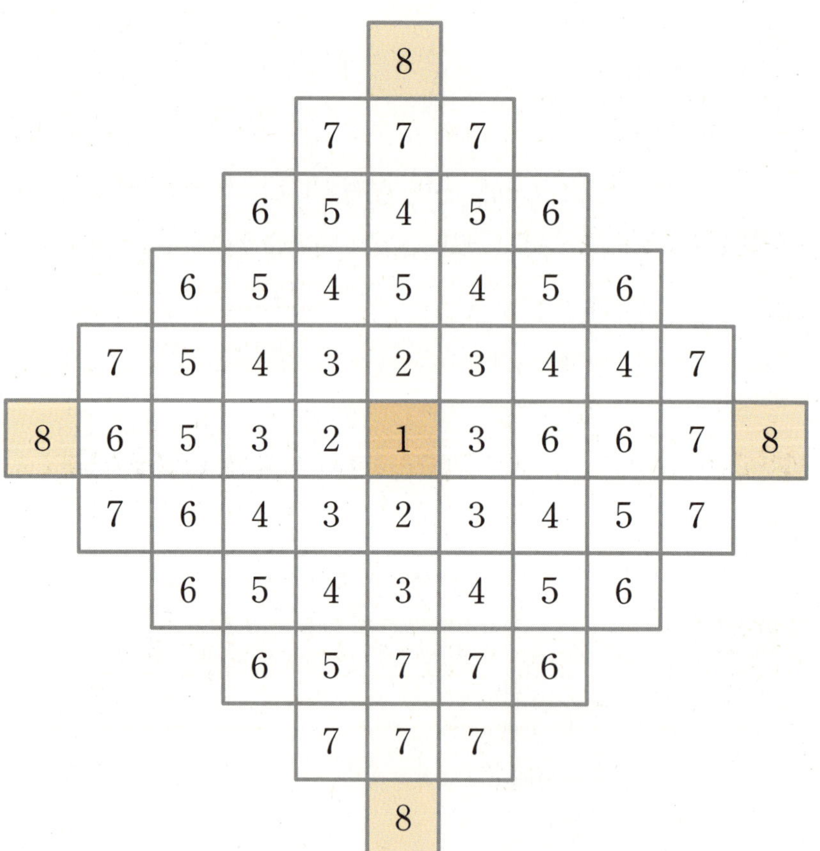

디딤돌과 함께하는 4가지 방법

NAVER 카페

http://cafe.naver.com/
didimdolmom

교재 선택부터 맞춤 학습 가이드,
이웃맘과 선배맘들의 경험담과 정보까지
가득한 디딤돌 학부모 대표 커뮤니티

디딤돌 홈페이지

www.didimdol.co.kr

교재 미리 보기와 정답지, 동영상 등
각종 자료들을 만날 수 있는
디딤돌 공식 홈페이지

Instagram

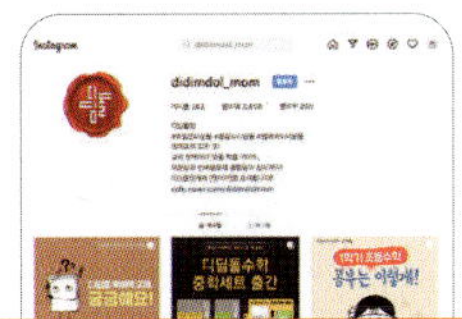

@didimdol_mom

카드 뉴스로 만나는 디딤돌 소식과
손쉽게 참여 가능한 리그램 이벤트가
진행되는 디딤돌 인스타그램

YouTube

검색창에 디딤돌교육 검색

생생한 개념 설명 영상과
문제 풀이 영상으로 학습에 도움을 주는
디딤돌 유튜브 채널

계산이 아닌   개념을 깨우치는

수학을 품은 연산

디딤돌 연산은 수학이다.

1~6학년(학기용)

수학 공부의 새로운 패러다임

상위권의 기준

최상위 수학 S

복습책

본문 14~29쪽의 유사문제입니다. 한 번 더 풀어 보세요.

1 176에 어떤 수를 곱해야 할 것을 잘못하여 어떤 수를 뺐더니 168이 되었습니다. 바르게 계산하면 얼마가 될까요?

( )

2 서술형

민지는 90원짜리 껌 13개와 625원짜리 초콜릿 6개를 사고 5000원을 냈습니다. 민지가 받아야 할 거스름돈은 얼마인지 풀이 과정을 쓰고 답을 구해 보세요.

풀이

답

3 곧게 뻗은 산책로의 한쪽에 처음부터 끝까지 7 m 간격으로 나무를 34그루 심었습니다. 산책로의 길이는 몇 m일까요? (단, 나무의 두께는 생각하지 않습니다.)

( )

4 □ 안에 들어갈 수 있는 한 자리 수를 모두 구해 보세요.

$$155 \times \square > 27 \times 35$$

( )

5 ■와 ▲에 알맞은 수를 각각 구해 보세요.

$$3\blacksquare \times \blacktriangle 7 = 2613$$

■ (　　　　　　　　), ▲ (　　　　　　　　)

6 연속하는 세 자연수의 합이 45입니다. 이 세 수 중 가장 큰 수와 가장 작은 수의 합의 3배를 구해 보세요.

(　　　　　　　　)

7 수 카드 4 , 8 , 6 , 3 을 모두 한 번씩 사용하여 (몇십몇)×(몇십몇)을 만들어 계산하려고 합니다. 가장 큰 곱과 가장 작은 곱의 합을 구해 보세요.

(　　　　　　　　)

8 $1+2+3+\cdots+12+13=91$임을 이용하여 다음 덧셈을 곱셈식으로 나타내 계산해 보세요.

$$13+26+39+\cdots+156+169 = \boxed{} \times \boxed{} = \boxed{}$$

1 곱셈

본문 30~32쪽의 유사문제입니다. 한 번 더 풀어 보세요.

1 한 상자에 40개씩 들어 있는 초콜릿이 20상자 있습니다. 이 초콜릿을 한 명에게 5개씩 124명에게 준다면 초콜릿은 몇 개 남을까요?

( )

2 정진이는 9월 1일부터 12월 15일까지 매일 국어 문제를 8개씩 풀었습니다. 정진이가 이 기간 동안 푼 국어 문제는 모두 몇 개일까요?

( )

3 혜진이와 이모의 나이의 합은 47이고 나이의 차는 23입니다. 이모의 나이가 더 많을 때 혜진이와 이모의 나이의 곱은 얼마일까요?

( )

4 ㉠▲㉡$=$(㉠$\times$㉡)$-$(㉠$+$㉡)으로 약속할 때 다음을 계산해 보세요.

ㄴ➛ ㉠$\times$㉡과 ㉠$+$㉡을 각각 계산한 다음 뺍니다.

$$156 \blacktriangle 8$$

( )

5 효린이가 국어책을 펼쳤더니 펼친 두 면의 쪽수의 합이 137이었습니다. 펼친 두 면의 쪽수의 곱은 얼마일까요?

( )

6 어느 문구점에서 연필 한 자루를 225원에 사 와서 400원에 팔고, 지우개 한 개를 140원에 사 와서 200원에 팝니다. 이 문구점에서 연필 7자루와 지우개 34개를 팔았을 때의 이익은 모두 얼마일까요?

( )

7 길이가 35 cm인 색 테이프를 9 cm씩 겹쳐서 다음과 같이 한 줄로 이어 붙였습니다. 이어 붙인 색 테이프가 17장이라면 이어 붙인 색 테이프의 전체 길이는 몇 cm일까요?

( )

서술형 **8** 어느 공장에서 하루에 생산하는 세발자전거는 17대입니다. 이 공장에서 7주 동안 하루도 빠짐없이 세발자전거를 생산한다면 세발자전거의 바퀴는 모두 몇 개 필요한지 풀이 과정을 쓰고 답을 구해 보세요.

풀이

답

9 여학생을 8명씩 29줄로 세우면 2명이 부족하고, 남학생을 12명씩 23줄로 세우면 4명이 남습니다. 전체 학생은 몇 명일까요?

(   )

[10~11] 보기 와 같은 방법으로 계산하려고 합니다. 물음에 답하세요.

> **보기**
>
> - 세 자리 수를 생각하여 각 자리 숫자를 곱합니다.
> - 각 자리 숫자의 곱이 한 자리 수가 될 때까지 계속 반복합니다.
>
> 예) $428 \rightarrow 4 \times 2 \times 8 = \boxed{64}$, $64 \rightarrow 6 \times 4 = \boxed{24}$, $24 \rightarrow 2 \times 4 = \boxed{8}$

10 ☐ 안에 알맞은 수를 써넣으세요.

$$948 \rightarrow \boxed{} \rightarrow \boxed{} \rightarrow \boxed{} \rightarrow \boxed{}$$

11 ㉠에 들어갈 수 있는 수는 모두 몇 개인지 구해 보세요.

$$㉠ \rightarrow 18 \rightarrow 8$$

(   )

12 소미와 선희는 운동장의 같은 지점에서 동시에 출발하여 서로 반대 방향으로 운동장 둘레를 걸었습니다. 1분 동안 소미는 70 m, 선희는 85 m를 가는 빠르기로 걸었더니 두 사람은 3분 후에 처음으로 만났습니다. 소미와 선희가 여섯째로 만났을 때 걷는 것을 멈췄다면 소미와 선희가 걸은 거리의 합은 몇 m일까요?

(   )

본문 40~55쪽의 유사문제입니다. 한 번 더 풀어 보세요.

S 1 어떤 수를 7로 나누었더니 몫은 11이고 나머지는 나올 수 있는 수 중 가장 큰 수였습니다. 어떤 수를 5로 나누었을 때의 나머지를 구해 보세요. (단, 나머지는 자연수입니다.)

( )

S 2 공책이 132권 있습니다. 이 공책을 9개의 모둠에 남김없이 똑같이 나누어 주려고 합니다. 공책을 3권씩 묶음으로만 판다면 공책은 적어도 몇 묶음 더 사야 할까요?

( )

S 3 □ 안에 알맞은 수를 써넣으세요.

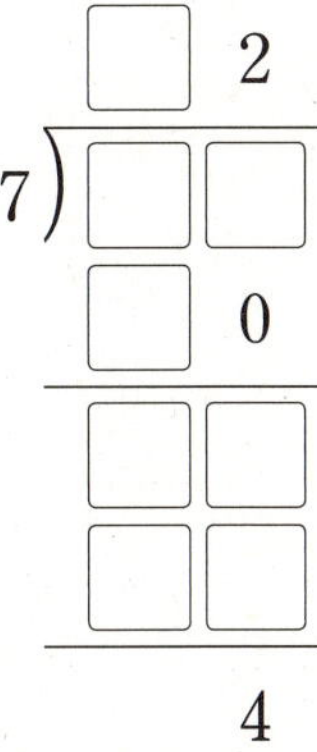

4 두 자리 수 중에서 8로 나누었을 때 나머지가 2인 가장 큰 수는 얼마인지 풀이 과정을 쓰고 답을 구해 보세요.

풀이

답

5 오른쪽 그림과 같이 정사각형 모양의 색종이를 똑같은 직사각형 모양 4개로 잘랐습니다. 자른 직사각형 모양 한 개의 네 변의 길이의 합이 80 cm일 때 처음 정사각형 모양의 네 변의 길이의 합은 몇 cm일까요?

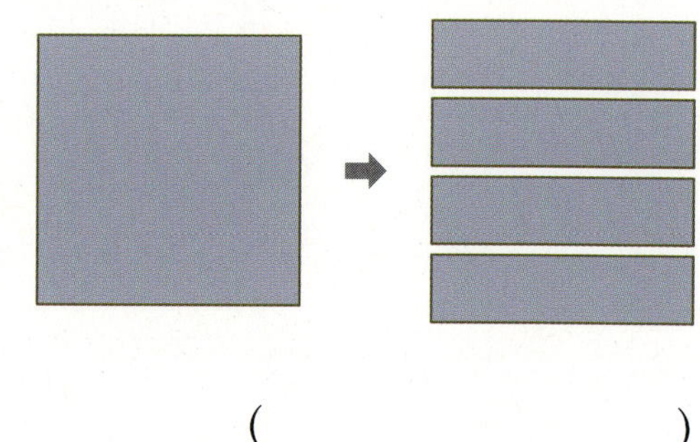

( )

6 다음 조건을 모두 만족시키는 수를 구해 보세요.

> • 80보다 크고 90보다 작습니다.
> • 6으로 나누면 나누어떨어집니다.

( )

7 ㉮ 지점에서 ㉯ 지점까지 가는 도로의 양쪽에 처음부터 끝까지 일정한 간격으로 나무가 16그루 심어져 있습니다. ㉮ 지점과 ㉯ 지점 사이의 거리가 210 m라면 나무 사이의 간격은 몇 m일까요? (단, 나무의 두께는 생각하지 않습니다.)

(   )

8 가 도형은 크기가 같은 정사각형 4개를 겹치지 않게 이어 붙여서 만든 것이고, 나 도형은 여섯 변의 길이가 같습니다. 가와 나 도형의 둘레가 같을 때 나 도형의 한 변의 길이는 몇 cm일까요?

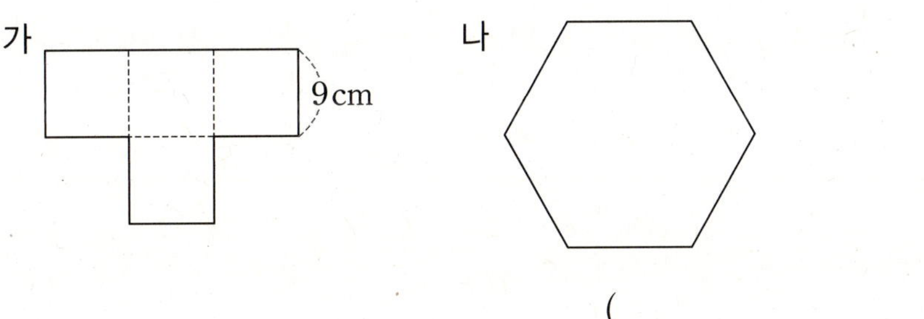

(   )

2 나눗셈

본문 56~58쪽의 유사문제입니다. 한 번 더 풀어 보세요.

1 수 카드 3 , 4 , 8 을 모두 한 번씩 사용하여 (몇십몇)÷(몇)의 나눗셈식을 만들어 계산하려고 합니다. 나누어떨어지는 나눗셈식은 모두 몇 개 만들 수 있을까요?

( )

2 자두를 희주는 47개, 우영이는 37개 땄습니다. 두 사람이 딴 자두를 7봉지에 똑같이 나누어 담은 다음 그중 한 봉지를 똑같이 나누어 먹었습니다. 희주가 먹은 자두는 몇 개일까요?

( )

3 오른쪽 그림은 네 변의 길이의 합이 448 cm인 정사각형을 모양과 크기가 같은 직사각형 8개로 나눈 것입니다. 가장 작은 직사각형의 짧은 변의 길이는 몇 cm일까요?

( )

4 길이가 16 cm인 색 테이프 9장을 일정한 길이만큼씩 겹쳐서 한 줄로 이어 붙였더니 이어 붙인 전체 길이가 56 cm가 되었습니다. 색 테이프를 몇 cm씩 겹쳐서 이어 붙였을까요?

( )

5 세 학생이 카드에 적힌 수를 보고 설명한 것입니다. 카드에 적힌 수를 구해 보세요.

현진	지유	은우
70보다 크고 90보다 작은 수야.	이 수를 6으로 나누면 나누어떨어져.	이 수를 9로 나누면 나머지가 3이 돼.

(   )

서술형 **6** 민지와 현석이는 6주 동안 종이학을 672개 접었습니다. 두 사람이 하루에 접은 종이학의 수는 일정하고 서로 같다면 민지가 하루에 접은 종이학은 몇 개인지 풀이 과정을 쓰고 답을 구해 보세요.

풀이 ....

....

....

답 ....

7 오른쪽 그림과 같이 직사각형 모양의 땅의 둘레에 말뚝을 박아 울타리를 만들려고 합니다. 말뚝 사이의 간격을 4 m로 한다면 울타리를 만드는 데 필요한 말뚝은 모두 몇 개일까요? (단, 땅의 꼭짓점 부분에는 반드시 말뚝을 박고 말뚝의 두께는 생각하지 않습니다.)

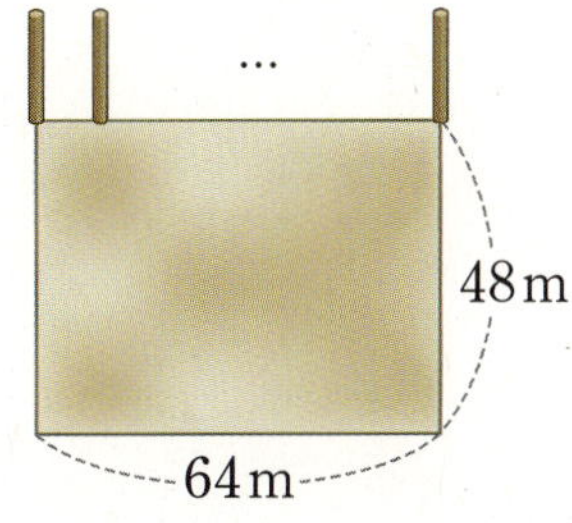

(   )

8 다음 두 식을 모두 만족시키는 ●와 ▲에 알맞은 수를 각각 구해 보세요. (단, 같은 모양은 같은 수를 나타냅니다.)

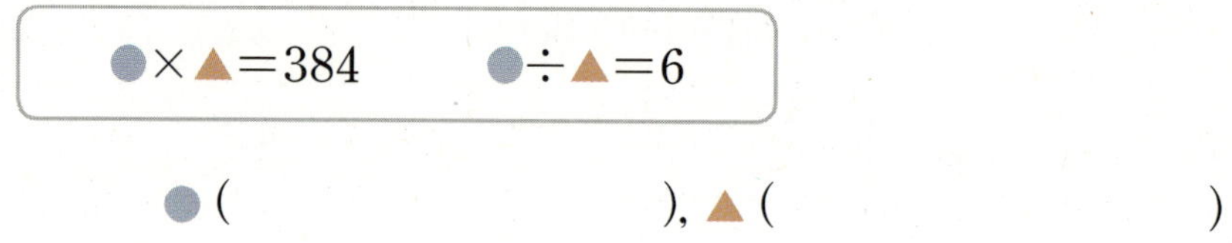

● (   ), ▲ (   )

9 호두 6개의 무게의 합은 $84\,g$이고, 호두 4개와 밤 5개의 무게의 합은 $116\,g$입니다. 밤 한 개의 무게는 몇 g일까요? (단, 호두와 밤의 무게는 각각 서로 같습니다.)

(   )

10 장난감을 ㉮ 기계는 3분 동안 42개 만들고, ㉯ 기계는 4분 동안 48개 만듭니다. 두 기계를 동시에 켜서 장난감을 만들기 시작하여 ㉮ 기계가 ㉯ 기계보다 장난감을 66개 더 많이 만들었을 때 두 기계를 동시에 껐습니다. 두 기계가 동시에 켜져 있던 시간은 몇 분일까요?
(단, ㉮ 기계와 ㉯ 기계가 장난감을 만드는 빠르기는 각각 일정합니다.)

(   )

11 찬우네 학교 3학년 학생을 7명씩 모둠을 만들면 3명이 남고 9명씩 모둠을 만들면 남는 학생이 없습니다. 찬우네 학교 3학년 학생들이 150명보다 많고 180명보다 적을 때 이 학생들을 8명씩 모둠을 만들면 몇 명이 남을까요?

(   )

본문 64~79쪽의 유사문제입니다. 한 번 더 풀어 보세요.

S 1 왼쪽 원에 대한 설명입니다. 틀린 것을 모두 찾아 기호를 써 보세요.

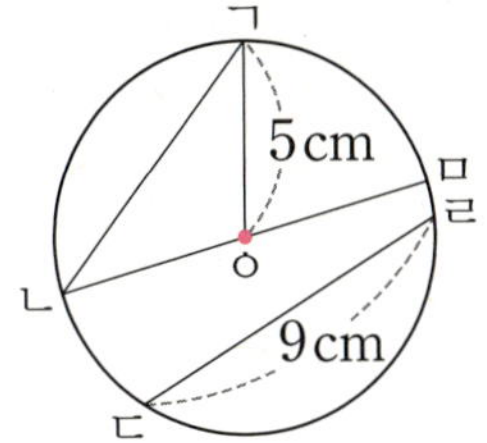

> ㉠ 원의 지름은 선분 ㄴㅁ으로 10 cm입니다.
> ㉡ 원의 반지름을 나타내는 선분은 모두 1개입니다.
> ㉢ 선분 ㄱㄴ의 길이는 5 cm보다 길고 10 cm보다 짧습니다.
> ㉣ 원을 똑같이 둘로 나누는 선분의 길이는 9 cm입니다.

( )

S 2 오른쪽 그림은 원 안에 직사각형을 그리고, 원 밖에 정사각형을 그린 것입니다. 직사각형의 둘레는 84 cm이고 선분 ㄱㄹ은 선분 ㄱㄴ보다 6 cm 더 깁니다. 선분 ㄱㅇ이 선분 ㄱㄴ보다 3 cm 더 짧을 때 정사각형의 둘레는 몇 cm일까요?

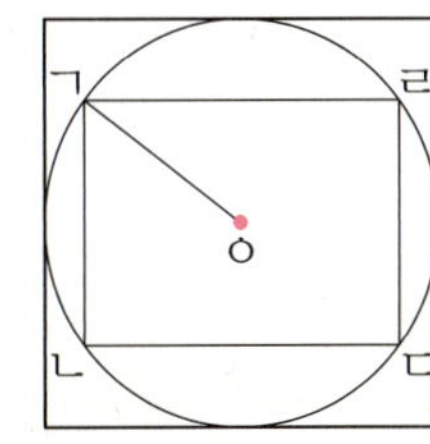

( )

S 3 소민이는 정사각형 안에 반지름이 4 cm인 원을 겹치지 않게 최대한 많이 그렸습니다. 소민이가 그린 원이 36개이고 정사각형의 각 변에 원이 맞닿았다면 이 정사각형 안에 그릴 수 있는 가장 큰 원의 지름은 몇 cm일까요?

( )

4 오른쪽 그림은 반원과 정사각형을 이어 붙여 만든 도형입니다. 정사각형의 둘레가 64 cm일 때 반원 안에 그린 원의 반지름은 몇 cm일까요?

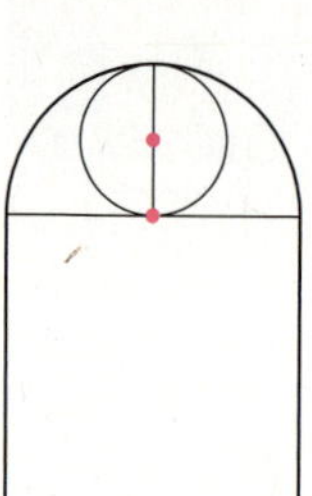

( )

5 오른쪽 그림은 둘레가 60 cm인 직사각형의 꼭짓점을 원의 중심으로 하는 크기가 같은 원의 일부를 그려 색칠한 것입니다. 원의 반지름은 몇 cm일까요?

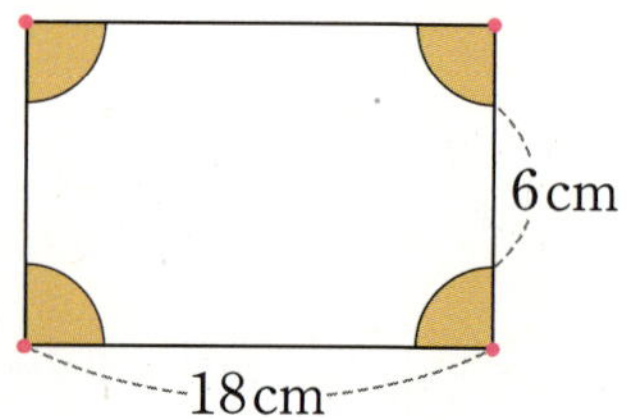

( )

6 오른쪽 그림에서 두 원은 크기가 같고 서로 원의 중심을 지납니다. 색칠한 삼각형의 둘레가 12 cm일 때 직사각형의 둘레는 몇 cm일까요?

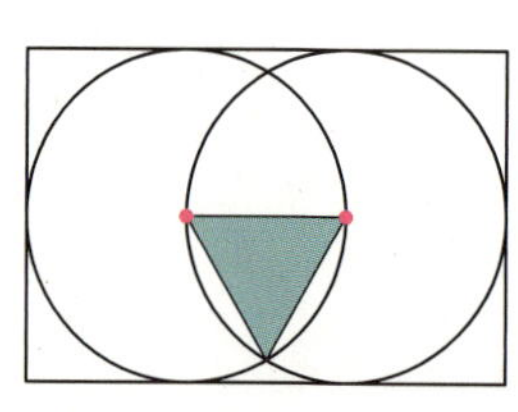

( )

7 오른쪽 그림은 세 원을 그리고 원의 중심을 이어 삼각형을 만든 것입니다. 삼각형 ㄱㄴㄷ의 둘레가 39 cm일 때 세 원의 반지름의 합은 몇 cm일까요?

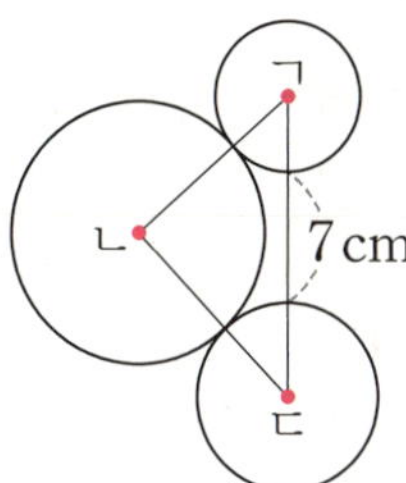

(   )

8
서술형

지름이 12 cm인 원들을 서로 원의 중심을 지나도록 그린 것입니다. 선분 ㄱㄴ이 96 cm일 때 원을 몇 개 그렸는지 풀이 과정을 쓰고 답을 구해 보세요.

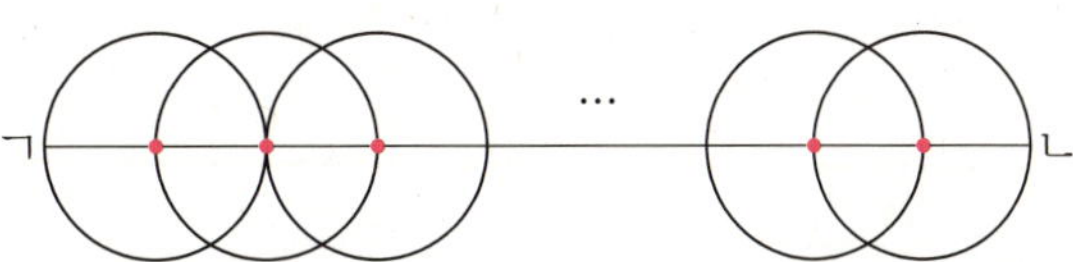

풀이

답

본문 80~82쪽의 유사문제입니다. 한 번 더 풀어 보세요.

1 오른쪽 그림은 컴퍼스의 침을 고정시키고 크기가 다른 원을 그린 것입니다. 세 원의 지름이 각각 4 cm, 10 cm, 12 cm일 때 ㉠의 길이와 ㉡의 길이는 각각 몇 cm일까요?

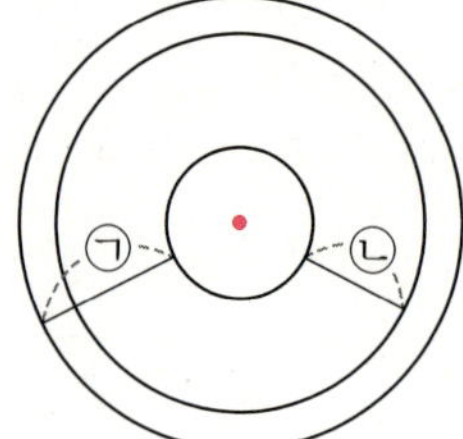

㉠ (   ), ㉡ (   )

2 오른쪽 그림에서 찾을 수 있는 원의 중심은 모두 몇 개일까요?

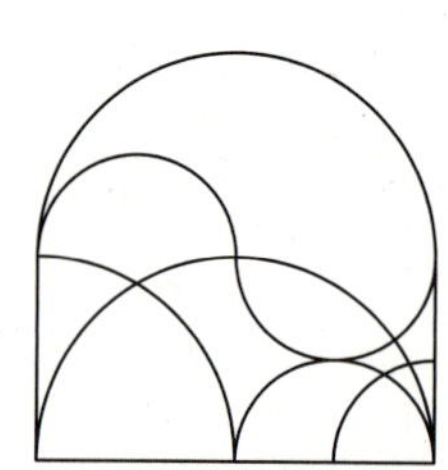

(   )

3 컴퍼스로 오른쪽 그림과 같이 큰 원 안에 크기가 같은 작은 원 3개를 서로 맞닿게 그리려고 합니다. 큰 원의 지름이 36 cm일 때 작은 원을 그리려면 컴퍼스의 침과 연필심 사이를 몇 cm만큼 벌려야 할까요?

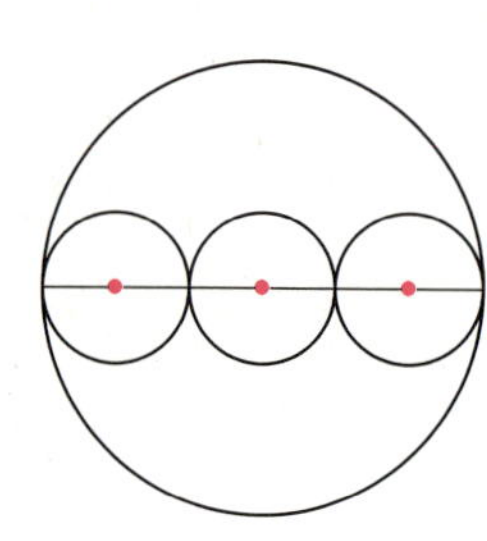

(   )

4 오른쪽 그림은 지름이 각각 26 cm, 20 cm인 두 원을 서로 겹치게 그린 것입니다. 선분 ㄱㄹ이 18 cm일 때 선분 ㄴㄷ은 몇 cm일까요?

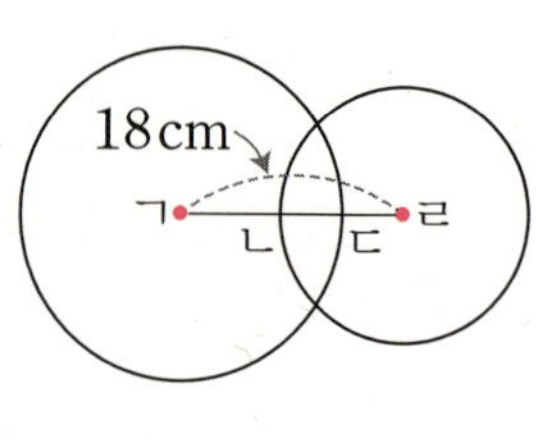

(   )

5 오른쪽 그림은 크기가 같은 원 4개를 서로 맞닿게 그린 것입니다. 사각형 ㄱㄴㄷㄹ의 둘레가 48 cm일 때 원의 지름은 몇 cm일까요?

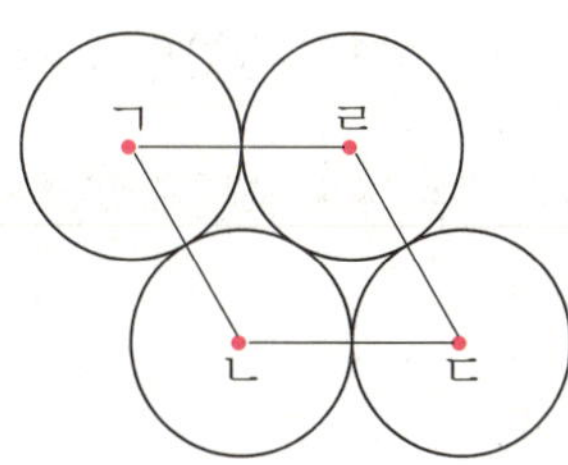

(   )

서술형 6 오른쪽 그림은 직사각형 안에 큰 원과 크기가 같은 작은 원 3개를 서로 맞닿게 그린 것입니다. 작은 원의 반지름은 몇 cm인지 풀이 과정을 쓰고 답을 구해 보세요. (단, 네 원의 중심들은 한 직선 위에 있습니다.)

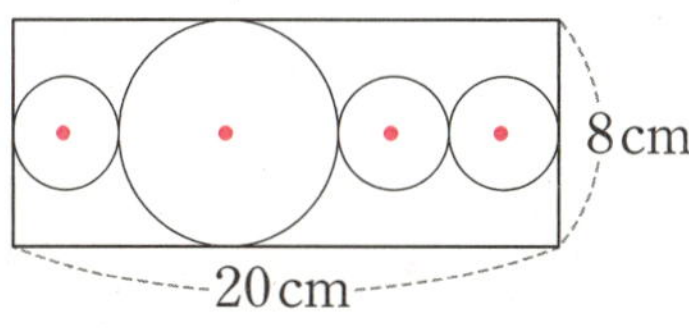

풀이

답

7 오른쪽 그림에서 네 원의 크기는 같습니다. 선분 ㄱㄴ이 24 cm일 때 색칠한 사각형의 둘레는 몇 cm일까요?

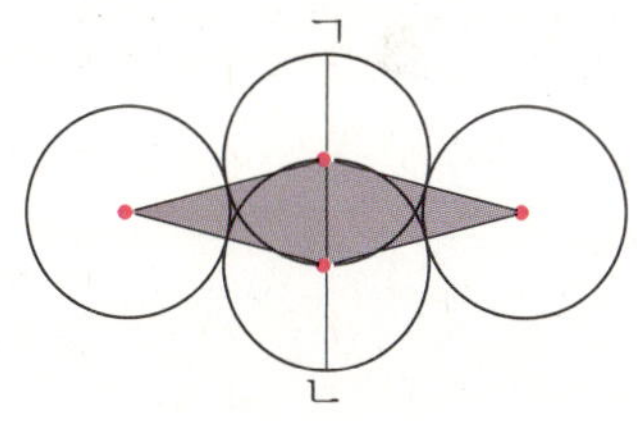

(   )

8 주호는 크기가 같은 정사각형 모양의 색종이 두 장에 크기가 같은 원을 그리려고 합니다. 색종이 한 장에는 오른쪽 그림과 같이 지름이 6 cm인 원을 9개 그렸고, 다른 한 장에는 반지름이 1 cm인 원을 겹치지 않게 최대한 많이 그리려고 합니다. 반지름이 1 cm인 원을 몇 개까지 그릴 수 있을까요?

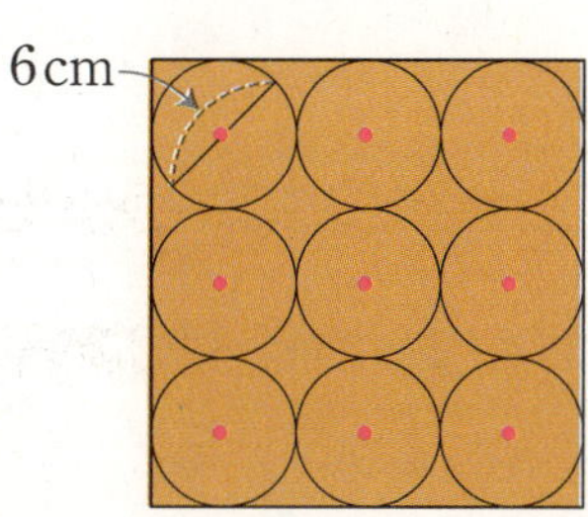

(   )

9 오른쪽 그림에서 세 원의 크기는 모두 같습니다. 색칠한 삼각형의 둘레가 46 cm일 때 ㉠의 길이는 몇 cm일까요? (단, 색칠한 삼각형은 두 변의 길이가 같습니다.)

( )

10 직사각형 안에 크기가 같은 원들을 서로 원의 중심을 지나도록 그린 것입니다. 직사각형의 둘레가 72 cm일 때 원을 몇 개 그렸을까요?

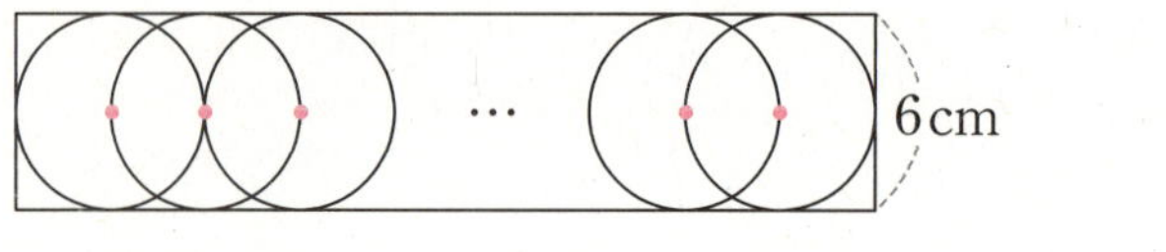

( )

11 오른쪽 그림은 정사각형의 꼭짓점을 원의 중심으로 하는 원의 일부를 그린 것입니다. 가장 큰 원의 지름이 56 cm일 때 정사각형의 한 변은 몇 cm일까요?

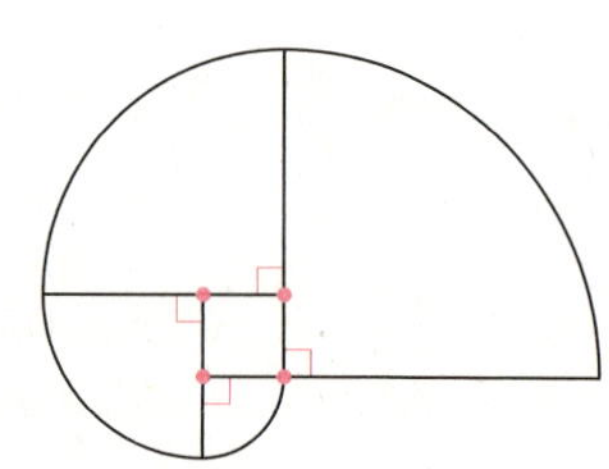

( )

최상위 S

본문 88~103쪽의 유사문제입니다. 한 번 더 풀어 보세요.

S 1   철사 $\dfrac{141}{13}$ m를 1 m씩 자르려고 합니다. 1 m짜리 도막은 몇 도막까지 만들 수 있을까요?

(   )

S 2   다정이네 반 학생 24명 중에서 악기를 배우고 있는 학생은 전체의 $\dfrac{5}{8}$입니다. 악기를 배우고 있는 학생 중 피아노를 배우고 있는 학생은 $\dfrac{3}{5}$이고, 바이올린을 배우고 있는 학생은 $\dfrac{1}{3}$입니다. 피아노와 바이올린 중 어느 악기를 배우고 있는 학생이 몇 명 더 많은지 풀이 과정을 쓰고 답을 구해 보세요. (단, 피아노와 바이올린을 둘 다 배우는 학생은 없습니다.)

서술형

풀이

답   ,

S 3   □ 안에 들어갈 수 있는 자연수의 합을 구해 보세요.

$$5\dfrac{4}{7} < \dfrac{\square}{7} < 6\dfrac{2}{7}$$

(   )

▲에 알맞은 수를 구해 보세요. (단, 같은 기호는 같은 수를 나타냅니다.)

- ●의 $\dfrac{5}{6}$는 30입니다.
- ▲의 $\dfrac{4}{9}$는 ●입니다.

(   )

세 분수를 큰 수부터 차례로 써 보세요.

$$\dfrac{319}{320} \qquad \dfrac{584}{585} \qquad \dfrac{199}{200}$$

(   )

다음과 같은 규칙으로 분수를 늘어놓을 때, 30째에 놓을 분수를 대분수로 나타내 보세요.

$$\dfrac{3}{2},\ \dfrac{6}{3},\ \dfrac{9}{4},\ \dfrac{12}{5},\ \dfrac{15}{6},\ \cdots$$

(   )

7 영지가 공을 64 m의 높이에서 떨어뜨렸더니 첫째는 떨어뜨린 높이의 $\dfrac{5}{8}$만큼 튀어 오르고, 둘째는 첫째에 튀어 오른 높이의 $\dfrac{3}{5}$만큼 튀어 올랐습니다. 이 공을 처음 떨어뜨린 후, 둘째로 튀어 올랐다가 땅에 닿을 때까지 움직인 거리는 모두 몇 m일까요? (단, 공은 위, 아래로만 움직입니다.)

(   )

8 분모가 8인 가분수를 대분수로 나타냈습니다. ㉠, ㉡, ㉢, ㉣에 분모 8을 제외한 1부터 9까지의 자연수 중 서로 다른 수가 들어간다고 할 때 ㉢에 3을 넣는 경우 나올 수 있는 식을 모두 써 보세요. (단, ㉠㉡은 두 자리 수입니다.)

$$\frac{㉠㉡}{8} = ㉢\frac{㉣}{8}$$

(   )

1 수민이는 하루의 $\frac{1}{4}$은 학교에서 보내고 $\frac{1}{6}$은 학원에서 보내고 $\frac{1}{8}$은 친구들과 놀이터에서 놉니다. 수민이가 하루를 보내는 나머지 시간은 몇 시간일까요?

( )

2 연필 1타는 12자루입니다. 연필 6타 중 현준이는 전체의 $\frac{1}{8}$만큼을, 우영이는 전체의 $\frac{2}{9}$만큼을 가지려고 합니다. 누가 연필을 몇 자루 더 많이 가지게 될까요?

( ), ( )

3 경수네 반 학생은 32명입니다. 이 중에서 안경을 쓴 남학생은 전체의 $\frac{1}{4}$이고, 나머지의 $\frac{5}{12}$는 안경을 쓴 여학생입니다. 안경을 쓰지 않은 학생은 몇 명일까요?

( )

4 5장의 수 카드 중 2장을 골라 만들 수 있는 가장 큰 가분수를 대분수로 나타내 보세요.

2　4　6　7　9

(　　　　　　　　)

5 성신이가 집에서 오후 3시 30분에 출발하여 오후 4시 25분에 박물관에 도착하였습니다. 집에서 박물관까지 가는 데 걸린 시간 중 전체의 $\frac{3}{5}$은 지하철을, 전체의 $\frac{4}{11}$는 버스를 타고 나머지는 걸었습니다. 성신이가 걸은 시간은 몇 분일까요?

(　　　　　　　　)

6 희태가 동화책 한 권을 3일 동안 모두 읽었습니다. 첫째 날은 48쪽을 읽었고, 둘째 날은 첫째 날 읽은 쪽수의 $\frac{7}{8}$보다 3쪽 더 많이 읽었고, 셋째 날은 둘째 날 읽은 쪽수의 $\frac{5}{9}$보다 2쪽 더 적게 읽었습니다. 동화책은 모두 몇 쪽일까요?

(　　　　　　　　)

7 색종이 한 장의 $\frac{1}{2}$이 ①, $\frac{1}{4}$이 ②, $\frac{1}{8}$이 ③입니다. 주어진 모양을 ③으로만 만든다면 필요한 ③은 색종이 한 장의 얼마만큼인지 대분수로 나타내 보세요.

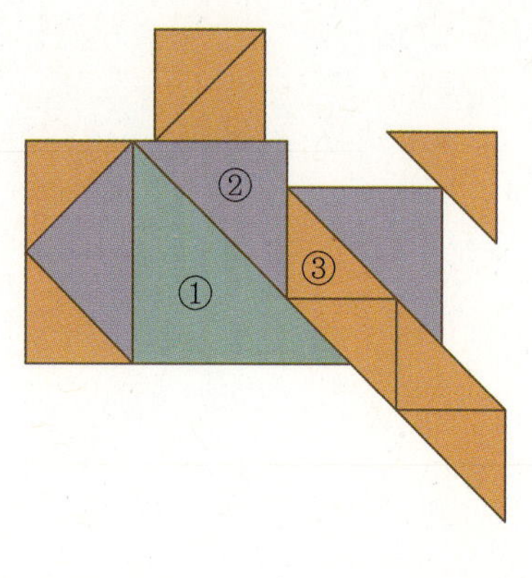

(   )

8 ㉮ 가게에서 판매한 아이스크림 수의 $\frac{7}{9}$은 35개이고, ㉯ 가게에서 판매한 아이스크림 수는 ㉮ 가게에서 판매한 아이스크림 수의 $1\frac{2}{5}$입니다. ㉯ 가게에서 판매한 아이스크림은 몇 개인지 풀이 과정을 쓰고 답을 구해 보세요.

풀이

답

9 가분수 $\dfrac{\blacksquare}{7}$의 분자를 분모로 나누었더니 몫이 8이고 나머지가 5였습니다. 이 가분수의 분모와 분자의 차를 구해 보세요.

(   )

10 분모와 분자의 합이 51이고 차가 7인 진분수를 구해 보세요.

( )

11 대분수 $\bigcirc\dfrac{6}{17}$을 가분수로 나타내려고 합니다. $3<\bigcirc<6$일 때 가분수의 분자가 될 수 있는 수들의 합을 구해 보세요.

( )

12 일정한 빠르기로 타는 양초에 불을 붙이고 24분이 지난 후 양초의 길이를 재어 보니 처음 양초 길이의 $\dfrac{3}{7}$이 남았습니다. 남은 양초가 모두 타는 데 걸리는 시간은 몇 분일까요?

( )

13 다음을 만족시키는 ★과 ▲로 만들 수 있는 분수 $\dfrac{★}{▲}$ 중에서 대분수로 나타낼 수 있는 것은 모두 몇 개일까요? (단, ★과 ▲는 자연수입니다.)

$$4\dfrac{6}{7} < \dfrac{★}{7} < 5\dfrac{3}{7} \qquad \dfrac{25}{6} < \dfrac{▲\,5}{6} < \dfrac{38}{6}$$

(   )

14 조건을 모두 만족시키는 세 분수 ㉠, ㉡, ㉢을 각각 구해 보세요.

- 세 분수는 분모가 23인 진분수입니다.
- 세 분수의 분자의 합은 30입니다.
- ㉠의 분자는 ㉡의 분자보다 6만큼 더 큽니다.
- ㉢의 분자는 ㉡의 분자보다 3만큼 더 작습니다.

㉠ (   ), ㉡ (   ), ㉢ (   )

15 조건을 모두 만족시키는 대분수 $㉠\dfrac{㉡}{9}$ 은 모두 몇 개일까요?

- $㉠\dfrac{㉡}{9} < \dfrac{70}{9}$
- ㉠은 ㉡보다 2만큼 더 큰 수입니다.

(   )

5 들이와 무게

본문 114~129쪽의 유사문제입니다. 한 번 더 풀어 보세요.

1 들이가 7 L인 수조에 가득 들어 있는 물을 들이가 600 mL인 컵에 가득 담아 3번 덜어 냈습니다. 수조에 남아 있는 물의 양을 다음과 같이 어림했다면 실제 남아 있는 물의 양에 가장 가깝게 어림한 사람은 누구일까요?

> 효민: 약 5 L   경식: 약 5 L 500 mL   미주: 약 5 L 300 mL

(   )

2 콩 3 kg 500 g과 팥 1 kg 600 g을 섞은 후 그릇에 가득 채워 4번 덜어 냈습니다. 남은 콩과 팥이 2 kg 700 g이라면 그릇으로 1번 덜어 낸 무게는 몇 g일까요? (단, 한 번에 덜어 낸 무게는 모두 같습니다.)

(   )

3 그릇에 감자 5개를 담아 무게를 재었더니 1 kg 450 g이었고, 감자 1개를 꺼낸 후 다시 무게를 재었더니 1 kg 200 g이었습니다. 이 그릇에 감자 8개를 담아 무게를 재면 몇 kg 몇 g이 될까요? (단, 감자 1개의 무게는 모두 같습니다.)

(   )

4 떡 7 kg 중에서 900 g을 먹은 후 남은 떡을 두 봉지에 모두 나누어 담았습니다. 큰 봉지와 작은 봉지에 담은 떡의 무게의 차가 300 g이라면 두 봉지에 담은 떡은 각각 몇 kg 몇 g일까요?

큰 봉지 (   ), 작은 봉지 (   )

5 서술형 한 상자에 20 kg인 사과 650상자와 한 상자에 15 kg인 복숭아 800상자를 트럭에 실으려고 합니다. 트럭 한 대에 물건을 2 t까지 실을 수 있다면 트럭은 적어도 몇 대 필요한지 풀이 과정을 쓰고 답을 구해 보세요.

풀이

답

6 준우는 200 mL에 1200원인 딸기우유 700 mL와 500 mL에 1800원인 초코우유 1 L 500 mL를 샀습니다. 준우가 우유를 사는 데 쓴 돈은 모두 얼마일까요?

( )

7 흰 쇠공 4개, 검정 쇠공 3개, 빨간 쇠공 1개의 무게의 합은 4 kg 200 g이고, 흰 쇠공 8개와 검정 쇠공 6개의 무게의 합에서 빨간 쇠공 1개의 무게를 빼면 7 kg 800 g입니다. 빨간 쇠공 1개의 무게는 몇 g일까요? (단, 같은 색 쇠공끼리는 무게가 같습니다.)

( )

8 들이가 10 L인 수조에 물을 내보내는 장치가 설치되어 있습니다. 이 수조에 1초에 350 mL씩 물이 나오는 ㉮ 수도와 1초에 150 mL씩 물이 나오는 ㉯ 수도를 동시에 틀어서 물을 받았습니다. 물을 받기 시작할 때 수조에서 물을 내보내는 장치를 열어 물을 내보냈더니 40초 후에 수조에 물이 가득 찼다면 1초에 몇 mL씩 물을 내보냈을까요?

( )

5 들이와 무게

본문 130~132쪽의 유사문제입니다. 한 번 더 풀어 보세요.

1 혜린이네 냉장고에 우유 1 L 400 mL와 주스 1 L 700 mL가 있었습니다. 혜린이네 가족이 우유와 주스를 마신 후 우유는 800 mL, 주스는 900 mL가 남았습니다. 혜린이네 가족이 마신 우유와 주스는 모두 몇 L 몇 mL일까요?

( )

2 미란이가 토끼를 안고 무게를 재면 34 kg 400 g이고, 고양이를 안고 무게를 재면 35 kg 900 g입니다. 토끼의 무게가 3 kg 700 g이면 고양이의 무게는 몇 kg 몇 g일까요?

( )

3 물 1 L 500 mL를 동수, 정인, 윤슬이가 모두 나누어 마셨습니다. 동수는 정인이보다 80 mL 더 많이 마셨고, 정인이는 윤슬이보다 80 mL 더 많이 마셨습니다. 정인이가 마신 물은 몇 mL일까요?

( )

4 물건을 2 t까지 실을 수 있는 트럭이 있습니다. 이 트럭에 25 kg짜리 물건을 60개 실은 후 10 kg짜리 물건을 실으려고 합니다. 10 kg짜리 물건을 몇 개까지 실을 수 있을까요?

( )

5 수인, 민희, 정연이가 똑같은 음료수를 한 병씩 사서 각자 가지고 있는 컵에 남김없이 가득 부었더니 컵에 부은 횟수가 다음과 같았습니다. 수인이의 컵의 들이가 120 mL라면 들이가 가장 적은 컵은 누구의 컵이고, 그 컵의 들이는 몇 mL일까요?

이름	수인	민희	정연
부은 횟수	6번	4번	9번

(   ), (   )

6 자두 4개의 무게는 사과 1개의 무게와 같고, 복숭아 3개의 무게는 사과 2개의 무게와 같습니다. 자두 1개의 무게가 150 g일 때 복숭아 7개의 무게는 몇 kg 몇 g일까요?

(단, 같은 과일끼리는 무게가 같습니다.)

(   )

서술형 **7** 양팔저울과 200 g짜리, 350 g짜리 추가 각각 3개씩 있습니다. 양팔저울에 이 추들을 여러 개 사용하여 250 g짜리 가지를 고르는 방법을 설명해 보세요.

설명

8 들이가 9 L인 물통에 물이 절반만큼 채워져 있습니다. 이 물통에 5초에 1250 mL씩 물이 나오는 수도로 물을 가득 채우는 데 걸리는 시간은 몇 초일까요?

( )

9 무게가 같은 의자 60개를 실은 트럭의 무게를 재었더니 1 t 600 kg이었습니다. 다시 이 트럭에 똑같은 의자 40개를 더 싣고 무게를 재었더니 2 t 200 kg이었습니다. 빈 트럭의 무게는 몇 kg일까요?

( )

10 ㉮, ㉯, ㉰ 세 그릇이 있습니다. ㉰ 그릇의 들이는 ㉮ 그릇과 ㉯ 그릇의 들이를 합한 것과 같습니다. 주전자에 물을 가득 채우는 데 ㉮ 그릇만 사용하면 12번, ㉯ 그릇만 사용하면 4번 부어야 합니다. 주전자에 물을 가득 채우는 데 ㉰ 그릇만 사용하면 몇 번 부어야 할까요? (단, ㉮, ㉯, ㉰ 그릇에 각각 물을 가득 담아서 붓습니다.)

( )

11 ㉮와 ㉯ 두 그릇에 물을 가득 담아 부으면 3 L, ㉮와 ㉰ 두 그릇에 물을 가득 담아 부으면 2 L 600 mL, ㉯와 ㉰ 두 그릇에 물을 가득 담아 부으면 2 L 200 mL입니다. ㉮, ㉯, ㉰ 세 그릇의 들이를 각각 구해 보세요.

㉮ 그릇 ( ), ㉯ 그릇 ( ), ㉰ 그릇 ( )

본문 138~147쪽의 유사문제입니다. 한 번 더 풀어 보세요.

1 서술형

예지네 아파트의 월요일부터 금요일까지 요일별 쓰레기 배출량을 조사하여 나타낸 그림그래프입니다. 화요일의 쓰레기 배출량은 월요일보다 150 kg 더 적을 때 쓰레기 배출량이 가장 많은 요일과 가장 적은 요일을 차례로 쓰려고 합니다. 풀이 과정을 쓰고 답을 구해 보세요.

요일별 쓰레기 배출량

요일	배출량
월요일	
화요일	
수요일	
목요일	
금요일	

100 kg
10 kg

풀이

답   ,

2

재윤이네 학교 3학년의 반별 학급 문고 수를 조사하여 나타낸 그림그래프입니다. 4반의 학급 문고가 260권이라면 3학년 1반부터 5반까지의 전체 학급 문고는 몇 권일까요?

반별 학급 문고 수

반	학급 문고 수
1반	
2반	
3반	
4반	
5반	

(   )

3 지역별 쌀 수확량을 조사하여 나타낸 표와 그림그래프입니다. 푸른 지역과 한빛 지역의 쌀 수확량이 같을 때 숲속 지역의 쌀 수확량이 푸른 지역의 쌀 수확량과 같아지려면 숲속 지역은 쌀을 몇 가마니 더 수확해야 할까요?

지역별 쌀 수확량

지역	수확량(가마니)
푸른	
숲속	150
나루	
한빛	
합계	840

지역별 쌀 수확량

지역	수확량
푸른	
숲속	
나루	
한빛	

(   )

4 어느 공장의 기계별 자 생산량을 조사하여 나타낸 그림그래프입니다. 이 공장에서 생산한 자를 한 상자에 8개씩 담아 600원씩 받고 팔고, 상자에 담고 남은 자는 한 개에 120원씩 받고 모두 팔았습니다. 자를 판매한 금액은 모두 얼마일까요? (단, 상자에 담은 자는 낱개로 팔지 않습니다.)

기계별 자 생산량

기계	생산량
㉮	
㉯	
㉰	

(   )

5 어느 문구점에 있는 색깔별 색종이의 수를 조사하여 나타낸 그림그래프입니다. 노란색 색종이 수는 검정색 색종이 수의 $\dfrac{4}{5}$이고, 파란색 색종이 수는 노란색과 빨간색 색종이 수의 합의 $\dfrac{3}{4}$입니다. 주황색 색종이는 파란색 색종이보다 30장 더 적을 때 문구점에 있는 색종이는 모두 몇 장일까요?

색깔별 색종이 수

색깔	색종이 수
노란색	
빨간색	■■■■■■■
파란색	
주황색	
검정색	■ ■

■ 100장
■ 10장

(   )

6 그림그래프

본문 148~151쪽의 유사문제입니다. 한 번 더 풀어 보세요.

1 마을별 초등학생 수를 조사하여 나타낸 그림그래프입니다. 전체 초등학생 수가 920명일 때 초등학생이 가장 많은 마을과 가장 적은 마을의 차는 몇 명일까요?

마을별 초등학생 수

마을	초등학생 수
가	
나	
다	
라	

100명
10명

(   )

2 지수의 저금통에 들어 있는 종류별 동전의 수를 조사하여 나타낸 그림그래프입니다. 10원짜리 동전의 수는 500원짜리 동전과 50원짜리 동전 수의 합의 $\frac{1}{2}$이고, 동전은 모두 70개입니다. 100원짜리 동전은 몇 개일까요?

종류별 동전의 수

종류	동전의 수
500원	
100원	
50원	
10원	

10개
1개

(   )

3 달리기 대회에 참가할 학생 수를 학년별로 조사하여 나타낸 표와 그림그래프입니다. 달리기 대회에 참가할 4학년 학생 수는 6학년 학생 수의 $\frac{4}{5}$일 때 그림그래프를 완성해 보세요.

학년별 참가할 학생 수

학년	2학년	3학년	4학년	5학년	6학년	합계
학생 수(명)	12				20	80

학년별 참가할 학생 수

학년	학생 수
2학년	
3학년	
4학년	
5학년	
6학년	

4 혜수네 학교 3학년 학생들의 반별 동생이 있는 학생 수를 조사하여 나타낸 그림그래프입니다. 3반의 동생이 있는 학생 수는 5반의 동생이 있는 학생 수의 $\frac{3}{4}$이고, 4반의 동생이 있는 학생 수는 1반과 3반의 동생이 있는 학생 수의 합의 $\frac{5}{7}$입니다. 동생이 있는 3학년 전체 학생 수는 몇 명인지 풀이 과정을 쓰고 답을 구해 보세요.

반별 동생이 있는 학생 수

반	학생 수
1반	
2반	
3반	
4반	
5반	

풀이 ....

....

....

답 ....

5 어느 가게의 우유 종류별 판매량을 조사하여 나타낸 그림그래프입니다. 딸기우유는 흰 우유보다 4갑 더 적게 팔았고, 바나나우유는 흰 우유와 딸기우유의 판매량의 합의 $\frac{3}{8}$ 만큼 팔았습니다. 흰 우유는 전체 우유 판매량의 $\frac{1}{3}$ 만큼 팔았을 때 그림그래프를 완성해 보세요.

우유 종류별 판매량

종류	판매량
흰 우유	
딸기우유	
초코우유	
바나나우유	

10갑
1갑

6 어느 과일 가게의 종류별 판 과일 수를 조사하여 나타낸 그림그래프입니다. 배의 수는 사과의 수의 $\frac{3}{5}$ 보다 3개 더 많고, 귤의 수는 감의 수보다 13개 더 많은 수의 $\frac{2}{3}$ 와 같습니다. 과일이 한 상자에 15개씩 들어 있을 때, 가장 적게 판 과일을 구해 보세요.

종류별 판 과일 수

종류	과일 수
사과	
배	
감	
귤	

1상자
1개

(   )

7 현수네 학교 학생들이 풍선에 화살 던지기를 하여 얻은 점수를 조사하여 나타낸 그림그래프입니다. 총 4가지 색깔의 풍선의 점수는 빨간색 4점, 파란색 3점, 노란색 2점, 흰색 1점일 때 파란색 풍선을 맞힌 학생 중 7점을 받은 학생은 몇 명일까요? (단, 똑같은 색의 풍선은 한 번만 맞힙니다.)

풍선 색깔별 맞힌 학생 수

색깔	학생 수
빨간색	😀 😀 😀 😀 😀
파란색	😀 😀 😀 😀
노란색	😀 😀 😀 😀
흰색	😀 😀

😀10명 😀5명 😀1명

점수별 학생 수

점수	학생 수
10점	😀 😀 😀 😀
9점	😀 😀 😀
8점	😀 😀
7점	😀 😀 😀 😀
6점	😀

😀5명 😀1명

(   )

8 소민, 시진, 민정이가 가지고 있는 연필 수에 대한 설명입니다. 학생별 가지고 있는 연필 수를 그림그래프로 나타내 보세요.

- 소민이가 가지고 있는 연필 수의 $\frac{3}{4}$ 은 24자루입니다.

- 시진이가 가지고 있는 연필 수의 $\frac{1}{2}$ 과 소민이가 가지고 있는 연필 수의 $\frac{5}{8}$ 는 같습니다.

- 민정이가 가지고 있는 연필 수의 $\frac{4}{5}$ 와 시진이가 가지고 있는 연필 수의 $\frac{7}{10}$ 은 같습니다.

학생별 가지고 있는 연필 수

이름	연필 수
소민	
시진	
민정	

✏️10자루
✏️1자루

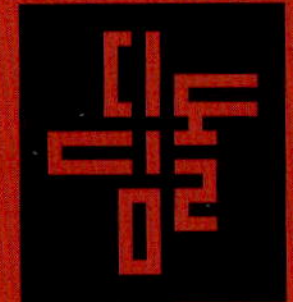

최상위 사고력

상위권을 위한
사고력

생각하는 방법도
최상위!

수능까지 연결되는 독해 로드맵

디딤돌 독해력은 수능까지 연결되는 체계적인 라인업을 통하여
수능에서 요구하는 핵심 독해 원리에 대한 이해는 물론,
단계 별로 심화되며 연결되는 학습의 과정을 통해
깊이 있고 종합적인 독해 사고의 능력까지 기를 수 있도록 도와줍니다.

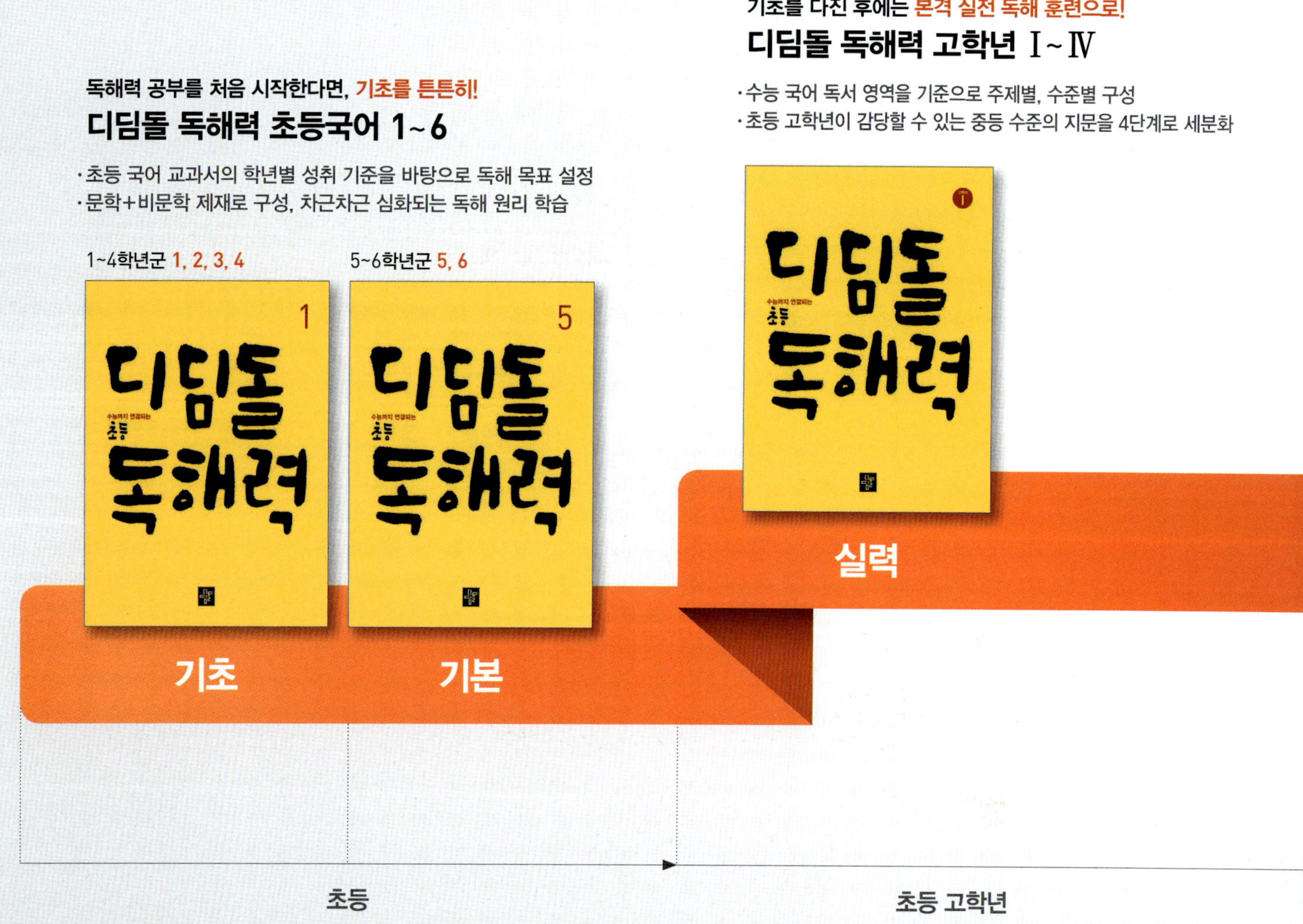

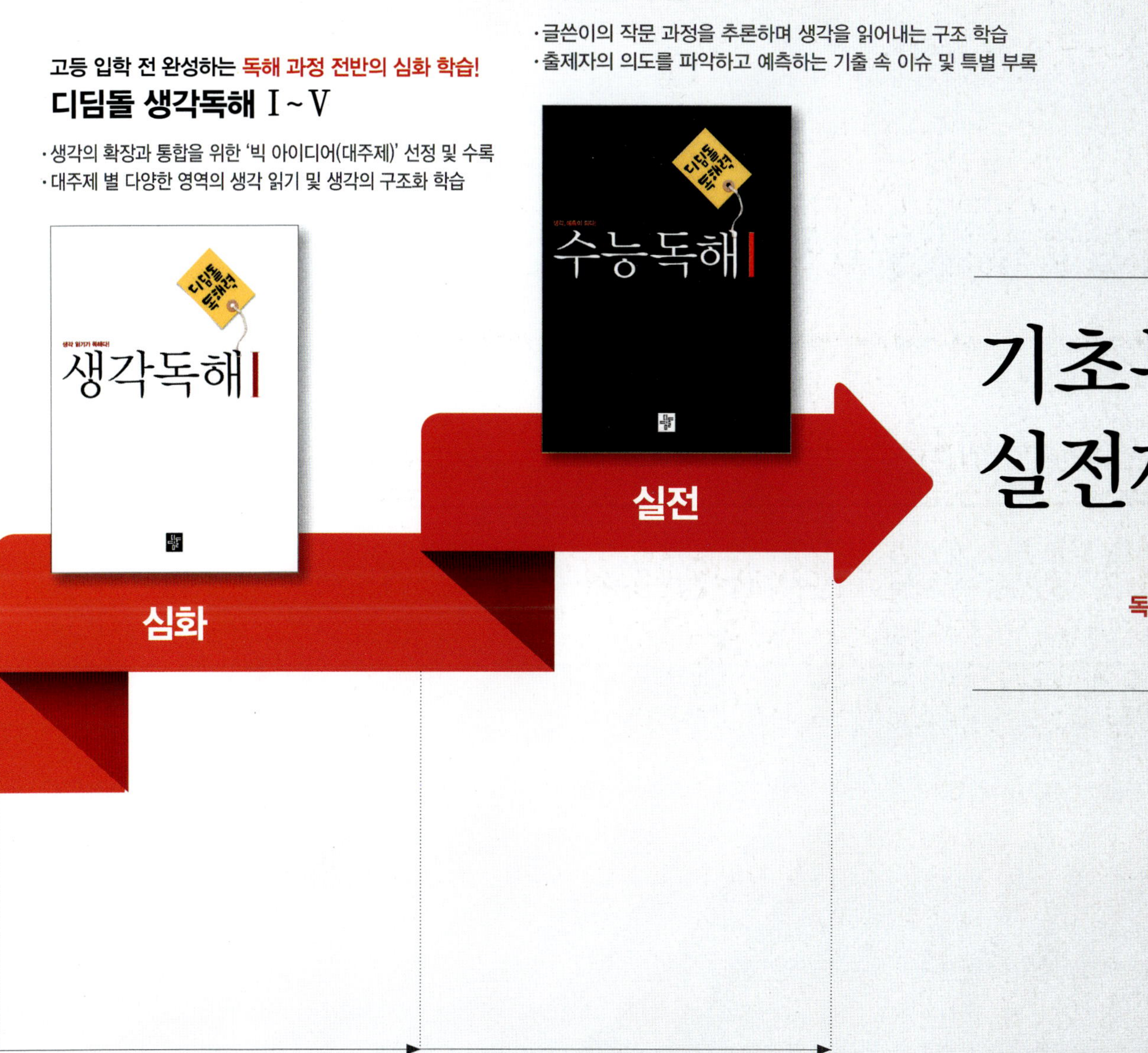
수능국어 실전대비 독해 학습의 완성!
디딤돌 수능독해 Ⅰ~Ⅲ
·글쓴이의 작문 과정을 추론하며 생각을 읽어내는 구조 학습
·출제자의 의도를 파악하고 예측하는 기출 속 이슈 및 특별 부록
고등 입학 전 완성하는 독해 과정 전반의 심화 학습!
디딤돌 생각독해 Ⅰ~Ⅴ
·생각의 확장과 통합을 위한 '빅 아이디어(대주제)' 선정 및 수록
·대주제 별 다양한 영역의 생각 읽기 및 생각의 구조화 학습
생각독해 Ⅰ
수능독해 Ⅰ
심화
실전
기초부터
실전까지
독해는
중등
고등(예비고~고2)

상위권의 기준

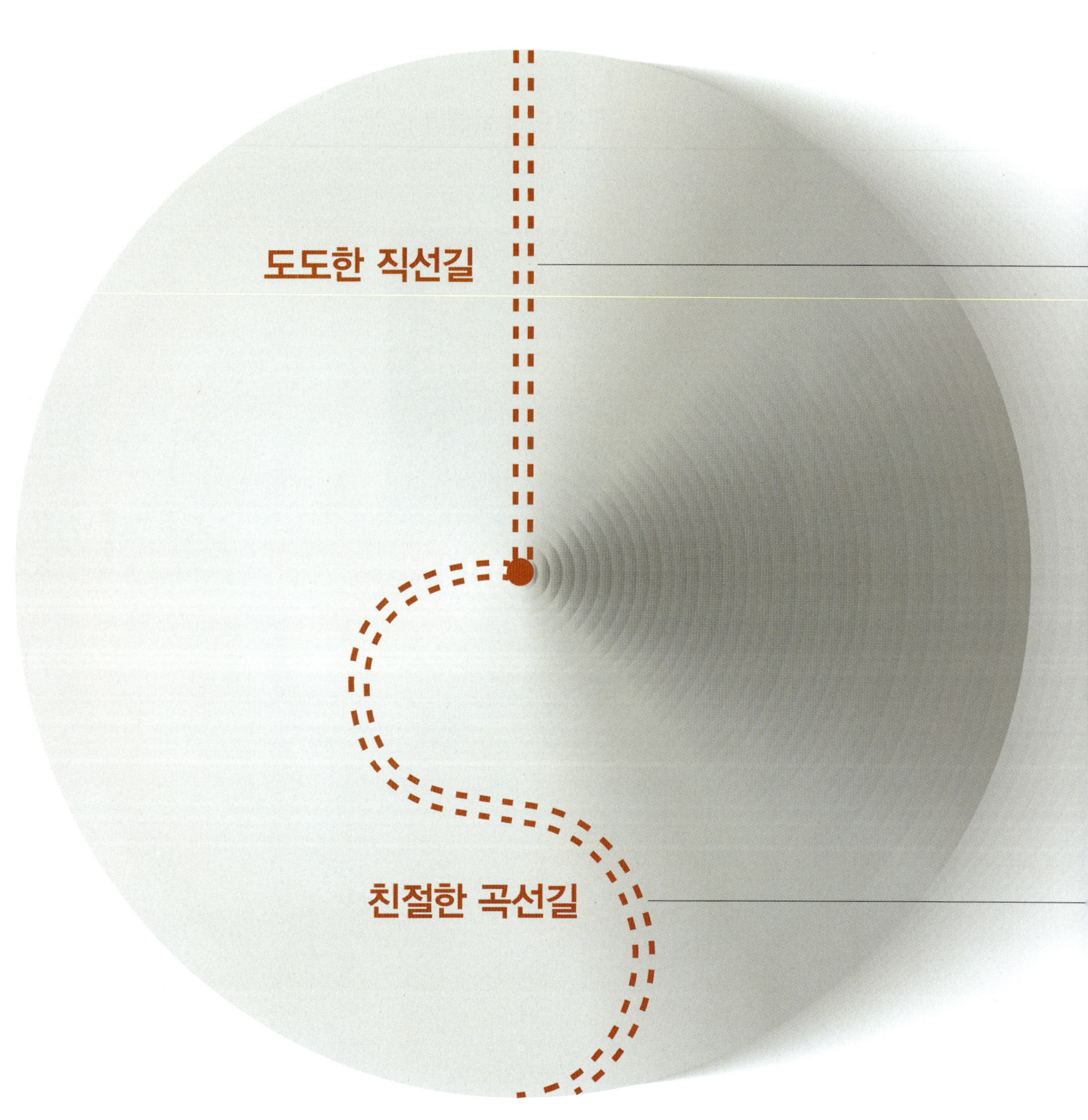

SPEED 정답 체크

1 곱셈

BASIC CONCEPT

1 (세 자리 수) × (한 자리 수)

1 ⑴ 300, 90, 6 / 396

　⑵ 800, 40, 28 / 868

2 (위에서부터) 3600, 900

3 361×5＝1805(또는 361×5) / 1805

4 145, 145, 3, 435

5 49, 200, 600

2 (몇십) × (몇십), (몇십몇) × (몇십)

1 ⑴ 27, 90　⑵ 82, 20

2 1200, 40

3 ⑴ ＞　⑵ ＞

4 70×30＝2100(또는 70×30) / 2100번

5 2002, 2005에 ○표

6 ⑴ 2　⑵ 23

3 (몇) × (몇십몇), (몇십몇) × (몇십몇)

1 ⑴ 12, 180 / 192

　⑵ 81, 540 / 621

2 2, 50, 850

3 예
```
       2 4
   ×   7 3
   ─────────
       7 2
   1 6 8 0
   ─────────
   1 7 5 2
```

4 ㉡, ㉣

5 ㉢, ㉠, ㉣, ㉡

6 606개

7 3392, 3402, 1610, 1620 /

　(　　) (　○　) (　△　) (　　)

---

1 7 / 7 / 416 / 416, 2912

1-1 309　**1-2** 960　**1-3** 1656　**1-4** 1870

2 30 / 30, 2700 / 30, 2850 / 5550

2-1 3850원　**2-2** 1734 cm　**2-3** 80원

2-4 1704킬로칼로리

3 2 / 3 / 31 / 31, 558

3-1 480 cm　**3-2** 310 m　**3-3** 351 m

3-4 3808 cm

4 400, 400 / 420 / 392, ＜ / 448, ＞ /

504, ＞ / 8, 9

4-1 10, 14, 16에 ○표　**4-2** 6, 7, 8, 9

4-3 54　**4-4** 2개

5 12, 8, 32, 8 / 8, 8, 8 / 8, 8

5-1 (위에서부터) 4, 0　**5-2** (위에서부터) 3, 8

5-3 9, 4　**5-4** 6, 9

6 27 / 27 / 9 / 8, 9, 10 / 720

6-1 132　**6-2** 399　**6-3** 1600　**6-4** 4480

7 9, 7 /
```
      9 4            9 2
   ×  7 2         ×  7 4
   ────────      ────────
   6 7 6 8   ,   6 8 0 8
```
/ 6808

7-1 128　**7-2** 1704　**7-3** 3870, 1470

7-4 410

8 4, 2, 2, 4 / 864, 4320 / 864, 4320

8-1 100, 500　**8-2** 431, 7, 3017

8-3 (왼쪽에서부터) 23, 23, 23 /

　23, 11, 253(또는 11, 23, 253)

8-4 12, 78, 936(또는 78, 12, 936)

<table>
<tr><td>

MATH MASTER 30~32쪽

1 152개 **2** 1053개 **3** 352

4 1470 **5** 2970 **6** 3060원

7 638 cm **8** 1820개 **9** 585명

10 168, 48, 32, 6

11 139, 193, 319, 391, 913, 931, 333

12 1725 m

</td><td>

6 (1) $954 \div 2 = 477$(또는 $954 \div 2$) / 477, 0

   (2) $245 \div 9 = 27 \cdots 2$(또는 $245 \div 9$) / 27, 2

</td></tr>
</table>

2 나눗셈

BASIC CONCEPT 34~39쪽

1 나머지가 없는 (두 자리 수)÷(한 자리 수)

1 (1) 4, 40 (2) 2, 20

2 (위에서부터) (1) 10, 3, 13 (2) 30, 1, 31

3 24 **4** ㉡, ㉠, ㉢, ㉣

5 $48 \div 4 = 12$(또는 $48 \div 4$) / 12마리

6 (1) 96 (2) 84 **7** 30

2 나머지가 있는 (두 자리 수)÷(한 자리 수)

1 ㉐
```
     1 1
  7)7 8
    7 0
      8
      7
      1
```

2 (1) $4 \times 13 = 52$, $52 + 1 = 53$ / ✕

   (2) $6 \times 13 = 78$, $78 + 4 = 82$ / ○

3 $63 \div 5 = 12 \cdots 3$(또는 $63 \div 5$) / 3개

4 84 **5** 2, 6

6 ㉡, ㉣ **7** 7

3 (세 자리 수)÷(한 자리 수)

1 (왼쪽에서부터) 100, 13 / 113

2 ㉡ **3** ㉢

4 $136 \div 7 = 19 \cdots 3$(또는 $136 \div 7$) / 19, 3 /
   $7 \times 19 = 133$, $133 + 3 = 136$

5 120개

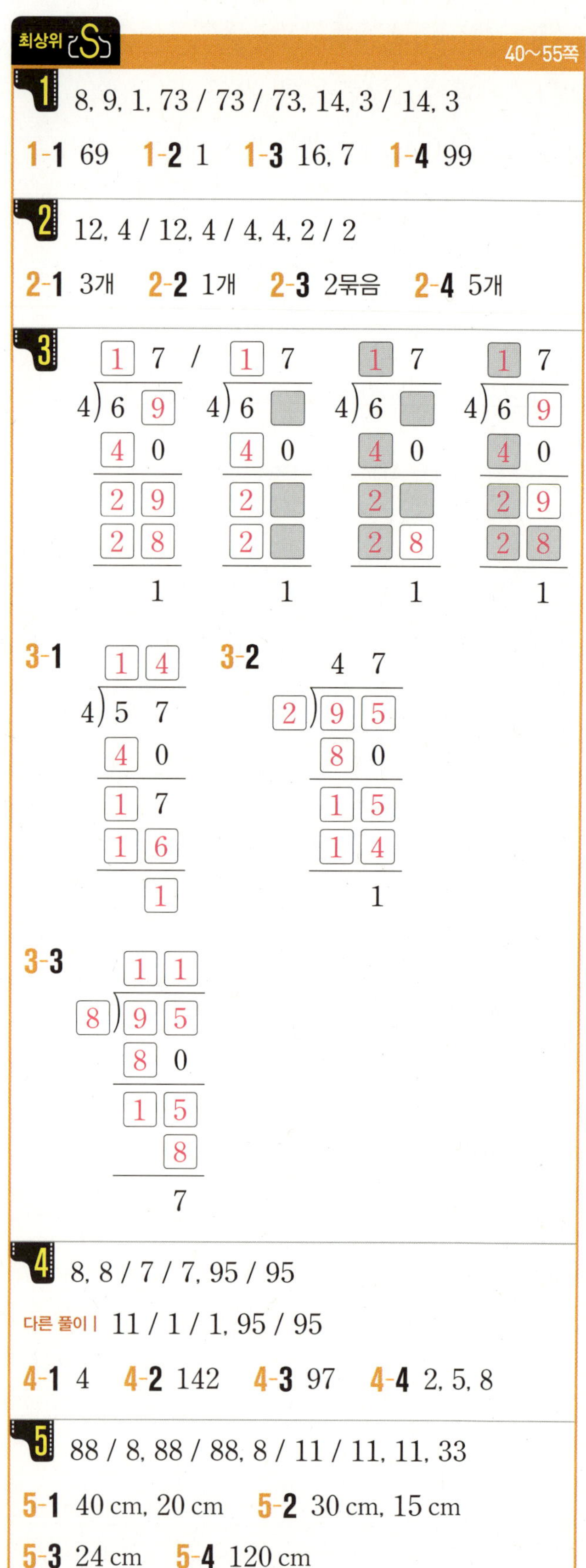

최상위 S 40~55쪽

1 8, 9, 1, 73 / 73 / 73, 14, 3 / 14, 3

1-1 69 **1-2** 1 **1-3** 16, 7 **1-4** 99

2 12, 4 / 12, 4 / 4, 4, 2 / 2

2-1 3개 **2-2** 1개 **2-3** 2묶음 **2-4** 5개

3

3-1   **3-2**

3-3

4 8, 8 / 7 / 7, 95 / 95

다른 풀이 | 11 / 1 / 1, 95 / 95

4-1 4 **4-2** 142 **4-3** 97 **4-4** 2, 5, 8

5 88 / 8, 88 / 88, 8 / 11 / 11, 11, 33

5-1 40 cm, 20 cm **5-2** 30 cm, 15 cm

5-3 24 cm **5-4** 120 cm

6 32, 36 / 2, 6

6-1 4　**6-2** 0, 8　**6-3** 65　**6-4** 98

7 14 / 14, 15 / 15 / 15, 30

7-1 16개　**7-2** 80개　**7-3** 30 m　**7-4** 95개

8 12 / 12, 192 / 6 / 192, 6, 192 / 192, 6 / 32

8-1 32 cm　**8-2** 48 cm　**8-3** 27

MATH MASTER

1 2개　　**2** 6개　　**3** 44 cm

4 10 cm　　**5** 78　　**6** 14개

7 60개　　**8** 35, 5　　**9** 15 g

10 30분　　**11** 2명

3 원

BASIC CONCEPT

1 원의 중심, 반지름, 지름과 원의 성질

1 선분 ㄱㄷ(또는 선분 ㄷㄱ) / 선분 ㅇㄱ, 선분 ㅇㄴ,
선분 ㅇㄷ(또는 선분 ㄱㅇ, 선분 ㄴㅇ, 선분 ㄷㅇ)

2 ㉢　　　　**3** 72 cm

4 12 cm　　**5** 26 cm

2 원 그리기, 원을 이용하여 여러 가지 모양 그리기

1 8 cm　　　　**2** 5군데

3 ㉠ 1 cm

4 4, 5 / 5, 20　　　**5** 7 cm

---

1 지름에 ○표 / 지름에 ○표 / 반지름에 ○표 /
반지름에 ○표 / 7, 14 / 지름에 ○표 / 지름에 ○표 /
10, 14 / 지은

1-1 ⑴ 지름에 ○표　⑵ 같고에 ○표, 2에 ○표

1-2 ㉠　　**1-3** 민주, 성환, 유라　　**1-4** ㉠, ㉡

2 4, 10 / 2, 14 / 14, 10, 10, 34

2-1 20 cm　　**2-2** 9 cm　　**2-3** 51 cm

2-4 40 cm

3 2, 2 / 2, 3 / 3, 3, 9

3-1 12 cm, 6 cm　　**3-2** 15개　　**3-3** 27개

3-4 30 cm

4 20 / 20, 10 / 10, 5

4-1 28 cm　　**4-2** 24 cm　　**4-3** 5 cm

4-4 64 cm

5 4, 8 / 8 / 8, 4, 2 / 2

5-1 5 cm　　**5-2** 16 cm　　**5-3** 4 cm

5-4 10 cm

6 4, 7 / 3 / 7, 3, 21

6-1 45 cm　　**6-2** 28 cm　　**6-3** 35 cm

6-4 30 cm

7 62 / 62 / 44 / 22 / 22

7-1 24 cm　　**7-2** 30 cm　　**7-3** 13 cm

7-4 2 cm

8 2 / 3 / 4 / 22 / 22, 110

8-1 77 cm　　**8-2** 2 cm　　**8-3** 18개

8-4 6 cm

1 3 cm, 1 cm   **2** 5개   **3** 3 cm

4 12 cm   **5** 10 cm   **6** 2 cm

7 60 cm   **8** 25개   **9** 3 cm

10 7개   **11** 6 cm

4 분수

BASIC CONCEPT — 84~87쪽

1 분수로 나타내기, 분수만큼은 얼마인지 알아보기

1 (1) $\dfrac{1}{2}$ (2) $\dfrac{1}{3}$ (3) $\dfrac{3}{4}$

2 $\dfrac{2}{5}$ **3** $\dfrac{3}{8}$

4 0 1 2 3 4 5 6 7 8 9 10 11 12 13 14(m) / 8 m

5 ②   **6** 80

2 여러 가지 분수 알아보기, 분수의 크기 비교하기

1 $\dfrac{4}{5}$ **2** 5개

3 (1) $\dfrac{5}{4}$ (2) $4\dfrac{5}{9}$ **4** (1) $>$ (2) $>$ (3) $<$

5 $7\dfrac{2}{3}$, $\dfrac{23}{3}$

최상위 S — 88~103쪽

1 9, 7, 9, 7 / 4, 1, 4 / 4

1-1 7개   **1-2** 11개   **1-3** 6번   **1-4** 800원

2 5 / 4, 8 / 3, 9 / 9, 8, 5 / 태민

2-1 연우   **2-2** 종이학, 종이비행기, 종이배

2-3 11개   **2-4** 강아지, 2명

3 35, 41 / 35, 41 / 35, 41 / 36, 37, 38, 39, 40 / 5

3-1 14   **3-2** 5, 6, 7, 8   **3-3** 91   **3-4** 7개

4 3 / 3, 3, 36 / 36, 36, 4

4-1 15   **4-2** 35   **4-3** 48   **4-4** 51

5 1, 1, 1 / 1 / 143, 278, 352 / $\dfrac{144}{143}$, $\dfrac{279}{278}$, $\dfrac{353}{352}$

5-1 $\dfrac{65}{9}$, $\dfrac{79}{11}$, $\dfrac{107}{15}$ **5-2** $\dfrac{127}{56}$

5-3 $\dfrac{788}{789}$, $\dfrac{539}{540}$, $\dfrac{180}{181}$ **5-4** 143

6 1 / 36 / 5 / 5, 10, $\dfrac{5}{10}$

6-1 $17\dfrac{1}{3}$ **6-2** $\dfrac{55}{75}$ **6-3** $2\dfrac{39}{44}$ **6-4** 2

7 5, 60 / 60, 60, 2, 24 / 60, 60, 24, 294

7-1 27 cm   **7-2** 16 m   **7-3** 42 cm

7-4 225 m

8 6 / 1, 2, 3, 4 / 9 / 1, 4

8-1 2개   **8-2** $\dfrac{43}{7}=6\dfrac{1}{7}$, $\dfrac{45}{7}=6\dfrac{3}{7}$

8-3 $\dfrac{19}{8}$

MATH MASTER — 104~107쪽

1 7시간   **2** 우현, 3자루   **3** 14명

4 $2\dfrac{2}{3}$ **5** 10분   **6** 92쪽

7 $2\dfrac{1}{8}$ **8** 88개   **9** 50

10 $\dfrac{18}{25}$ **11** 159   **12** 20분

13 4개   **14** $\dfrac{13}{21}$, $\dfrac{8}{21}$, $\dfrac{4}{21}$

15 4개

5 들이와 무게

1 들이의 단위, 들이의 합과 차

1 ㉯, ㉰, ㉮　　　**2** (　　)(　　)(○)(△)

3 ⑴ L　⑵ mL　　　**4** 3 L 650 mL

5 2 L 800 mL　　　**6** 30, 250 / 4, 4

2 무게의 단위, 무게의 합과 차

1 ㉰, ㉠, ㉡, ㉢　　　**2** 15 t

3 ⑴ g　⑵ t　　　**4** 2 kg 450 g

5 3 kg 300 g　　　**6** 12개

1 작을수록 / 1, 300 / 1, 400 / 53, 53, 700 / 700, 1, 300, 1, 400 / 연아

1-1 은성　　**1-2** 보람, 정은, 지우　　**1-3** 선주

2 4, 300, 2, 800 / 1, 500, 1500 / 1500 / 300, 300, 300, 300, 300 / 300

2-1 1 L 200 mL　**2-2** 400 mL　**2-3** 900 g

2-4 1 L 200 mL

3 4, 900 / 4, 900 / 4, 900, 4, 900, 9, 800 / 10, 600, 9, 800 / 800

3-1 500 g　**3-2** 550 g　**3-3** 2 kg 400 g

3-4 43 kg 200 g

4 5000 / 5000 / 5000 / 4200 / 2100 / 2100, 2, 100

4-1 400 mL　**4-2** 1 kg 400 g, 2 kg 600 g
　　　　　　　　　　（또는 2 kg 600 g, 1 kg 400 g）

4-3 2 kg 400 g, 1 kg 900 g　**4-4** 2 L 400 mL

5 80, 60, 4800 / 1000 / 4, 800 / 4, 4, 1 / 4, 1, 5

5-1 2대　**5-2** 4개　**5-3** 11대　**5-4** 250자루

6 4, 500 / 10 / 500, 10, 5000 / 2, 3000 / 3000, 9000 / 5000, 9000, 14000

6-1 7200원　**6-2** 19750원　**6-3** 2500원

6-4 1 kg 500 g

7 3 / 3, 3000 / 3000, 500 / 500, 2500, 2, 500

7-1 3 kg　**7-2** 200 g, 100 g　**7-3** 2 L 250 mL

7-4 400 g

8 50, 200 / 200 / 5 / 5, 25

8-1 4초　**8-2** 5초　**8-3** 80초　**8-4** 200 mL

1 1 L 700 mL　**2** 3 kg 800 g　**3** 400 mL

4 80개　　　**5** 대한, 225 mL　**6** 1 kg 400 g

7 예 한쪽 접시 위에 400 g짜리 추 2개를 올려놓고 다른 쪽 접시 위에 250 g짜리 추 2개와 참외 1개를 올려놓았을 때, 저울이 수평을 이루면 이 참외의 무게가 300 g입니다.

8 10초　　　**9** 900 kg　　　**10** 2번

11 800 mL, 1 L 200 mL, 1 L 900 mL

6 그림그래프

1 그림그래프 알아보기

1 ⑴ 37그릇　⑵ 짜장면, 44그릇

2 28명　　　　　　**3** 24명

2 그림그래프로 나타내기

1

가고 싶어 하는 나라별 학생 수

나라	학생 수
영국	◎◎◎◎◎○
중국	◎◎◎○○
미국	◎◎◎◎◎◎◎◎◎
이탈리아	◎◎◎◎◎○○○○

◎10명
○1명

2

주스별 판매량

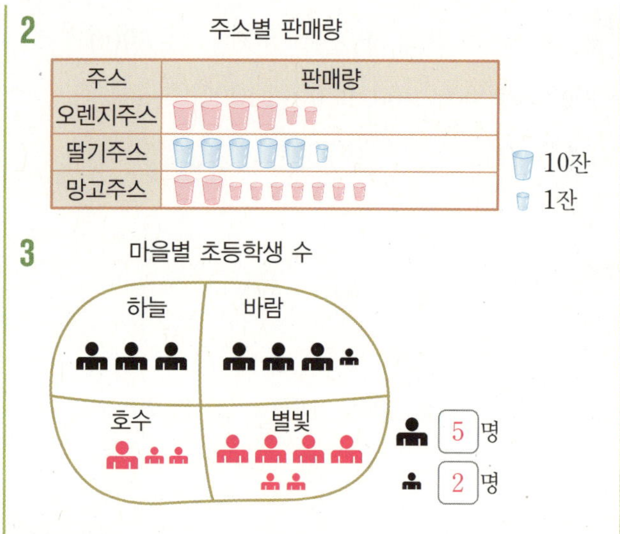

주스	판매량
오렌지주스	
딸기주스	
망고주스	

🥛 10잔
🥛 1잔

3

마을별 초등학생 수

하늘	바람
호수	별빛

👤 5 명
👤 2 명

138~147쪽

1 10, 1 / 24, 32 / 43, 18 / 도넛, 케이크 / 43, 18, 25

1-1 3, 135 **1-2** 수요일, 화요일

1-3 예 고궁 / 예 장소별 학생 수는 놀이공원: 34명, 고궁: 37명, 박물관: 18명, 과학관: 29명입니다. 따라서 고궁을 가 보고 싶어 하는 학생이 가장 많으므로 체험 학습 장소로 고궁을 가는 것이 좋겠습니다.

2 5, 500 / 1400, 1800, 2200 / 1400, 1800, 2200, 7900

2-1 52그루 **2-2** 1170명 **2-3** 210권

3 730, 690 /

과수원별 사과 생산량

과수원	생산량
싱싱	
맛나	
달콤	
행복	

🍎 100상자
🍎 10상자

/ 690 / 690, 730 / 7, 8 / 730, 7, 3

3-1 83 L

3-2 330, 400, 330 /

농장별 돼지 수

농장	돼지 수
가	
나	
다	
라	

🐷 100마리
🐷 10마리

3-3 13, 15, 9 /

월별 맑은 날수

월	맑은 날수
9월	
10월	
11월	
12월	

☀ 10일
☀ 1일

4 32, 15, 21, 19 / 32, 15, 21, 19, 87 / 87, 12, 3, 12, 3 / 12, 1140 / 1140, 11, 40

4-1 81 m **4-2** 4800원 **4-3** 8100원

5 6, 3, 630 / 630, 490 / 490, 490, 350 / 350, 470

5-1 46개 **5-2** 1020자루

MATH MASTER

148~151쪽

1 14시간 **2** 220개

3

학생별 만든 도넛 수

이름	도넛 수
진호	
수경	
태우	
은영	
규현	

🍩 5 개
🍩 1개

4 46명

5

모둠별 딸기 수확량

모둠	수확량
현우네	
예진이네	
아인이네	
찬영이네	

🍓 10kg
🍓 1kg

6 우영 **7** 4명

8

학생별 몸무게

이름	몸무게
소정	
시윤	
연경	

🔴 10kg
🔴 1kg

복습책

1 곱셈

1 1408	**2** 80원	**3** 231 m
4 7, 8, 9	**5** 9, 6	**6** 90
7 7040	**8** 13, 91, 1183 (또는 91, 13, 1183)	

1 180개	**2** 848개	**3** 420
4 1084	**5** 4692	**6** 3265원
7 451 cm	**8** 2499개	**9** 510명
10 288, 128, 16, 6	**11** 15개	
12 2790 m		

2 나눗셈

1 3	**2** 1묶음	**3** 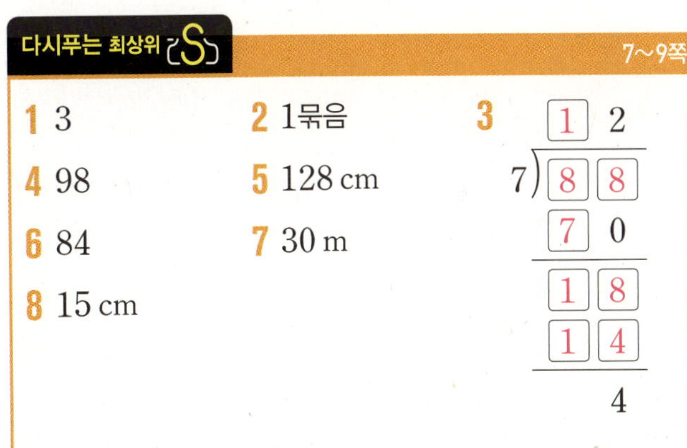
4 98	**5** 128 cm	
6 84	**7** 30 m	
8 15 cm		

1 2개	**2** 6개	**3** 28 cm	**4** 11 cm
5 84	**6** 8개	**7** 56개	**8** 48, 8
9 12 g	**10** 33분	**11** 3명	

3 원

1 ㉡, ㉣	**2** 120 cm	**3** 48 cm
4 4 cm	**5** 3 cm	**6** 40 cm
7 16 cm	**8** 15개	

1 4 cm, 3 cm	**2** 7개	**3** 6 cm
4 5 cm	**5** 12 cm	**6** 2 cm
7 64 cm	**8** 81개	**9** 4 cm
10 9개	**11** 7 cm	

4 분수

1 10도막	**2** 피아노, 4명	**3** 166
4 81	**5** $\dfrac{584}{585}$, $\dfrac{319}{320}$, $\dfrac{199}{200}$	**6** $2\dfrac{28}{31}$
7 192 m	**8** $\dfrac{25}{8}=3\dfrac{1}{8}$, $\dfrac{29}{8}=3\dfrac{5}{8}$	

1 11시간	**2** 우영, 7자루	**3** 14명
4 $4\dfrac{1}{2}$	**5** 2분	**6** 116쪽
7 $2\dfrac{3}{8}$	**8** 63개	**9** 54
10 $\dfrac{22}{29}$	**11** 165	**12** 18분
13 4개	**14** $\dfrac{15}{23}$, $\dfrac{9}{23}$, $\dfrac{6}{23}$	**15** 5개

5 들이와 무게

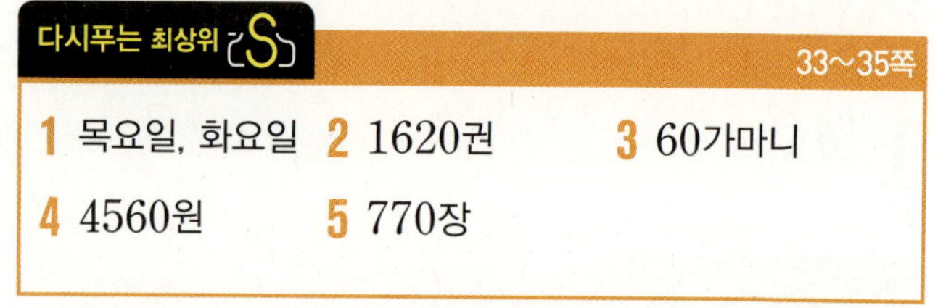

6 그림그래프

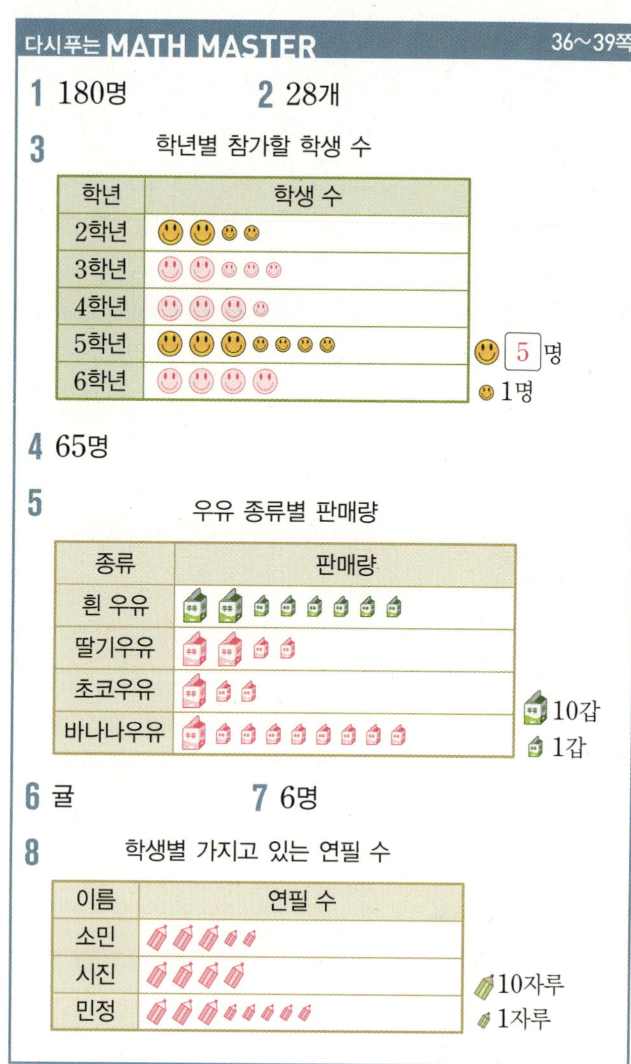

1 곱셈

1 (세 자리 수) × (한 자리 수)

1 (1) 300, 90, 6 / 396
  (2) 800, 40, 28 / 868

(1) $132 \times 3 = (100 \times 3) + (30 \times 3) + (2 \times 3)$
    $= 300 + 90 + 6 = 396$
(2) $217 \times 4 = (200 \times 4) + (10 \times 4) + (7 \times 4)$
    $= 800 + 40 + 28 = 868$

2 (위에서부터)
  3600, 900

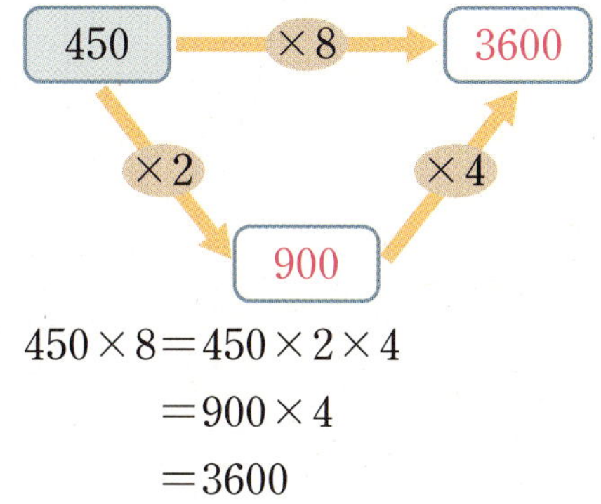

$450 \times 8 = 450 \times 2 \times 4$
$= 900 \times 4$
$= 3600$

3 $361 \times 5 = 1805$
  (또는 361×5) / 1805

$361 + 361 + 361 + 361 + 361 = 361 \times 5 = 1805$

4 145, 145, 3, 435

$144 + 145 + 146 = (145 - 1) + 145 + (145 + 1)$
    $= 145 + 145 + 145$
    $= 145 \times 3 = 435$

5 49, 200, 600

$(151 \times 3) + (49 \times 3) = (151 + 49) \times 3$
    $= 200 \times 3 = 600$

2 (몇십) × (몇십), (몇십몇) × (몇십)

1 (1) 27, 90 (2) 82, 20

(1) $30 \times 90 = 2700$
    $3 \times 9 = 27$
(2) $41 \times 20 = 820$
    $41 \times 2 = 82$

2 1200, 40

$15 \times 80 = 1200$이고 두 식의 계산 결과가 1200으로 같습니다. 곱해지는 수가 15에서 30으로 2배가 되었으므로 곱하는 수는 80의 반인 40이 되어야 합니다.

3 (1) > (2) >

 (1) $65 \times 70 = 4550,\ 75 \times 60 = 4500 \Rightarrow 4550 > 4500$
 (2) $46 \times 80 = 3680,\ 86 \times 40 = 3440 \Rightarrow 3680 > 3440$

4 $70 \times 30 = 2100$
(또는 70×30) / 2100번

 4월은 30일까지 있습니다.
 (하루에 하는 줄넘기 횟수)×(4월 한 달의 날수)$= 70 \times 30 = 2100$(번)

5 2002, 2005에 ○표

 $40 \times 50 = 2000,\ 67 \times 30 = 2010$이므로 $2000 < \square < 2010$입니다.
 따라서 $\square$ 안에 들어갈 수 있는 수는 2002, 2005입니다.

6 (1) 2 (2) 23

 (1) $90 \times 20 = 1800,\ 90 \times 30 = 2700$이므로 $\square$ 안에 들어갈 수 있는 가장 작은 자연수
  의 십의 자리 수는 2입니다.
 (2) $90 \times 22 = 1980,\ 90 \times 23 = 2070$이므로 $\square$ 안에 들어갈 수 있는 가장 작은 자연수
  는 23입니다.

3 (몇)×(몇십몇), (몇십몇)×(몇십몇)

1 (1) 12, 180 / 192
 (2) 81, 540 / 621

 (1) $6 \times 32 = (6 \times 2) + (6 \times 30) = 12 + 180 = 192$
 (2) $27 \times 23 = (27 \times 3) + (27 \times 20) = 81 + 540 = 621$

2 2, 50, 850

 34를 17×2로 바꾸어 계산한 것입니다.

3 예

$$\begin{array}{r} 2\ 4 \\ \times\ 7\ 3 \\ \hline 7\ 2 \\ 1\ 6\ 8\ 0 \\ \hline 1\ 7\ 5\ 2 \end{array}$$

 곱하는 수 73에서 7은 70을 나타내므로 $24 \times 70 = 1680$입니다.

4 ㉡, ㉣

 ㉠ $9 \times 58 = 522$ ㉡ $17 \times 29 = 493$ ㉢ $42 \times 13 = 546$ ㉣ $31 \times 16 = 496$
 따라서 곱이 500보다 작은 것은 ㉡, ㉣입니다.

5 ㉢, ㉠, ㉣, ㉡

 ㉠ $8 \times 87 = 696$ ㉡ $6 \times 93 = 558$ ㉢ $26 \times 28 = 728$ ㉣ $42 \times 15 = 630$
 $728 > 696 > 630 > 558$이므로 계산 결과가 큰 것부터 차례로 기호를 쓰면 ㉢, ㉠, ㉣,
 ㉡입니다.

6 606개

 (빨간 구슬의 수)$= 8 \times 32 = 256$(개), (노란 구슬의 수)$= 14 \times 25 = 350$(개)
 $\Rightarrow 256 + 350 = 606$(개)

7 3392, 3402, 1610, 1620 /

( )(○)(△)( )

$64 \times 53 = 3392$, $63 \times 54 = 3402$, $35 \times 46 = 1610$, $36 \times 45 = 1620$

참고

㉠>㉡>㉢>㉣일 때

〈가장 큰 곱〉　　〈가장 작은 곱〉

$$\begin{array}{cc} ㉠\,㉣ & ㉣\,㉡ \\ \times\;㉡\,㉢ & \times\;㉢\,㉠ \end{array}$$

대표문제 1

어떤 수를 ■라고 하면 잘못 계산한 식에서 ■$-7=409$

■$=409+7$

■$=416$입니다.

따라서 바르게 계산하면 $416 \times 7 = 2912$입니다.

1-1 309

어떤 수를 □라고 하면 □$-3=100$, □$=100+3$, □$=103$입니다.

따라서 어떤 수에 3을 곱하면 $103 \times 3 = 309$입니다.

1-2 960

어떤 수를 □라고 하면 □$+20=68$, □$=68-20$, □$=48$입니다.

따라서 바르게 계산하면 $48 \times 20 = 960$입니다.

1-3 1656

㉠ 어떤 수를 □라고 하면 $184-□=175$, $184-175=□$, □$=9$입니다.

따라서 바르게 계산하면 $184 \times 9 = 1656$입니다.

채점 기준	배점
잘못 계산한 식을 이용하여 어떤 수를 구할 수 있나요?	2점
바르게 계산한 값을 구할 수 있나요?	3점

1-4 1870

어떤 수를 □라고 하면 □$+17=22$, □$=22-17$, □$=5$이므로

바르게 계산하면 $5 \times 17 = 85$입니다.

따라서 바르게 계산한 값과 잘못 계산한 값의 곱은 $85 \times 22 = 1870$입니다.

대표문제 2

지우개와 자를 각각 30개씩 사야 합니다.

$$\begin{array}{l} (지우개\ 30개의\ 값) = 90 \times 30 = 2700(원) \\ (자\ 30개의\ 값)\ \ \ \ = 95 \times 30 = 2850(원) \\ \hline (필요한\ 돈)\ \ \ \ \ \ \ \ = \qquad\qquad 5550(원) \end{array}$$

2-1 3850원

(필요한 돈)＝550×7＝3850(원)

2-2 1734 cm

(노란색 수수깡의 전체 길이)＝23×34＝782(cm)

(파란색 수수깡의 전체 길이)＝28×34＝952(cm)

➡ (나누어 준 수수깡의 전체 길이)＝782＋952＝1734(cm)

다른 풀이

(노란색 수수깡 한 개와 파란색 수수깡 한 개의 길이의 합)＝23＋28＝51(cm)

➡ (나누어 준 수수깡의 전체 길이)＝51×34＝1734(cm)

2-3 80원

(막대 사탕 12개의 값)＝80×12＝960(원)

(초콜릿 8개의 값)＝745×8＝5960(원)

(막대 사탕과 초콜릿의 값)＝960＋5960＝6920(원)

➡ (거스름돈)＝7000－6920＝80(원)

2-4 1704킬로칼로리

(고구마 3개의 열량)＝132×3＝396(킬로칼로리)

(귤 12개의 열량)＝50×12＝600(킬로칼로리)

(과자 2봉지의 열량)＝354×2＝708(킬로칼로리)

➡ (먹은 식품의 전체 열량)＝396＋600＋708＝1704(킬로칼로리)

대표문제 3

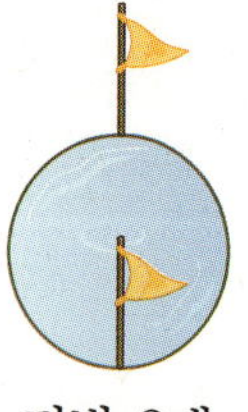

깃발 2개

간격 수: 2군데

깃발 3개

간격 수: 3군데

깃발을 31개 꽂으면 깃발 사이의 간격은 31군데입니다.

(호수의 둘레)＝(깃발 사이의 간격)×(깃발 사이의 간격 수)

＝18×31＝558(m)

3-1 480 cm

(어린이 사이의 간격 수)＝(어린이의 수)＝4군데

➡ (원의 둘레)＝120×4＝480(cm)

3-2 310 m

(말뚝 사이의 간격 수)＝(말뚝의 수)＝62군데

➡ (목장의 둘레)＝5×62＝310(m)

서술형 3-3 351 m

⑩ (나무 사이의 간격 수)＝(나무의 수)－1＝40－1＝39(군데)

➡ (산책로의 길이)＝9×39＝351(m)

채점 기준	배점
나무 사이의 간격 수를 구할 수 있나요?	2점
산책로의 길이를 구할 수 있나요?	3점

3-4 3808 cm

(한 변에 심은 해바라기 사이의 간격 수)＝(해바라기의 수)－1＝15－1＝14(군데)

(화단의 한 변의 길이)＝68×14＝952(cm)

➡ (화단의 둘레)＝952×4＝3808(cm)

다른 풀이

(화단의 둘레에 심은 해바라기의 수)＝15×4－4＝56(포기)

➡ (화단의 둘레)＝68×56＝3808(cm)

대표문제 4

20×20＝400이므로 주어진 식은 ■×56＞400입니다.

56을 약 60으로 어림하면 7×60＝420이 400에 가장 가깝습니다.

■에 7부터 차례로 넣어 보면

7×56＝392＜400

8×56＝448＞400

9×56＝504＞400

따라서 ■에 알맞은 한 자리 수는 8, 9입니다.

4-1 10, 14, 16에 ○표

113×3＝339이므로 주어진 식은 20×□＜339입니다.

□＝10이면 20×10＝200＜339, □＝14이면 20×14＝280＜339

□＝16이면 20×16＝320＜339, □＝17이면 20×17＝340＞339

따라서 □ 안에 들어갈 수 있는 수는 10, 14, 16입니다.

4-2 6, 7, 8, 9

39×20＝780이므로 주어진 식은 144×□＞780입니다.

144를 약 140으로 어림하면 140×5＝700, 140×6＝840이므로 □ 안에 5부터 차례로 넣어 보면

144×5＝720＜780, 144×6＝864＞780, …입니다.

따라서 □ 안에 들어갈 수 있는 한 자리 수는 6, 7, 8, 9입니다.

4-3 54

19×14＝266이므로 주어진 식은 266＜5×□입니다.

5×50＝250이므로 □ 안에 50보다 큰 자연수를 차례로 넣어 보면

5×51＝255＜266, 5×52＝260＜266, 5×53＝265＜266,

5×54＝270＞266, …입니다.

따라서 □ 안에 들어갈 수 있는 자연수는 54, 55, …이고 이 중 가장 작은 수는 54입니다.

4-4 2개

$20 \times 80 = 1600$, $57 \times 48 = 2736$이므로 주어진 식은 $1600 < 530 \times \square < 2736$입니다.

530을 약 500으로 어림하면 $500 \times 4 = 2000$이므로 $1600 < 2000 < 2736$입니다.

$530 \times 3 = 1590 < 1600$

$530 \times 4 = 2120 \rightarrow 1600 < 2120 < 2736$

$530 \times 5 = 2650 \rightarrow 1600 < 2650 < 2736$

$530 \times 6 = 3180 > 2736$

따라서 $\square$ 안에 들어갈 수 있는 자연수는 4, 5이므로 모두 2개입니다.

대표문제 5

$4 \times \text{ⓒ} = \blacksquare 2$에서 4단 곱셈구구 중 곱의 일의 자리 수가 2인 경우는

$4 \times 3 = 12$ 또는 $4 \times 8 = 32$이므로 ⓒ$=3$ 또는 ⓒ$=8$입니다.

ⓒ$=3$이면

$$\begin{array}{r} 2\ 1 \\ \text{ⓐ}\ 7\ 4 \\ \times \qquad 3 \\ \hline 6\ 9\ 9\ 2 \end{array}$$

$7 \times 3 + 1 = 22$인데 곱의 십의 자리 수가 9이므로 ⓒ은 3이 아닙니다.

ⓒ$=8$이면

$$\begin{array}{r} 5\ 3 \\ \text{ⓐ}\ 7\ 4 \\ \times \qquad 8 \\ \hline 6\ 9\ 9\ 2 \end{array}$$

ⓐ$\times 8 + 5 = 69$, ⓐ$\times 8 = 64$, ⓐ$=8$입니다.

따라서 ⓐ$=8$, ⓒ$=8$입니다.

5-1 (위에서부터) 4, 0

$$\begin{array}{r} 9 \\ \times\ 3\ \text{ⓐ} \\ \hline 3\ \text{ⓒ}\ 6 \end{array}$$

$9 \times$ⓐ의 곱의 일의 자리 수가 6이므로 $9 \times 4 = 36$에서 ⓐ$=4$입니다.

$9 \times 3 + 3 = 30$이므로 ⓒ$=0$입니다.

5-2 (위에서부터) 3, 8

$$\begin{array}{r} \text{ⓐ}\ 5\ 6 \\ \times \qquad \text{ⓒ} \\ \hline 2\ 8\ 4\ 8 \end{array}$$

$6 \times$ⓒ의 곱의 일의 자리 수가 8이므로 ⓒ$=3$ 또는 ⓒ$=8$입니다.

ⓒ$=3$이면 $5 \times 3 + 1 = 16$인데 곱의 십의 자리 수가 4이므로 ⓒ은 3이 아닙니다.

ⓒ$=8$이면 ⓐ$\times 8 + 4 = 28$, ⓐ$\times 8 = 24$, ⓐ$=3$입니다.

5-3 9, 4

$$\begin{array}{r} 7\ \blacksquare \\ \times\ \blacktriangle\ 3 \\ \hline 3\ 3\ 9\ 7 \end{array}$$

$\blacksquare \times 3$의 곱의 일의 자리 수가 7이므로 $9 \times 3 = 27$에서 $\blacksquare = 9$입니다.

$79 \times 3 = 237$이므로 $3397 - 237 = 3160$에서 $79 \times \blacktriangle = 316$입니다.

$9 \times \blacktriangle$의 곱의 일의 자리 수가 6이므로 $\blacktriangle = 4$입니다.

5-4 6, 9

똑같은 수를 곱했을 때 곱의 일의 자리 수가 6인 경우는 $4 \times 4 = 16$, $6 \times 6 = 36$입니다.

수 카드에 적힌 수가 4이면:

$$\begin{array}{r} 4 \\ \times\ 4\ 4 \\ \hline 1\ 7\ 6 \end{array}$$

수 카드에 적힌 수가 6이면:

$$\begin{array}{r} 6 \\ \times\ 6\ 6 \\ \hline 3\ 9\ 6 \end{array}$$

따라서 수 카드에 적힌 수는 6이고 ●에 알맞은 수는 9입니다.

연속하는 세 자연수를 ■-1, ■, ■$+1$이라고 하면

$(■-1)+■+(■+1)=27$

$■+■+■=27$

$■=9$입니다.

따라서 연속하는 세 자연수는 8, 9, 10이므로

세 수의 곱은 720입니다.

6-1 132

연속하는 두 자연수를 □, □$+1$이라고 하면

$□+(□+1)=23$, $□+□=22$, $□=11$입니다.

따라서 연속하는 두 자연수는 11, 12이므로 두 수의 곱은 $11\times12=132$입니다.

6-2 399

㉾ 연속하는 세 자연수를 □-1, □, □$+1$이라고 하면

$(□-1)+□+(□+1)=60$, $□+□+□=60$입니다.

$20+20+20=60$이므로 $□=20$입니다.

따라서 연속하는 세 자연수는 19, 20, 21이므로 가장 큰 수와 가장 작은 수의 곱은

$21\times19=399$입니다.

채점 기준	배점
연속하는 세 자연수를 구할 수 있나요?	3점
세 수 중 가장 큰 수와 가장 작은 수의 곱을 구할 수 있나요?	2점

6-3 1600

연속하는 세 자연수를 □-1, □, □$+1$이라고 하면

$(□-1)+□+(□+1)=48$, $□+□+□=48$입니다.

$16+16+16=48$이므로 $□=16$입니다.

연속하는 세 자연수는 15, 16, 17이므로 ■$=17$, ●$=15$입니다.

➡ $(17+15)\times50=32\times50=1600$

6-4 4480

연속하는 세 짝수를 □-2, □, □$+2$라고 하면

$(□-2)+□+(□+2)=90$, $□+□+□=90$입니다.

$30+30+30=90$이므로 $□=30$입니다.

연속하는 세 짝수는 28, 30, 32이므로 가장 작은 짝수는 28, 가장 큰 짝수는 32입니다.

➡ $(28\times32)\times5=896\times5=4480$

7 곱이 크려면 두 수의 십의 자리에 가장 큰 수와 둘째로 큰 수를 놓아야 합니다.
두 수의 십의 자리에 9, 7을/를 놓고 나머지 수를 일의 자리에 놓아 곱셈식을 만들어 봅니다.

$$\begin{array}{r} 9\ 4 \\ \times\ 7\ 2 \\ \hline 6\ 7\ 6\ 8 \end{array} \qquad \begin{array}{r} 9\ 2 \\ \times\ 7\ 4 \\ \hline 6\ 8\ 0\ 8 \end{array}$$

따라서 가장 큰 곱은 6808입니다.

7-1 128

㉠×㉡㉢에서 곱이 크려면 ㉠ 또는 ㉡에 가장 큰 수와 둘째로 큰 수를 놓아야 합니다.
$4 \times 32 = 128,\ 3 \times 42 = 126$
따라서 가장 큰 곱은 128입니다.

7-2 1704

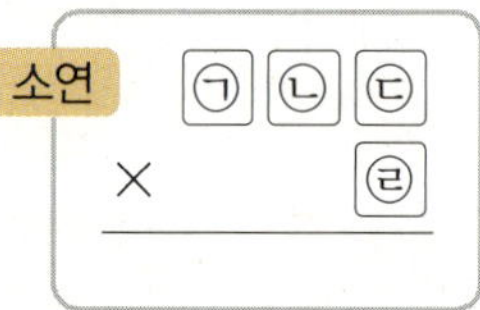

곱이 가장 작으려면 ㉣에 가장 작은 수를 놓고 나머지 수로 가장 작은 ㉠㉡㉢을 만들어야 합니다. ➡ ㉣=3, ㉠㉡㉢=568

$$\begin{array}{r} 5\ 6\ 8 \\ \times\qquad 3 \\ \hline 1\ 7\ 0\ 4 \end{array}$$ 따라서 가장 작은 곱은 1704입니다.

7-3 3870, 1470

곱이 크려면 두 수의 십의 자리에 가장 큰 수와 둘째로 큰 수를 놓아야 하므로
$93 \times 40 = 3720,\ 43 \times 90 = 3870$에서 가장 큰 곱은 3870입니다.
곱이 작으려면 두 수의 십의 자리에 가장 작은 수와 둘째로 작은 수를 놓아야 하므로
$39 \times 40 = 1560,\ 49 \times 30 = 1470$에서 가장 작은 곱은 1470입니다.

7-4 410

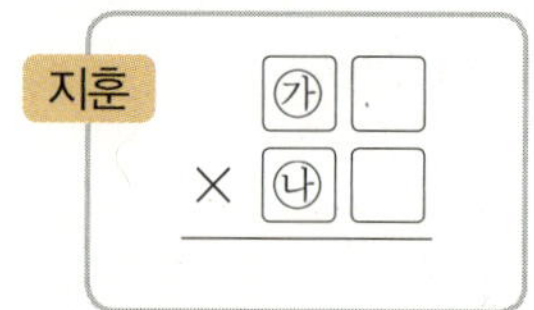

소연: ㉣에 가장 작은 수를 놓고 나머지 수로 가장 작은 ㉠㉡㉢을 만듭니다.
   $578 \times 2 = 1156$이므로 가장 작은 곱은 1156입니다.
지훈: ㉮와 ㉯에 가장 작은 수와 둘째로 작은 수를 놓습니다.
   $27 \times 58 = 1566,\ 28 \times 57 = 1596$이므로 가장 작은 곱은 1566입니다.
➡ (두 곱의 차)=$1566 - 1156 = 410$

8 가운데 수
$$860 + 862 + \boxed{864} + 866 + 868$$
5개

$$= (864 - 4) + (864 - 2) + 864 + (864 + 2) + (864 + 4)$$
$$= 864 \times 5 = 4320$$

따라서 ■=864, ▲=5, ●=4320입니다.

8-1 100, 500

$98+99+\underset{\text{가운데 수}}{100}+101+102$

$=(100-2)+(100-1)+100+(100+1)+(100+2)$

$=100\times5=500$

8-2 431, 7, 3017

$425+427+429+\underset{\text{가운데 수}}{431}+433+435+437$

$=(431-6)+(431-4)+(431-2)+431+(431+2)+(431+4)+(431+6)$

$=431\times7=3017$

따라서 ㉠=431, ㉡=7, ㉢=3017입니다.

8-3 (왼쪽에서부터)
23, 23, 23 /
23, 11, 253
(또는 11, 23, 253)

$1+2+3+\cdots+20+21+22$

$=(1+22)+(2+21)+(3+20)+\cdots+(11+12)$

$=\underbrace{23+23+23+\cdots+23}_{11\text{개}}=23\times11=253$

8-4 12, 78, 936
(또는 78, 12, 936)

$12+24+36+\cdots+132+144$

$=(12\times1)+(12\times2)+(12\times3)+\cdots+(12\times11)+(12\times12)$

$=12\times(1+2+3+\cdots+11+12)=12\times78=936$

보충 개념

곱셈의 분배법칙을 거꾸로 생각해 봅니다.

$(12\times1)+(12\times2)+(12\times3)+\cdots+(12\times11)+(12\times12)=12\times(1+2+3+\cdots+11+12)$

곱셈의 분배법칙

---

1 152개

(전체 사탕의 수)$=30\times20=600$(개)

(112명에게 주는 사탕의 수)$=112\times4=448$(개)

➡ (남는 사탕의 수)$=600-448=152$(개)

2 1053개

㉡ (3월 1일부터 6월 25일까지의 날수)$=31+30+31+25=117$(일)

(준혁이가 푼 수학 문제 수)$=117\times9=1053$(개)

채점 기준	배점
3월 1일부터 6월 25일까지의 날수를 구할 수 있나요?	2점
준혁이가 푼 수학 문제는 모두 몇 개인지 구할 수 있나요?	3점

3 352

유진이의 나이를 □살, 삼촌의 나이를 △살이라고 하면 □＋△＝43, △－□＝21입니다.

$$\begin{array}{c} \square+\triangle=43 \\ \triangle-\square=21 \\ \hline \triangle+\triangle=64 \end{array}$$

$32+32=64$이므로 △＝32이고, □＋32＝43, □＝43－32, □＝11입니다.

유진이의 나이는 11살이고 삼촌의 나이는 32살입니다.

따라서 유진이와 삼촌의 나이의 곱은 $11\times32=352$입니다.

4 1470

$49\blacktriangle79=49\times(79-49)=49\times30=1470$

5 2970

⑩ 펼친 두 면의 쪽수는 연속하는 두 자연수이므로 두 쪽수를 □, □＋1이라고 하면

□＋(□＋1)＝109, □＋□＝108, □＝54입니다.

펼친 두 면의 쪽수는 54, 55입니다.

따라서 두 면의 쪽수의 곱은 $54\times55=2970$입니다.

채점 기준	배점
펼친 두 면의 쪽수를 각각 구할 수 있나요?	2점
펼친 두 면의 쪽수의 곱을 구할 수 있나요?	3점

6 3060원

(공책 한 권의 이익)＝$900-615=285$(원),

(도화지 한 장의 이익)＝$100-70=30$(원)이므로

(공책 8권의 이익)＝$285\times8=2280$(원),

(도화지 26장의 이익)＝$30\times26=780$(원)

➡ (전체 이익)＝$2280+780=3060$(원)

7 638 cm

(색 테이프 35장의 길이의 합)＝$26\times35=910$(cm)

겹쳐진 부분은 $35-1=34$(군데)이므로

(겹쳐진 부분의 길이의 합)＝$8\times34=272$(cm)입니다.

➡ (이어 붙인 색 테이프의 전체 길이)＝$910-272=638$(cm)

8 1820개

(10주의 날수)＝$7\times10=70$(일)

(10주 동안 생산하는 오토바이의 수)＝$13\times70=910$(대)

➡ (필요한 오토바이의 바퀴 수)＝$910\times2=1820$(개)

9 585명

(여학생 수)＝$7\times38+4=266+4=270$(명)

(남학생 수)＝$16\times20-5=320-5=315$(명)

➡ (전체 학생 수)＝$270+315=585$(명)

10 168, 48, 32, 6

$746\to7\times4\times6=168$, $168\to1\times6\times8=48$, $48\to4\times8=32$,

$32\to3\times2=6$

11 139, 193, 319, 391,
913, 931, 333

27을 세 수의 곱으로 나타내면 $27=1\times3\times9=3\times3\times3$입니다.
따라서 ㉠에 들어갈 수 있는 수는 139, 193, 319, 391, 913, 931, 333입니다.

12 1725 m

수아와 주희가 처음 만날 때까지 수아가 걸은 거리는 $60\times3=180$(m), 주희가 걸은
거리는 $55\times3=165$(m)이므로 (운동장의 둘레)$=180+165=345$(m)입니다.
➡ (다섯째로 만날 때까지 걸은 거리의 합)$=$(운동장 5바퀴의 거리)
$$=345\times5=1725\text{(m)}$$

2 나눗셈

1 (1) 4, 40　(2) 2, 20

나누어지는 수가 10배가 되면 몫도 10배가 됩니다.

2 (1) 10, 3, 13
(2) 30, 1, 31

(1) $26\div2=(20\div2)+(6\div2)=10+3=13$
(2) $93\div3=(90\div3)+(3\div3)=30+1=31$

3 24

$72>69>12>6>3$이므로 가장 큰 수는 72이고 가장 작은 수는 3입니다.
➡ $72\div3=24$

4 ㉡, ㉠, ㉣, ㉢

㉠ $60\div2=30$　㉡ $90\div2=45$　㉢ $60\div5=12$　㉣ $90\div5=18$
$45>30>18>12$이므로 몫이 큰 것부터 차례로 기호를 쓰면 ㉡, ㉠, ㉣, ㉢입니다.

다른 풀이
나누어지는 수가 같을 때 나누는 수가 작을수록 몫이 크므로
$60\div2>60\div5$, $90\div2>90\div5$입니다.
나누는 수가 같을 때 나누어지는 수가 클수록 몫이 크므로
$90\div2>60\div2$, $90\div5>60\div5$입니다.
➡ $60\div2=30>90\div5=18$이므로 $90\div2>60\div2>90\div5>60\div5$입니다.

5 $48\div4=12$
(또는 $48\div4$) / 12마리

(전체 다리 수)÷(기린 한 마리의 다리 수)$=48\div4=12$(마리)

6 (1) 96　(2) 84

(1) $\square\div6=16 \rightarrow 6\times16=\square$, $\square=96$
(2) $\square\div4=21 \rightarrow 4\times21=\square$, $\square=84$

7 30

(어떤 수)$\div5=12 \rightarrow$ (어떤 수)$=5\times12$, (어떤 수)$=60$
➡ $60\div2=30$

1 예

$$\begin{array}{r} 1\ 1 \\ 7\overline{)\ 7\ 8} \\ 7\ 0 \\ \hline 8 \\ 7 \\ \hline 1 \end{array}$$

나머지는 나누는 수보다 항상 작아야 하는데 나머지 8이 나누는 수 7보다 크므로 잘못 계산했습니다.
따라서 몫을 1 크게 하여 계산해야 합니다.

2 (1) $4 \times 13 = 52$,
$52 + 1 = 53$ / ×
(2) $6 \times 13 = 78$,
$78 + 4 = 82$ / ○

(1) $55 \div 4 = 13 \cdots 1$ ➡ 확인 $4 \times 13 = 52$, $52 + 1 = 53$
나누어지는 수 55와 확인한 결과 53이 같지 않으므로 계산한 결과가 틀렸습니다.
(2) $82 \div 6 = 13 \cdots 4$ ➡ 확인 $6 \times 13 = 78$, $78 + 4 = 82$
나누어지는 수 82와 확인한 결과 82가 같으므로 계산한 결과가 맞습니다.

3 $63 \div 5 = 12 \cdots 3$
(또는 $63 \div 5$) / 3개

$63 \div 5 = 12 \cdots 3$에서 쿠키는 5개씩 12봉지가 되고 3개가 남습니다.
따라서 봉지에 담지 못한 쿠키는 3개입니다.

4 84

80보다 크고 85보다 작은 자연수는 81, 82, 83, 84입니다.
$81 \div 7 = 11 \cdots 4$, $82 \div 7 = 11 \cdots 5$, $83 \div 7 = 11 \cdots 6$, $84 \div 7 = 12$
따라서 7로 나누어떨어지는 수는 84입니다.

5 2, 6

$$\begin{array}{r} 1\ \triangle \\ 4\overline{)\ 7\ \bullet} \\ 4\ 0 \\ \hline 3\ \bullet \end{array}$$

나머지가 0일 때 나누어떨어진다고 하므로 $4 \times \triangle = 3\bullet$입니다.
$4 \times 8 = 32$, $4 \times 9 = 36$이므로 ●에 알맞은 수는 2, 6입니다.

6 ㉡, ㉣

나머지는 나누는 수보다 항상 작아야 합니다.
따라서 나머지가 5가 될 수 없는 식은 나누는 수가 5와 같거나 작은 ㉡, ㉣입니다.

7 7

나눗셈식에서 나누는 수는 나머지보다 항상 커야 합니다. 나머지가 6이므로 ●가 될 수 있는 자연수 중에서 가장 작은 수는 7입니다.

1 (왼쪽에서부터)
100, 13 / 113

$565 \div 5 = (500 \div 5) + (65 \div 5) = 100 + 13 = 113$

2 ㉡

$$㉠\quad 4)\overline{\begin{array}{c}2\ 0\ 6\\ 8\ 2\ 4\end{array}}$$

```
        2 0 6
   4 ) 8 2 4
       8 0 0
         2 4
         2 4
           0
```
```
        1 4 0
   7 ) 9 8 0
       7 0 0
         2 8 0
         2 8 0
             0
```
```
          5 1
   5 ) 2 5 5
       2 5 0
           5
           5
           0
```

따라서 나눗셈을 바르게 한 것은 ㉡입니다.

3 ㉢

㉠ $203 \div 7 = 29$ ㉡ $569 \div 9 = 63 \cdots 2$ ㉢ $415 \div 4 = 103 \cdots 3$

나머지의 크기를 비교하면 $3 > 2 > 0$이므로 나머지가 가장 큰 것은 ㉢입니다.

4 $136 \div 7 = 19 \cdots 3$
(또는 $136 \div 7$) / 19, 3
/ $7 \times 19 = 133$,
$133 + 3 = 136$

(줄넘기를 한 날수)÷(일주일의 날수)$= 136 \div 7 = 19 \cdots 3$

따라서 민성이는 줄넘기를 19주 3일 동안 했습니다.

확인 $7 \times 19 = 133$, $133 + 3 = 136$

5 120개

한 상자에 담은 탁구공의 수를 ☐개라고 하면

$1000 \div ☐ = 8 \cdots 40$입니다.

$$☐ \times 8 + 40 = 1000$$

→ $☐ \times 8 = 1000 - 40$, $☐ \times 8 = 960$, $☐ = 960 \div 8$, $☐ = 120$

따라서 탁구공을 한 상자에 120개씩 담았습니다.

6 (1) $954 \div 2 = 477$
(또는 $954 \div 2$) /
477, 0
(2) $245 \div 9 = 27 \cdots 2$
(또는 $245 \div 9$) /
27, 2

(1) 나누어지는 수가 클수록, 나누는 수가 작을수록 몫이 커지므로 몫이 가장 큰 경우는 (가장 큰 세 자리 수)÷(가장 작은 한 자리 수)입니다.

➡ $954 \div 2 = 477$

(2) 나누어지는 수가 작을수록, 나누는 수가 클수록 몫이 작아지므로 몫이 가장 작은 경우는 (가장 작은 세 자리 수)÷(가장 큰 한 자리 수)입니다.

➡ $245 \div 9 = 27 \cdots 2$

어떤 수를 ▣라고 하면 $▣ \div 8 = 9 \cdots 1$에서

$$8 \times 9 + 1 = ▣, \quad ▣ = 73입니다.$$

어떤 수는 73이고 이 수를 5로 나누면

$73 \div 5 = 14 \cdots 3$입니다.

따라서 몫은 14, 나머지는 3입니다.

1-1 69

어떤 수를 □라고 하면 □÷5＝13…4에서
5×13＋4＝□, □＝69입니다.
따라서 어떤 수는 69입니다.

1-2 1

6으로 나누었을 때 나올 수 있는 가장 큰 나머지는 5입니다.
어떤 수를 □라고 하면 □÷6＝10…5에서
6×10＋5＝□, □＝65입니다.
어떤 수는 65이고 이 수를 4로 나누면 65÷4＝16…1입니다.
따라서 나머지는 1입니다.

1-3 16, 7

㉰ 어떤 수를 □라고 하면 67÷□＝8…3에서
□×8＋3＝67, □×8＝64, □＝8입니다.
어떤 수는 8이므로 135를 8로 나누면 135÷8＝16…7입니다.
따라서 몫은 16, 나머지는 7입니다.

채점 기준	배점
어떤 수를 구할 수 있나요?	2점
135를 어떤 수로 나누었을 때의 몫과 나머지를 각각 구할 수 있나요?	3점

1-4 99

어떤 수를 □라고 하면 71을 □로 나눌 때 나올 수 있는 가장 큰 나머지는 □－1입니다.
71÷□＝7… □－1
➡ □×7＋□－1＝71, □×8－1＝71, □×8＝72, □＝9
따라서 9로 나누었을 때 나누어떨어지는 수 중 가장 큰 두 자리 수는 99입니다.

2

76÷6＝12…4

공책을 한 명에게 12권씩 주면 4권이 남습니다.
남는 4권을 6명에게 한 권씩 더 주려면 6－4＝2(권)이 부족합니다.
따라서 공책을 남김없이 똑같이 나누어 주려면 공책은 적어도 2권 더 필요합니다.

2-1 3개

87÷9＝9…6에서 딸기를 한 명에게 9개씩 주면 6개가 남습니다.
따라서 딸기를 남김없이 똑같이 나누어 주려면 딸기는 적어도 9－6＝3(개) 더 필요합니다.

㉐ (전체 구슬의 수)＝27＋37＝64(개)

$64÷5＝12\cdots4$에서 구슬을 한 통에 12개씩 담으면 4개가 남습니다.

따라서 구슬을 남김없이 똑같이 나누어 담으려면 구슬은 적어도 $5-4＝1$(개) 더 있어야 합니다.

채점 기준	배점
전체 구슬의 수를 구할 수 있나요?	1점
나눗셈식을 세워 통에 담고 남는 구슬의 수를 구할 수 있나요?	2점
구슬은 적어도 몇 개 더 있어야 하는지 구할 수 있나요?	2점

2-3 2묶음

$106÷8＝13\cdots2$에서 지우개를 한 모둠에 13개씩 주면 2개가 남습니다.

지우개를 남김없이 똑같이 나누어 주려면 지우개는 적어도 $8-2＝6$(개) 더 필요합니다.

따라서 지우개는 적어도 $6÷3＝2$(묶음) 더 사야 합니다.

2-4 5개

희아네 모둠 학생 수를 □명이라고 하면 $66÷□＝9\cdots3$에서

$□×9＋3＝66$, $□×9＝63$, $□＝7$입니다.

희아네 모둠 학생은 7명이므로 $30÷7＝4\cdots2$에서 초콜릿을 한 명에게 4개씩 주면 2개가 남습니다.

따라서 초콜릿을 남김없이 똑같이 나누어 주려면 초콜릿은 적어도 $7-2＝5$(개) 더 필요합니다.

44~45쪽

대표문제 **3**

① 6에 4는 한 번 들어가므로 다음 □ 안의 수를 구할 수 있습니다.

② $4×7＝28$이므로 다음 □ 안의 수를 구할 수 있습니다.

③ 나머지가 1이므로 다음 □ 안의 수를 구할 수 있습니다.

3-1

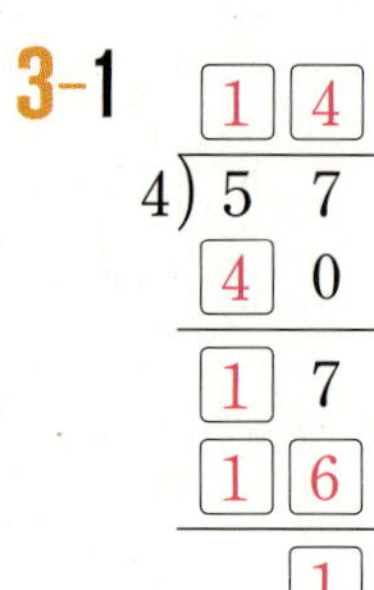

5에 4는 한 번 들어가므로   17에 4는 4번 들어가므로

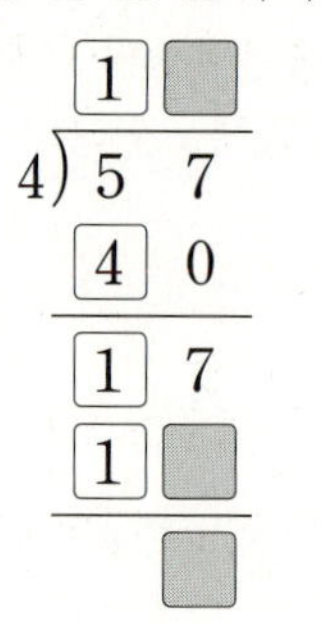 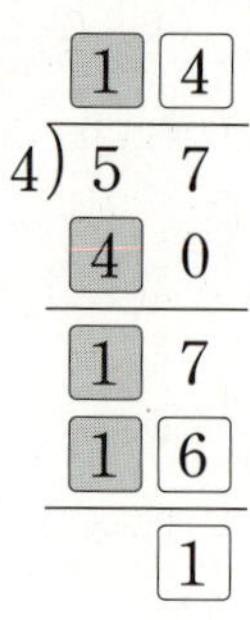

3-2

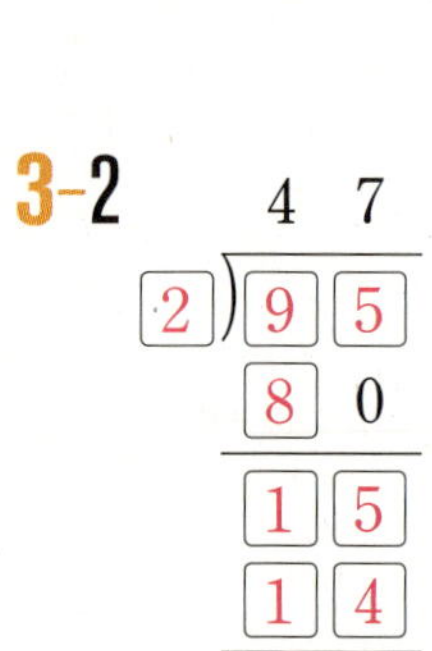

나누는 수는 4와 곱했을 때 한 자리 수, 7과 곱했을 때 두 자리 수이어야 하므로 2입니다.

나누는 수가 2이므로   나머지가 1이므로

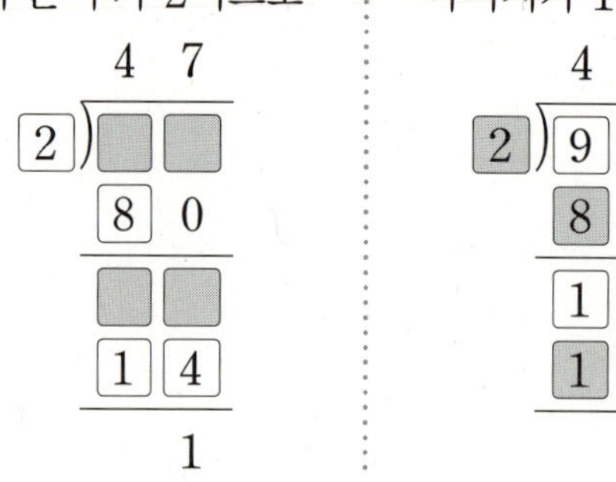

3-3

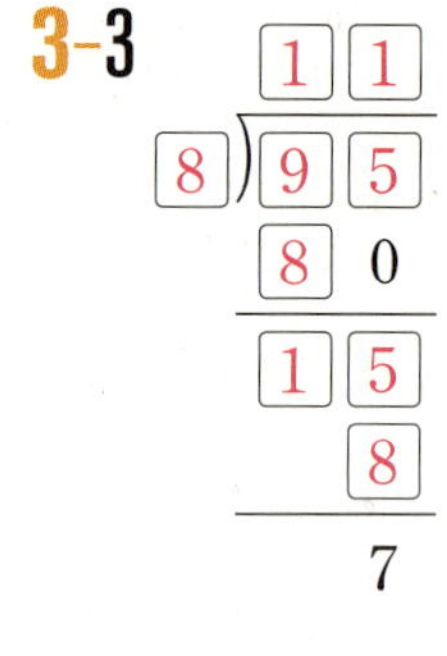

나머지가 7이므로 나누는 수는 8 또는 9이어야 합니다. 그런데 몫과 나누어지는 수가 모두 두 자리 수이고 십의 자리 계산에서 내림이 있으므로 9는 될 수 없습니다.

따라서 나누는 수는 8입니다.

8과 곱해서 한 자리 수가 되는 경우는 $8 \times 1 = 8$이고 8을 뺐을 때 7이 남는 수는 15이므로   8과 곱해서 한 자리 수가 되는 경우는 $8 \times 1 = 8$이고 8을 뺐을 때 1이 남는 수는 9이므로

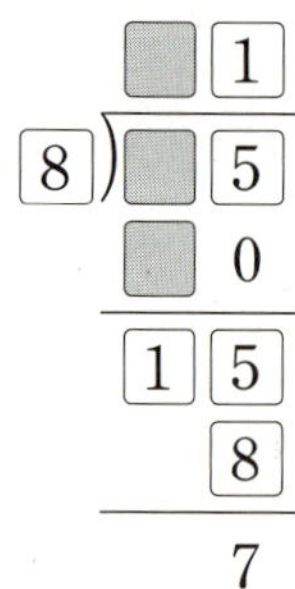 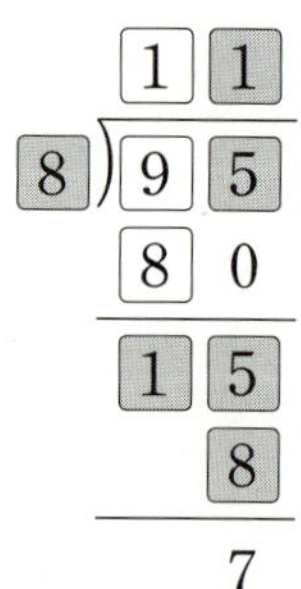

■$\div 8 = 11 \cdots$ ▲ 에서 나누는 수는 8이므로 나머지 ▲는 8보다 작습니다.

나머지가 가장 클 때 나누어지는 수가 가장 크므로 ■에 알맞은 수 중에서 가장 큰 수는 ▲$=7$일 때입니다.

➡ $8 \times 11 + 7 = 95$

따라서 ■에 알맞은 수 중에서 가장 큰 수는 95입니다.

■÷8＝11…▲에서 몫은 11이므로 ■에 알맞은 수 중에서 가장 큰 수는
몫이 12일 때 나누어떨어지는 수보다 1만큼 더 작은 수입니다.
➡ 8×12－1＝95
따라서 ■에 알맞은 수 중에서 가장 큰 수는 95입니다.

4-1 4

나머지는 나누는 수보다 항상 작아야 하므로 ★이 될 수 있는 수는 5보다 작은 1, 2, 3, 4입니다.
이 중에서 가장 큰 수는 4입니다.

4-2 142

나누는 수가 9이므로 나머지 ●는 9보다 작은 1, 2, 3, 4, 5, 6, 7, 8입니다.
□ 안에 들어갈 수 있는 수 중에서 둘째로 큰 수는 나머지가 둘째로 큰 수인 7일 때입니다.
➡ 9×15＋7＝142

4-3 97

가장 큰 두 자리 수인 99를 4로 나누면 99÷4＝24…3이므로 나머지가 3입니다.
구하는 수는 나머지가 1인 가장 큰 두 자리 수이므로 99보다 2만큼 더 작은 수인 97입니다.

4-4 2, 5, 8

6으로 나누었을 때 가장 큰 나머지는 5입니다. ■9÷6의 나머지가 5이면 ■9보다 5만큼 더 작은 수는 6으로 나누어떨어집니다. 즉, ■9－5＝■4는 6으로 나누어떨어집니다.
14, 24, 34, 44, 54, 64, 74, 84, 94 중에서 6으로 나누어떨어지는 경우는
24÷6＝4, 54÷6＝9, 84÷6＝14입니다.
따라서 6으로 나누어떨어지는 수는 24, 54, 84이므로 ■에 알맞은 수는 2, 5, 8입니다.

대표문제 5

직사각형 모양의 짧은 변의 길이를 ●cm라고 하면 긴 변의 길이는 (●×3) cm이므로
(●×3)＋●＋(●×3)＋●＝88
　　　　　　●×8＝88
　　　　　　●＝88÷8
　　　　　　●＝11입니다.
따라서 짧은 변의 길이가 11 cm이므로 긴 변의 길이는 11×3＝33(cm)입니다.

5-1 40 cm, 20 cm

짧은 도막의 길이를 □cm라고 하면 긴 도막의 길이는 (□×2) cm이므로
□＋(□×2)＝60, □×3＝60, □＝20입니다.
따라서 짧은 도막의 길이가 20 cm이므로 긴 도막의 길이는 20×2＝40(cm)입니다.

5-2 30 cm, 15 cm

직사각형 모양의 짧은 변의 길이를 □cm라고 하면 긴 변의 길이는 (□×2) cm이므로
□+(□×2)+□+(□×2)=90, □×6=90, □=15입니다.
따라서 짧은 변의 길이가 15 cm이므로 긴 변의 길이는 15×2=30(cm)입니다.

5-3 24 cm

색칠한 직사각형의 짧은 변의 길이를 □cm라고 하면
긴 변의 길이는 (□×2) cm이므로
□+(□×2)+□+(□×2)=72, □×6=72, □=12입니다.
따라서 큰 정사각형의 한 변의 길이는 색칠한 직사각형의 긴 변의 길이와 같으므로
12×2=24(cm)입니다.

5-4 120 cm

자른 직사각형 모양 한 개의 긴 변의 길이는 짧은 변의 길이의 3배이므로 짧은 변의 길이를 □cm라고 하면 긴 변의 길이는 (□×3) cm입니다.
□+(□×3)+□+(□×3)=80, □×8=80, □=10
자른 직사각형 모양 한 개의 긴 변의 길이는 10×3=30(cm)이므로 처음 정사각형 모양의 한 변의 길이도 30 cm입니다.
➡ (처음 정사각형 모양의 네 변의 길이의 합)=30×4=120(cm)

대표문제 6

4로 나누어떨어지므로 왼쪽 나눗셈에서
4×▲=3■입니다.
4단 곱셈구구에서 곱의 십의 자리 수가 3인 경우는
4×8=32, 4×9=36입니다.
따라서 ■에 알맞은 수는 2, 6입니다.

6-1 4

7로 나누어떨어지므로 왼쪽 나눗셈에서 7×△=1□입니다.
7단 곱셈구구에서 곱의 십의 자리 수가 1인 경우는 7×2=14이므로
□ 안에 알맞은 수는 4입니다.

6-2 0. 8

8로 나누어떨어지므로 왼쪽 나눗셈에서 8×△=4□입니다.
8단 곱셈구구에서 곱의 십의 자리 수가 4인 경우는
8×5=40, 8×6=48이므로 □ 안에 알맞은 수는 0, 8입니다.

6-3 65

$$
\begin{array}{r}
1\ \triangle\ \\
5\,\overline{)\,6\ \square\,} \\
5\ 0\ \\
\hline
1\ \square\ \\
1\ \square\ \\
\hline
0
\end{array}
$$

60보다 크고 70보다 작은 수이므로 구하는 수를 6□로 놓으면
왼쪽 나눗셈에서 $5 \times \triangle = 1\square$입니다.
5단 곱셈구구에서 곱의 십의 자리 수가 1인 경우는
$5 \times 2 = 10$, $5 \times 3 = 15$인데 6□는 60보다 커야 하므로 □=5입니다.
따라서 구하는 수는 65입니다.

6-4 98

$$
\begin{array}{r}
1\ 4\ \triangle\ \\
6\,\overline{)\,8\ 8\ \square\,} \\
6\ 0\ 0\ \\
\hline
2\ 8\ \square\ \\
2\ 4\ 0\ \\
\hline
4\ \square\ \\
4\ \square\ \\
\hline
0
\end{array}
$$

• 800보다 크고 900보다 작습니다. → 8□□
• 백의 자리 숫자와 십의 자리 숫자는 같습니다. → 88□
• 6으로 나누어떨어지므로 왼쪽 나눗셈에서 $6 \times \triangle = 4\square$입니다.
　6단 곱셈구구에서 곱의 십의 자리 수가 4인 경우는
　$6 \times 7 = 42$, $6 \times 8 = 48$이므로 □=2 또는 □=8입니다.
세 조건을 모두 만족시키는 수는 882, 888입니다.
따라서 $882 \div 9 = 98$, $888 \div 9 = 98 \cdots 6$이므로 몫은 98입니다.

대표문제 7

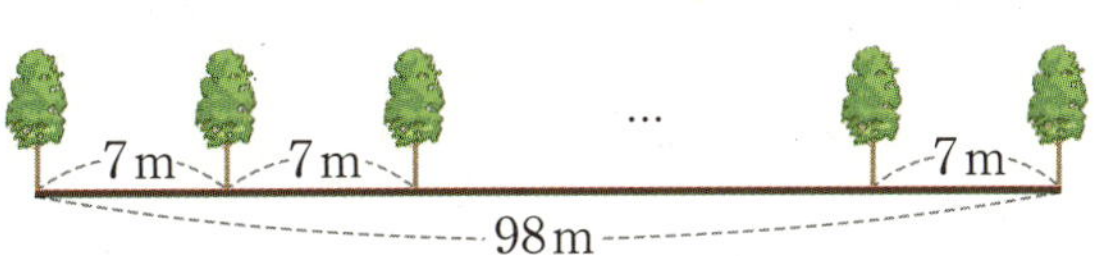

(나무 사이의 간격 수)$=98 \div 7 = 14$(군데)

➡ (필요한 나무 수)$=14 + 1 = 15$(그루)
산책로의 한쪽에 필요한 나무는 15그루이므로
산책로의 양쪽에 필요한 나무는 모두 $15 \times 2 = 30$(그루)입니다.

7-1 16개

(가로등 수)=(가로등 사이의 간격 수)$=80 \div 5 = 16$(개)

서술형
7-2 80개

㉇ (안내판 사이의 간격 수)$=351 \div 9 = 39$(군데)

(도로의 한쪽에 필요한 안내판 수)$=39 + 1 = 40$(개)

따라서 도로의 양쪽에 필요한 안내판은 모두 $40 \times 2 = 80$(개)입니다.

채점 기준	배점
안내판 사이의 간격 수를 구할 수 있나요?	2점
도로의 한쪽에 필요한 안내판 수를 구할 수 있나요?	1점
도로의 양쪽에 필요한 안내판 수를 구할 수 있나요?	2점

7-3 30 m

(길의 한쪽에 놓여 있는 의자 수)$=20 \div 2 = 10$(개)

(의자 사이의 간격 수)$=10 - 1 = 9$(군데)

➡ (의자 사이의 간격의 길이)$=270 \div 9 = 30$(m)

7-4 95개

나무 사이의 간격 수는 나무 수와 같은 5군데이므로
(나무 사이의 간격의 길이)$=300\div5=60$(m)입니다.
길이가 60 m인 부분에 말뚝을 3 m 간격으로 박으면 간격은
$60\div3=20$(군데)이고 이 부분의 시작과 끝에는 나무를 심으므로
말뚝은 $20-1=19$(개) 필요합니다.
따라서 나무 사이의 간격은 5군데이므로 말뚝은 모두 $19\times5=95$(개)
필요합니다.

대표문제 8

왼쪽 도형에서 굵은 선의 길이는 16 cm인 변 12개의 길이와 같으므로
$16\times12=192$(cm)입니다.
오른쪽 도형에서 굵은 선의 길이는 ■ cm인 변 6개의 길이와 같고 왼쪽 도형의 굵은 선
의 길이가 192 cm이므로 $■\times6=192$
$$■=192\div6$$
$$■=32$$입니다.

8-1 32 cm

(정사각형의 네 변의 길이의 합)$=24\times4=96$(cm)
➡ (삼각형의 한 변)$=96\div3=32$(cm)

8-2 48 cm

가 도형의 둘레는 20 cm인 변 12개의 길이와 같으므로 $20\times12=240$(cm)입니다.
따라서 나 도형의 둘레도 240 cm이므로 한 변의 길이는 $240\div5=48$(cm)입니다.

8-3 27

설아가 만든 모양에서 철사의 길이는 ■ cm인 변 9개의 길이와 같으므로
$■=117\div9=13$입니다.
희재가 만든 모양에서 철사의 길이는 ▲ cm인 변 8개의 길이와 같으므로
$▲=112\div8=14$입니다.
➡ $■+▲=13+14=27$

MATH MASTER

1 2개

수 카드로 만들 수 있는 몇십몇은 24, 29, 42, 49, 92, 94입니다.
$24\div9=2\cdots6$, $29\div4=7\cdots1$, $42\div9=4\cdots6$, $49\div2=24\cdots1$, $92\div4=23$,
$94\div2=47$
따라서 나누어떨어지는 나눗셈식은 $92\div4$, $94\div2$로 모두 2개 만들 수 있습니다.

2 6개

(소라와 동생이 딴 귤의 수)$=54+42=96$(개)
(한 봉지에 담은 귤의 수)$=96\div8=12$(개)
➡ (소라가 먹은 귤의 수)$=12\div2=6$(개)

3 44 cm

(정사각형의 한 변)$=528\div4=132$(cm)
정사각형의 한 변의 길이는 가장 작은 직사각형의 짧은 변의 길이의 3배와 같습니다.
➡ (가장 작은 직사각형의 짧은 변)$=132\div3=44$(cm)

서술형 4 10 cm

⒫ (색 테이프 10장의 길이의 합)$=25\times10=250$(cm)
(겹쳐진 부분의 길이의 합)$=250-160=90$(cm)
색 테이프 10장을 이어 붙이면 겹쳐진 부분은 9군데이므로 $90\div9=10$(cm)씩 겹쳐서
이어 붙였습니다.

채점 기준	배점
색 테이프 10장의 길이의 합을 구할 수 있나요?	1점
겹쳐진 부분의 길이의 합을 구할 수 있나요?	2점
색 테이프를 몇 cm씩 겹쳐서 이어 붙였는지 구할 수 있나요?	2점

5 78

60보다 크고 80보다 작은 수 중 6으로 나누어떨어지는 수는
$66\div6=11$, $72\div6=12$, $78\div6=13$에서 66, 72, 78입니다.
이 수들을 7로 나누면 $66\div7=9\cdots3$, $72\div7=10\cdots2$, $78\div7=11\cdots1$이므로 7로
나누었을 때 나머지가 1인 수는 78입니다.

6 14개

(새롬이와 영진이가 1주 동안 접은 종이배의 수)$=980\div5=196$(개)
(새롬이와 영진이가 하루에 접은 종이배의 수)$=196\div7=28$(개)
➡ (새롬이가 하루에 접은 종이배의 수)$=28\div2=14$(개)

7 60개

(땅의 둘레)$=54+36+54+36=180$(m)
➡ (필요한 말뚝 수)$=$(말뚝 사이의 간격 수)$=180\div3=60$(개)

다른 풀이
(땅의 긴 변에 박는 말뚝 수)$=$(말뚝 사이의 간격 수)$+1=(54\div3)+1=18+1=19$(개)
(땅의 짧은 변에 박는 말뚝 수)$=$(말뚝 사이의 간격 수)$+1=(36\div3)+1=12+1=13$(개)
땅의 네 꼭짓점에 말뚝이 겹치므로 (필요한 말뚝 수)$=19+13+19+13-4=60$(개)입니다.

8 35, 5

●$\div$▲$=7$에서 ●$=$▲$\times7$입니다.
●$\times$▲$=175$에서 (▲$\times7$)$\times$▲$=175$, ▲$\times$▲$=175\div7$, ▲$\times$▲$=25$입니다.
$5\times5=25$이므로 ▲$=5$이고, ●$=5\times7=35$입니다.

서술형 9 15 g

⒫ (노란 구슬 한 개의 무게)$=39\div3=13$(g)이므로
(노란 구슬 4개의 무게의 합)$=13\times4=52$(g)입니다.

52＋(파란 구슬 3개의 무게의 합)＝97에서
(파란 구슬 3개의 무게의 합)＝97－52＝45(g)입니다.
따라서 파란 구슬 한 개의 무게는 45÷3＝15(g)입니다.

채점 기준	배점
노란 구슬 4개의 무게의 합을 구할 수 있나요?	2점
파란 구슬 3개의 무게의 합을 구할 수 있나요?	2점
파란 구슬 한 개의 무게를 구할 수 있나요?	1점

10 30분

(㉮ 기계가 1분 동안 만드는 장난감 수)＝30÷2＝15(개)
(㉯ 기계가 1분 동안 만드는 장난감 수)＝48÷4＝12(개)
㉮ 기계가 ㉯ 기계보다 1분 동안 장난감을 15－12＝3(개) 더 많이 만듭니다.
㉮ 기계가 ㉯ 기계보다 장난감을 90개 더 많이 만들었을 때 두 기계를 껐으므로 두 기계
가 동시에 켜져 있던 시간은 90÷3＝30(분)입니다.

11 2명

100보다 크고 130보다 작은 수 중 8로 나누어떨어지는 수는 104÷8＝13,
112÷8＝14, 120÷8＝15, 128÷8＝16에서 104, 112, 120, 128입니다.
이 수들을 5로 나누면 104÷5＝20…4, 112÷5＝22…2, 120÷5＝24,
128÷5＝25…3이므로 5로 나누었을 때 나머지가 3인 수는 128입니다.
따라서 현서네 학교 3학년 학생은 128명이므로 9명씩 모둠을 만들면 128÷9＝14…2
에서 14모둠이 되고 2명이 남습니다.

3 원

1 선분 ㄱㄷ(또는 선분 ㄷㄱ)/
선분 ㅇㄱ, 선분 ㅇㄴ,
선분 ㅇㄷ(또는 선분 ㄱㅇ,
선분 ㄴㅇ, 선분 ㄷㅇ)

원의 지름은 원 위의 두 점을 이은 선분 중 원의 중심인 점 ㅇ을 지나는 선분입니다.
➡ 선분 ㄱㄷ
원의 반지름은 원의 중심인 점 ㅇ과 원 위의 한 점을 이은 선분입니다.
➡ 선분 ㅇㄱ, 선분 ㅇㄴ, 선분 ㅇㄷ

2 ㉢

㉠, ㉡, ㉣은 원의 지름에 대한 설명이고, ㉢은 원의 반지름에 대한 설명입니다.

3 72 cm

정사각형의 한 변은 원의 지름과 길이가 같습니다.
(정사각형의 한 변)＝(원의 지름)＝(원의 반지름)×2＝9×2＝18(cm)
➡ (정사각형의 둘레)＝18×4＝72(cm)

4 12 cm

(삼각형의 둘레)＝(원의 지름)×3
➡ (원의 지름)＝(삼각형의 둘레)÷3＝36÷3＝12(cm)

5 26 cm

(사각형의 둘레)=(네 원의 지름의 합)=8+5+8+5=26(cm)

2 원 그리기, 원을 이용하여 여러 가지 모양 그리기

1 8 cm

컴퍼스를 4 cm만큼 벌려서 그린 원의 반지름은 4 cm입니다.
➡ (원의 지름)=4×2=8(cm)

2 5군데

모양을 그리는 데 이용한 원은 5개이고 원의 중심이 같은 원은 없습니다.
따라서 원의 중심이 5개이므로 컴퍼스의 침을 꽂아야 할 곳은 모두 5군데입니다.

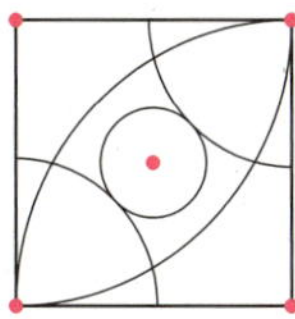

3 풀이 참조

원을 똑같이 둘로 나누는 선분은 지름이므로 모눈 4칸을 지름으로 하는 원을 그립니다.

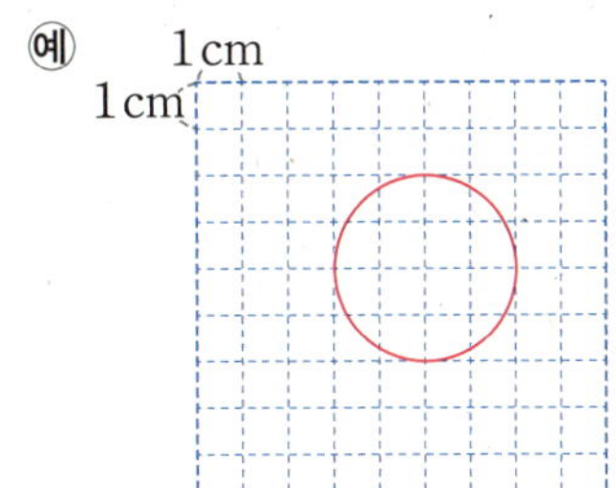

4 4, 5 / 5, 20

(선분 ㄱㄴ)=(원의 반지름)×5=4×5=20(cm)

5 7 cm

(선분 ㄱㄴ)=(원의 반지름)×4
➡ (원의 반지름)=(선분 ㄱㄴ)÷4=28÷4=7(cm)

- 원 안에 그을 수 있는 선분 중 가장 긴 선분은 (반지름 , 지름)이므로 서진이가 그린 원의 (반지름 , 지름)은 12 cm입니다.
- 컴퍼스의 침과 연필심 사이의 거리는 원의 (반지름 , 지름)이므로 예성이가 그린 원의 (반지름 , 지름)은 7 cm입니다.
  예성이가 그린 원의 지름은 7×2=14(cm)입니다.
- 원을 똑같이 둘로 나누는 선분은 원의 (반지름 , 지름)이므로 지은이가 그린 원의 (반지름 , 지름)은 10 cm입니다.
➡ 원의 지름의 길이를 비교하면 10 cm<12 cm<14 cm이므로
  가장 작은 원을 그린 사람은 지은입니다.

1-1 (1) 지름에 ○표
　　 (2) 같고에 ○표,
　　　 2에 ○표

(1) 원 위의 두 점을 이은 선분 중 원의 중심을 지나는 선분은 원의 지름입니다.

(2) 한 원에서 지름의 길이는 반지름의 길이의 2배입니다.

1-2 ㉠

㉠ 컴퍼스의 침과 연필심 사이의 거리는 원의 반지름이므로 원의 반지름은 $6\,cm$이고 원의 지름은 $6\times2=12(cm)$입니다.

㉡ 직사각형 안에 그릴 수 있는 가장 큰 원의 지름은 직사각형의 가로와 세로 중 더 짧은 길이와 같으므로 $10\,cm$입니다.

따라서 더 큰 원은 ㉠입니다.

1-3 민주, 성환, 유라

민주가 그린 원의 반지름이 $8\,cm$이므로 원의 지름은 $8\times2=16(cm)$입니다.

성환이가 그린 원의 지름은 정사각형의 한 변과 같은 $14\,cm$입니다.

원의 중심을 지나면서 원 위의 두 점을 이은 선분은 원의 지름이므로 유라가 그린 원의 지름은 $9\,cm$입니다.

원의 지름의 길이를 비교하면 $16\,cm>14\,cm>9\,cm$입니다.

따라서 큰 원을 그린 사람부터 차례로 이름을 쓰면 민주, 성환, 유라입니다.

1-4 ㉠, ㉡

㉠ 원의 지름은 선분 ㄴㅂ이지만 원의 반지름이 선분 ㅇㄱ으로 $4\,cm$이므로 지름은 $4\times2=8(cm)$입니다.

㉡ 원의 반지름을 나타내는 선분은 선분 ㅇㄱ, 선분 ㅇㄴ, 선분 ㅇㄹ, 선분 ㅇㅂ으로 모두 4개입니다.

㉢ 선분 ㄷㅁ의 길이는 반지름의 길이인 $4\,cm$보다 길고 지름의 길이인 $8\,cm$보다 짧습니다.

㉣ 원을 똑같이 둘로 나누는 선분은 원의 지름으로 그 길이는 $8\,cm$입니다.

대표문제 2

정사각형의 네 변의 길이는 모두 같고 둘레가 $40\,cm$이므로

(선분 ㄱㄴ)=(선분 ㄴㄷ)=(선분 ㄷㄹ)=(선분 ㄹㄱ)=$40\div4=10(cm)$입니다.

선분 ㄹㄴ은 원의 지름이므로 (선분 ㄹㄴ)=$7\times2=14(cm)$입니다.

따라서 삼각형 ㄹㄴㄷ의 둘레는

(선분 ㄹㄴ)+(선분 ㄴㄷ)+(선분 ㄷㄹ)=$14+10+10=34(cm)$입니다.

2-1 $20\,cm$

선분 ㄴㄷ은 원의 지름이므로 (선분 ㄴㄷ)=$14\times2=28(cm)$입니다.

선분 ㄱㄴ의 길이를 $\square\,cm$라고 하면 선분 ㄱㄷ의 길이도 $\square\,cm$이므로

$\square+\square+28=68$, $\square+\square=40$, $\square=20$입니다.

따라서 선분 ㄱㄴ은 $20\,cm$입니다.

2-2 9 cm

선분 ㄱㅇ과 선분 ㄴㅇ은 원의 반지름으로 길이가 같습니다.
원의 반지름을 □cm라고 하면 (선분 ㄱㅇ)＝□cm, (선분 ㅇㄷ)＝(□×2) cm이므로
□＋□×2＋10＝37, □×3＋10＝37, □×3＝27, □＝9입니다.
따라서 원의 반지름은 9 cm입니다.

2-3 51 cm

직사각형 ㄱㄴㄷㄹ에서 가로는 원의 지름의 길이와 같고 세로는 원의 반지름의 길이와
같습니다.
원의 반지름을 □cm라고 하면 (선분 ㄱㄴ)＝□cm, (선분 ㄴㄷ)＝(□×2) cm이므로
□＋(□×2)＋□＋(□×2)＝90, □×6＝90, □＝15입니다.
원의 반지름이 15 cm이므로 (선분 ㅇㅁ)＝(선분 ㅇㅂ)＝15 cm입니다.
따라서 삼각형 ㅇㅁㅂ의 둘레는 15＋21＋15＝51(cm)입니다.

2-4 40 cm

선분 ㄱㄴ의 길이를 □cm라고 하면 선분 ㄱㄹ의 길이는 (□＋2) cm이므로
□＋(□＋2)＋□＋(□＋2)＝28, □×4＋4＝28, □×4＝24, □＝6입니다.
선분 ㄱㅇ은 원의 반지름이고 (선분 ㄱㅇ)＝(선분 ㄱㄴ)－1＝6－1＝5(cm)이므로
원의 지름은 5×2＝10(cm)입니다.
원의 지름이 10 cm이므로 정사각형의 한 변도 10 cm입니다.
따라서 정사각형의 둘레는 10×4＝40(cm)입니다.

68～69쪽

그리려는 원의 지름은 1×2＝2(cm)입니다.
정사각형의 가로와 세로에 원을 각각 6÷2＝3(개)씩 그릴 수
있습니다.
따라서 원을 3×3＝9(개)까지 그릴 수 있습니다.

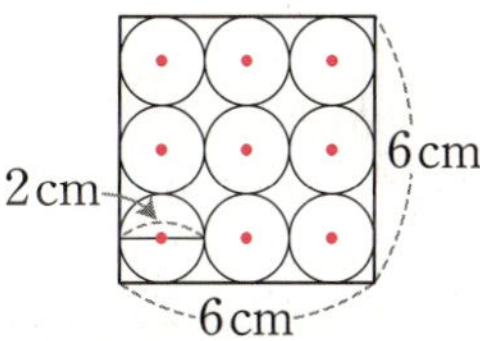

3-1 12 cm, 6 cm

직사각형의 가로는 원의 지름의 4배이므로 3×4＝12(cm)입니다.
직사각형의 세로는 원의 지름의 2배이므로 3×2＝6(cm)입니다.

3-2 15개

원의 지름은 2×2＝4(cm)이므로 원을
직사각형의 가로에 12÷4＝3(개), 세로에 20÷4＝5(개) 그릴 수 있습니다.
따라서 원을 3×5＝15(개)까지 그릴 수 있습니다.

3-3 27개

큰 원의 지름은 6×2＝12(cm)이고 작은 원의 지름은 3×2＝6(cm)이므로
(직사각형의 가로)＝12＋6＋12＋6＝36(cm),
(직사각형의 세로)＝(큰 원의 지름)＝12 cm입니다.
지름이 4 cm인 원을 가로에 36÷4＝9(개), 세로에 12÷4＝3(개) 그릴 수 있습니다.
따라서 원을 9×3＝27(개)까지 그릴 수 있습니다.

3-4 30 cm

정사각형의 가로와 세로에 그린 원의 수를 각각 □개라고 하면
□×□＝25이므로 5×5＝25에서 □＝5입니다.
정사각형의 한 변에 원을 5개씩 그렸으므로
(정사각형의 한 변)＝(원의 지름)×5＝(3×2)×5＝30(cm)입니다.
따라서 한 변이 30 cm인 정사각형 안에 그릴 수 있는 가장 큰 원의 지름은 정사각형의
한 변과 같은 30 cm입니다.

대표문제 4

(중간 크기 원의 지름)＝(가장 큰 원의 반지름)
　　　　　　　　　＝40÷2＝20(cm)
(가장 작은 원의 지름)＝(중간 크기 원의 반지름)
　　　　　　　　　＝20÷2＝10(cm)
➡ (가장 작은 원의 반지름)＝10÷2＝5(cm)

4-1 28 cm

(큰 원의 반지름)＝(작은 원의 지름)＝7×2＝14(cm)
➡ (큰 원의 지름)＝14×2＝28(cm)

다른 풀이
큰 원의 지름은 작은 원의 반지름의 4배입니다.
➡ (큰 원의 지름)＝7×4＝28(cm)

4-2 24 cm

예 (중간 크기 원의 반지름)＝(가장 작은 원의 지름)＝3×2＝6(cm)
(가장 큰 원의 반지름)＝(중간 크기 원의 지름)＝6×2＝12(cm)
➡ (선분 ㄱㄴ)＝(가장 큰 원의 지름)＝12×2＝24(cm)

채점 기준	배점
중간 크기 원의 반지름과 가장 큰 원의 반지름을 각각 구할 수 있나요?	3점
선분 ㄱㄴ의 길이를 구할 수 있나요?	2점

4-3 5 cm

(반원의 지름)＝(정사각형의 한 변)＝80÷4＝20(cm)
(반원 안에 그린 원의 지름)＝(반원의 반지름)＝20÷2＝10(cm)
➡ (반원 안에 그린 원의 반지름)＝10÷2＝5(cm)

4-4 64 cm

선분 ㄴㄷ의 길이를 □ cm라고 하면 선분 ㄱㄴ의 길이는 (□×2) cm이므로
□×2＋□＝24, □×3＝24, □＝8입니다.
(선분 ㄱㄴ)＝8×2＝16(cm)이므로 (중간 크기 반원의 지름)＝16×2＝32(cm)입니다.
➡ (가장 큰 반원의 지름)＝32×2＝64(cm)

다른 풀이
(선분 ㄱㄷ)＝(선분 ㄴㄷ)×3이므로 (선분 ㄴㄷ)＝24÷3＝8(cm)입니다.
➡ (가장 큰 반원의 지름)＝(선분 ㄴㄷ)×8＝8×8＝64(cm)

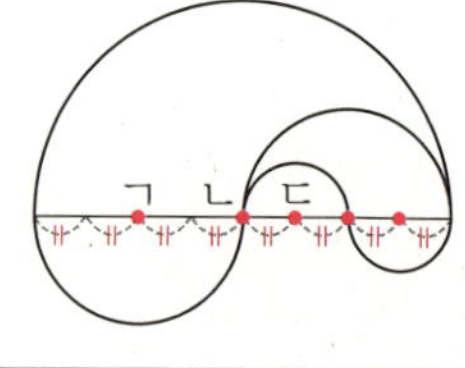

정사각형은 네 변의 길이가 모두 같으므로
(정사각형의 한 변)$=32\div4=8$(cm)입니다.
원의 반지름을 ■ cm라고 하면 정사각형의 한 변이 8 cm이므로
■$+4+$■$=8$, ■$+$■$=4$, ■$=2$입니다.
따라서 원의 반지름은 2 cm입니다.

5-1 5 cm

정사각형은 네 변의 길이가 모두 같으므로
(정사각형의 한 변)$=40\div4=10$(cm)입니다.
원의 반지름을 □ cm라고 하면 □$+$□$=10$, □$=5$입니다.
따라서 원의 반지름은 5 cm입니다.

5-2 16 cm

(삼각형의 한 변)$=69\div3=23$(cm)
원의 반지름을 □ cm라고 하면 □$+7+$□$=23$, □$+$□$=16$, □$=8$입니다.
따라서 원의 지름은 $8\times2=16$(cm)입니다.

5-3 4 cm

⑩ 직사각형의 세로를 □ cm라고 하면
$15+$□$+15+$□$=56$, □$+$□$=26$, □$=13$입니다.
원의 반지름을 △ cm라고 하면
△$+5+$△$=13$, △$+$△$=8$, △$=4$입니다.
따라서 원의 반지름은 4 cm입니다.

채점 기준	배점
직사각형의 세로를 구할 수 있나요?	2점
원의 반지름을 구할 수 있나요?	3점

5-4 10 cm

(도형의 한 변)$=90\div5=18$(cm)
작은 원의 반지름을 □ cm라고 하면 큰 원의 반지름은 (□$\times2$) cm이므로
□$+6+$□$\times2=18$, □$\times3=12$, □$=4$입니다.
따라서 작은 원의 반지름이 4 cm이므로 $4+$㉠$+4=18$, ㉠$=10$(cm)입니다.

색칠한 사각형의 네 변은 모두 원의 반지름으로 길이가 같으므로
(사각형의 한 변)$=28\div4=7$(cm)입니다.
선분 ㄱㄴ의 길이는 원의 반지름의 3배이므로
(선분 ㄱㄴ)$=7\times3=21$(cm)입니다.

6-1 45 cm

색칠한 삼각형의 세 변은 모두 원의 반지름으로 길이가 같으므로
(삼각형의 한 변)$=30\div2=15$(cm)입니다.
➡ (삼각형의 둘레)$=15\times3=45$(cm)

6-2 28 cm

㉠ 작은 원의 반지름을 $\square$ cm라고 하면 큰 원의 반지름은 $(\square\times2)$ cm이므로
$\square+\square+(\square\times2)+(\square\times2)=42$, $\square\times6=42$, $\square=7$입니다.
따라서 큰 원의 반지름이 $7\times2=14$(cm)이므로 큰 원의 지름은 $14\times2=28$(cm)입니다.

채점 기준	배점
작은 원의 반지름을 구할 수 있나요?	2점
큰 원의 지름을 구할 수 있나요?	3점

6-3 35 cm

색칠한 삼각형의 세 변은 모두 원의 반지름으로 길이가 같으므로
(삼각형의 한 변)$=21\div3=7$(cm)입니다.
원의 반지름은 7 cm이므로 (직사각형의 가로)$=7\times3=21$(cm),
(직사각형의 세로)$=7\times2=14$(cm)입니다.
➡ (가로)$+$(세로)$=21+14=35$(cm)

6-4 30 cm

색칠한 사각형의 네 변은 모두 작은 원의 반지름으로 길이가 같으므로
(사각형의 한 변)$=56\div4=14$(cm)입니다.
작은 원의 반지름은 14 cm이고 선분 ㄴㄷ은 작은 원의 반지름의 3배이므로
(선분 ㄴㄷ)$=14\times3=42$(cm)입니다.
선분 ㄱㄴ의 길이를 $\square$ cm라고 하면 선분 ㄱㄷ의 길이도 $\square$ cm이므로
$\square+42+\square=102$, $\square+\square=60$, $\square=30$입니다.
따라서 선분 ㄱㄴ은 30 cm입니다.

점 ㄱ을 원의 중심으로 하는 원의 반지름을 ■ cm, 점 ㄴ을 원의 중심으로 하는 원의 반지름을 ▲ cm, 점 ㄷ을 원의 중심으로 하는 원의 반지름을 ● cm라고 하면
삼각형 ㄱㄴㄷ의 둘레가 62 cm이므로
$$(■+9+▲)+(▲+●)+(●+9+■)=62$$
$$(■+▲+●)\times2+18=62$$
$$(■+▲+●)\times2=44$$
$$■+▲+●=22$$입니다.
따라서 세 원의 반지름의 합은 22 cm입니다.

7-1 24 cm

(삼각형의 한 변)$=$(원의 반지름)$\times2=4\times2=8$(cm)
➡ (삼각형 ㄱㄴㄷ의 둘레)$=8\times3=24$(cm)

7-2 30 cm

(작은 원의 반지름)=6÷2=3(cm)

(선분 ㄱㄴ)=(선분 ㄱㄷ)=3+6=9(cm), (선분 ㄴㄷ)=6+6=12(cm)

➡ (삼각형 ㄱㄴㄷ의 둘레)=9+12+9=30(cm)

7-3 13 cm

세 점 ㄱ, ㄴ, ㄷ을 원의 중심으로 하는 원의 반지름을 각각 □cm, △cm, ○cm라고
하면 (□+8+△)+(△+○)+(○+□)=34, (□+△+○)×2+8=34,
(□+△+○)×2=26, □+△+○=13입니다.

따라서 세 원의 반지름의 합은 13 cm입니다.

7-4 2 cm

네 점 ㄱ, ㄴ, ㄷ, ㄹ을 원의 중심으로 하는 원의 반지름을 각각 □cm, △cm, ○cm,
☆cm라고 하면 삼각형 ㄱㄴㄹ의 둘레가 45 cm이므로
(□+7+△)+(△+9+☆)+(☆+7+□)=45, (□+△+☆)×2+23=45,
(□+△+☆)×2=22, □+△+☆=11이고
삼각형 ㄴㄷㄹ의 둘레가 35 cm이므로
(△+○)+(○+☆)+(☆+9+△)=35, (△+○+☆)×2+9=35,
(△+○+☆)×2=26, △+○+☆=13입니다.

$$\begin{array}{r} △+○+☆=13 \\ -\ \ \square+△+☆=11 \\ \hline ○-\square=\ \ 2 \end{array}$$

따라서 점 ㄱ을 원의 중심으로 하는 원과 점 ㄷ을 원의 중심으로 하는 원의 반지름의 차
는 2 cm입니다.

대표문제 **8**

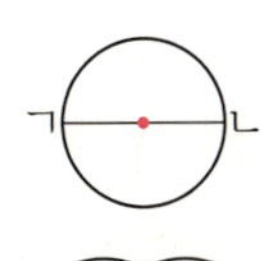
원을 1개 그리면 (선분 ㄱㄴ)=(원의 반지름)×2

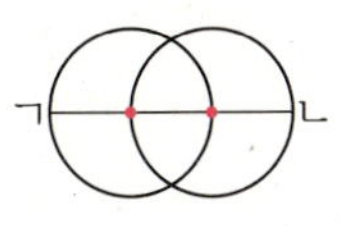
원을 2개 그리면 (선분 ㄱㄴ)=(원의 반지름)×3

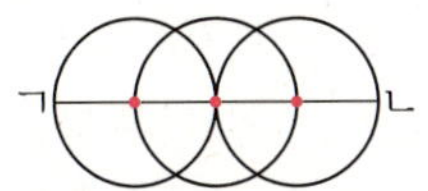
원을 3개 그리면 (선분 ㄱㄴ)=(원의 반지름)×4

따라서 원을 21개 그리면 선분 ㄱㄴ의 길이는 원의 반지름의 22배이므로
(선분 ㄱㄴ)=5×22=110(cm)입니다.

8-1 77 cm

선분 ㄱㄴ의 길이는 원의 반지름의 7배이므로
(선분 ㄱㄴ)=11×7=77(cm)입니다.

8-2 2 cm

원을 25개 그렸으므로 선분 ㄱㄴ의 길이는 원의 반지름의 26배입니다.
원의 반지름을 □cm라고 하면 □×26=52, □=2입니다.
따라서 원의 반지름은 2 cm입니다.

8-3 18개

(원의 반지름)=$8 \div 2 = 4$(cm)

원의 수를 □개라고 하면 선분 ㄱㄴ의 길이는 원의 반지름의 (□+1)배이므로

$4 \times (□+1) = 76$, $□+1 = 19$, $□ = 18$입니다.

따라서 원을 18개 그렸습니다.

8-4 6 cm

원을 12개 그렸으므로 직사각형의 가로는 원의 반지름의 13배입니다.

직사각형의 세로는 원의 지름과 같으므로 원의 반지름의 2배입니다.

원의 반지름을 □cm라고 하면

(직사각형의 가로)=$(□ \times 13)$ cm, (직사각형의 세로)=$(□ \times 2)$ cm이므로

$(□ \times 13) + (□ \times 2) + (□ \times 13) + (□ \times 2) = 90$, $□ \times 30 = 90$, $□ = 3$입니다.

따라서 원의 반지름은 3 cm이므로 원의 지름은 $3 \times 2 = 6$(cm)입니다.

MATH MASTER

1 3 cm, 1 cm

(가장 작은 원의 반지름)=$2 \div 2 = 1$(cm)

(중간 크기 원의 반지름)=$6 \div 2 = 3$(cm)

(가장 큰 원의 반지름)=$8 \div 2 = 4$(cm)

➡ ㉠=(가장 큰 원의 반지름)−(가장 작은 원의 반지름)=$4 - 1 = 3$(cm)

　ㄴ=(가장 큰 원의 반지름)−(중간 크기 원의 반지름)=$4 - 3 = 1$(cm)

2 5개

원의 중심을 찾아 표시하면 오른쪽과 같으므로 원의 중심은 모두 5개입니다.

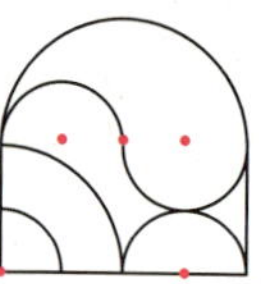

3 3 cm

큰 원의 지름은 작은 원의 지름의 4배입니다.

(작은 원의 지름)=$24 \div 4 = 6$(cm)

따라서 작은 원의 반지름이 $6 \div 2 = 3$(cm)이므로 작은 원을 그리려면 컴퍼스의 침과 연필심 사이를 3 cm만큼 벌려야 합니다.

서술형 **4** 12 cm

㉐ (선분 ㄱㄷ)=(작은 원의 반지름)=$14 \div 2 = 7$(cm)

(선분 ㄴㄹ)=(큰 원의 반지름)=$18 \div 2 = 9$(cm)

(선분 ㄱㄹ)=(선분 ㄱㄷ)+(선분 ㄴㄹ)−(선분 ㄴㄷ)=$7 + 9 - 4 = 12$(cm)

채점 기준	배점
선분 ㄱㄷ의 길이와 선분 ㄴㄹ의 길이를 각각 구할 수 있나요?	2점
선분 ㄱㄹ의 길이를 구할 수 있나요?	3점

5 10 cm

사각형 ㄱㄴㄷㄹ의 둘레는 원의 반지름의 10배입니다.
원의 반지름을 □cm라고 하면 □×10=50, □=5입니다.
따라서 원의 반지름이 5 cm이므로 원의 지름은 5×2=10(cm)입니다.

6 2 cm

큰 원의 지름은 직사각형의 세로와 같습니다.
큰 원의 지름이 6 cm이므로 작은 원 2개의 지름의 합은 14−6=8(cm)입니다.
(작은 원의 지름)=8÷2=4(cm)
➡ (작은 원의 반지름)=4÷2=2(cm)

7 60 cm

선분 ㄱㄴ의 길이는 원의 반지름의 3배이므로 (원의 반지름)=30÷3=10(cm)입니다.
색칠한 사각형의 두 변은 원의 반지름의 2배와 같고 나머지 두 변은 원의 반지름과 같으므로 둘레는 원의 반지름의 6배입니다.
➡ (색칠한 사각형의 둘레)=10×6=60(cm)

8 25개

색종이의 한 변은 5+5=10(cm)입니다.
그리려는 원의 지름은 1×2=2(cm)이므로
색종이의 가로와 세로에 원을 각각 10÷2=5(개)씩 그릴 수 있습니다.
따라서 원을 5×5=25(개)까지 그릴 수 있습니다.

9 3 cm

오른쪽 그림과 같이 색칠한 삼각형의 둘레는 7 cm인 부분 4군데와 ㉡ cm인 부분 2군데이므로 7×4+㉡×2=36,
28+㉡×2=36, ㉡×2=8, ㉡=4(cm)입니다.
➡ ㉠=7−㉡=7−4=3(cm)

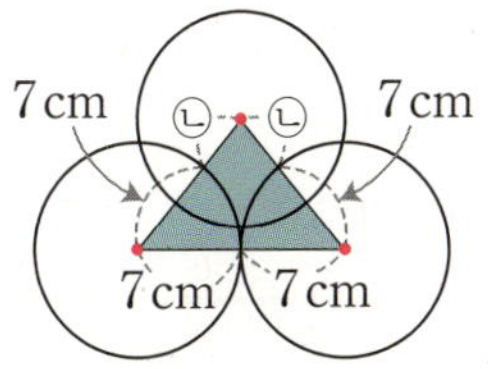

서술형 **10** 7개

예 (원의 반지름)=10÷2=5(cm)
직사각형의 가로와 세로의 합이 100÷2=50(cm)이므로
(가로)=50−10=40(cm)입니다.
원의 수를 □개라고 하면 직사각형의 가로는 원의 반지름의 (□+1)배이므로
5×(□+1)=40, □+1=8, □=7입니다. 따라서 원을 7개 그렸습니다.

채점 기준	배점
원의 반지름을 구할 수 있나요?	1점
직사각형의 가로를 구할 수 있나요?	2점
원을 몇 개 그렸는지 구할 수 있나요?	2점

11 6 cm

정사각형의 한 변을 □cm라고 하면 가장 작은 원의 반지름은 □cm이므로 중간 크기 원의 반지름은 (□×2) cm이고,
가장 큰 원의 반지름은 (□×3) cm입니다.
(가장 큰 원의 반지름)=36÷2=18(cm)이므로
□×3=18, □=6입니다.
따라서 정사각형의 한 변은 6 cm입니다.

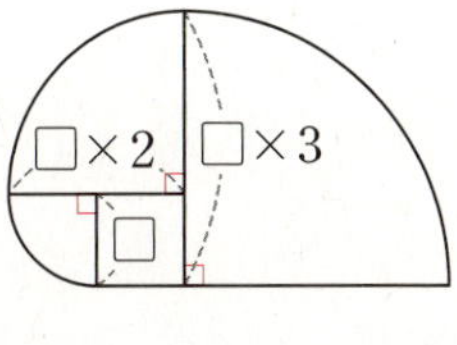

4 분수

1 (1) $\dfrac{1}{2}$ (2) $\dfrac{1}{3}$ (3) $\dfrac{3}{4}$

(1) 12개를 6개씩 묶으면 2묶음이 되고 6은 2묶음 중 1묶음이므로 6은 12의 $\dfrac{1}{2}$입니다.

(2) 12개를 4개씩 묶으면 3묶음이 되고 4는 3묶음 중 1묶음이므로 4는 12의 $\dfrac{1}{3}$입니다.

(3) 12개를 3개씩 묶으면 4묶음이 되고 9는 4묶음 중 3묶음이므로 9는 12의 $\dfrac{3}{4}$입니다.

2 $\dfrac{2}{5}$

색칠한 부분은 5묶음 중 2묶음입니다. 색칠한 부분은 전체의 $\dfrac{2}{5}$입니다.

3 $\dfrac{3}{8}$

쿠키 32개를 한 접시에 4개씩 나누어 담으면 쿠키를 담은 접시는 $32 \div 4 = 8$(개)입니다.

따라서 3개의 접시에 담은 쿠키는 전체 쿠키의 $\dfrac{3}{8}$입니다.

4 풀이 참조 / 8 m

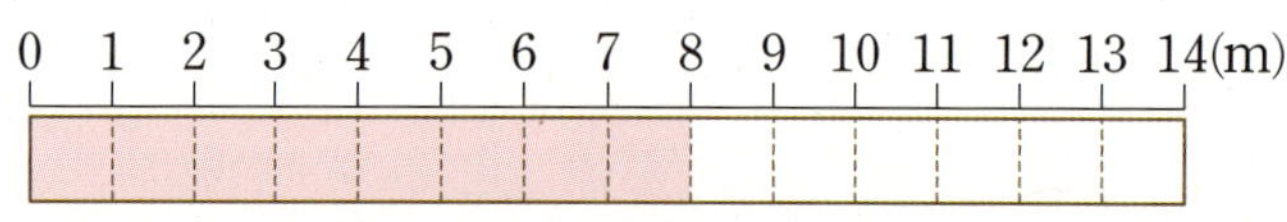

14의 $\dfrac{1}{7}$은 2이므로 14의 $\dfrac{4}{7}$는 8입니다.

따라서 선물 상자를 포장하는 데 사용한 리본은 8 m입니다.

5 ②

① 49의 $\dfrac{1}{7}$은 7이므로 49의 $\dfrac{2}{7}$는 14입니다.

② 26의 $\dfrac{1}{2}$은 13입니다.

③ 35의 $\dfrac{1}{5}$은 7이므로 35의 $\dfrac{3}{5}$은 21입니다.

④ 81의 $\dfrac{1}{9}$은 9이므로 81의 $\dfrac{4}{9}$는 36입니다.

⑤ 64의 $\dfrac{1}{8}$은 8이므로 64의 $\dfrac{5}{8}$는 40입니다.

6 80

■의 $\dfrac{7}{10}$이 56이므로 ■의 $\dfrac{1}{10}$은 $56 \div 7 = 8$입니다.

■를 똑같이 10으로 나눈 것 중의 1이 8이므로 ■ $= 8 \times 10 = 80$입니다.

1 $\dfrac{4}{5}$

가분수는 분자가 분모와 같거나 분모보다 큰 분수입니다.

$\dfrac{4}{5}$는 분자가 분모보다 작으므로 진분수입니다.

2 5개

분모가 6인 진분수는 $\dfrac{1}{6}$, $\dfrac{2}{6}$, $\dfrac{3}{6}$, $\dfrac{4}{6}$, $\dfrac{5}{6}$이므로 모두 5개입니다.

3 (1) $\dfrac{5}{4}$ (2) $4\dfrac{5}{9}$

(1) $1\dfrac{1}{4}=1+\dfrac{1}{4}=\dfrac{4}{4}+\dfrac{1}{4}=\dfrac{5}{4}$　　(2) $\dfrac{41}{9}=\dfrac{36}{9}+\dfrac{5}{9}=4+\dfrac{5}{9}=4\dfrac{5}{9}$

4 (1) > (2) > (3) <

(1) 분자의 크기를 비교하면 $13>7$이므로 $\dfrac{13}{6}>\dfrac{7}{6}$입니다.

(2) 자연수 부분의 크기를 비교하면 $3>2$이므로 $3\dfrac{1}{3}>2\dfrac{2}{3}$입니다.

(3) $3\dfrac{2}{9}=\dfrac{29}{9}$이므로 $\dfrac{29}{9}<\dfrac{32}{9}$ ➡ $3\dfrac{2}{9}<\dfrac{32}{9}$입니다.

5 $7\dfrac{2}{3}$, $\dfrac{23}{3}$

가장 큰 대분수를 만들려면 가장 큰 수인 7을 자연수 부분에 놓고 나머지 두 수 2와 3으로 진분수 $\dfrac{2}{3}$를 만듭니다.

➡ $7\dfrac{2}{3}=7+\dfrac{2}{3}=\dfrac{21}{3}+\dfrac{2}{3}=\dfrac{23}{3}$

$\dfrac{187}{20}$ kg$=9\dfrac{7}{20}$ kg이므로 $\dfrac{187}{20}$ kg은 9 kg과 $\dfrac{7}{20}$ kg입니다.

딸기 9 kg을 한 상자에 2 kg씩 담으면

$9\div2=4\cdots1$이므로 4상자까지 담을 수 있습니다.

따라서 딸기를 4상자까지 판매할 수 있습니다.

1-1 7개

$\dfrac{54}{7}$ 컵$=7\dfrac{5}{7}$ 컵이므로 $\dfrac{54}{7}$ 컵은 7컵과 $\dfrac{5}{7}$ 컵입니다.

따라서 부침개를 7개까지 만들 수 있습니다.

1-2 11개

$\dfrac{184}{17}$ kg$=10\dfrac{14}{17}$ kg이므로 콩 $\dfrac{184}{17}$ kg을 한 봉지에 1 kg씩 담으면 10봉지가 되고 $\dfrac{14}{17}$ kg이 남습니다.

따라서 남는 콩도 봉지에 담아야 하므로 봉지는 적어도 11개 필요합니다.

1-3 6번

$\dfrac{37}{12}$ 시간$=3\dfrac{1}{12}$ 시간이므로 $\dfrac{37}{12}$ 시간은 3시간과 $\dfrac{1}{12}$ 시간입니다.

3시간은 $60+60+60=180$(분), $\dfrac{1}{12}$ 시간은 $60\div12=5$(분)이므로 현수는 185분 동안 공부를 합니다.

따라서 공부를 30분, 60분, 90분, 120분, 150분, 180분 했을 때 한 번씩 쉬므로 모두 6번 쉽니다.

1-4 800원

$\dfrac{195}{8}$ m＝$24\dfrac{3}{8}$ m이므로 $\dfrac{195}{8}$ m는 24 m와 $\dfrac{3}{8}$ m입니다.

끈을 5 m 단위로만 팔므로 끈은 적어도 $5\,\text{m}+5\,\text{m}+5\,\text{m}+5\,\text{m}+5\,\text{m}=25\,\text{m}$를 사야 합니다.

따라서 끈을 사는 데 필요한 돈은 적어도 $160\times5＝800$(원)입니다.

세영: 30 m의 $\dfrac{1}{6}$은 $30\div6＝5$(m)입니다.

진수: 30 m의 $\dfrac{1}{15}$은 $30\div15＝2$(m)이므로

30 m의 $\dfrac{4}{15}$는 $2\times4＝8$(m)입니다.

태민: 30 m의 $\dfrac{1}{10}$은 $30\div10＝3$(m)이므로

30 m의 $\dfrac{3}{10}$은 $3\times3＝9$(m)입니다.

자른 리본의 길이를 비교하면 $9\,\text{m}>8\,\text{m}>5\,\text{m}$이므로
자른 리본의 길이가 가장 긴 사람은 태민입니다.

2-1 연우

연우: 90개의 $\dfrac{1}{5}$이므로 $90\div5＝18$(개)입니다.

지희: 90개의 $\dfrac{3}{10}$이므로 $90\div10\times3＝27$(개)입니다.

민규: 90개의 $\dfrac{2}{9}$이므로 $90\div9\times2＝20$(개)입니다.

$18<20<27$이므로 밤을 가장 적게 가지게 되는 사람은 연우입니다.

2-2 종이학, 종이비행기, 종이배

전체 색종이는 $37+26＝63$(장)입니다.

종이학: 63장의 $\dfrac{4}{9}$이므로 $63\div9\times4＝28$(장)입니다.

종이비행기: 63장의 $\dfrac{3}{7}$이므로 $63\div7\times3＝27$(장)입니다.

종이배: $63-28-27＝8$(장)

$28>27>8$이므로 색종이를 많이 사용한 것부터 차례로 쓰면 종이학, 종이비행기, 종이배입니다.

2-3 11개

상해서 버리고 남은 귤은 $85-13＝72$(개)입니다.

수진: 72개의 $\dfrac{1}{4}$이므로 $72\div4＝18$(개)입니다.

도훈: 72개의 $\dfrac{2}{9}$이므로 $72\div9\times2＝16$(개)입니다.

성희: 72개의 $\dfrac{3}{8}$이므로 $72\div8\times3＝27$(개)입니다.

$27>18>16$이므로 귤을 가장 많이 먹은 사람은 성희로 27개, 가장 적게 먹은 사람은 도훈이로 16개입니다.

따라서 성희는 도훈이보다 $27-16=11$(개) 더 많이 먹었습니다.

2-4 강아지, 2명

반려동물을 키우고 있는 학생: 27명의 $\frac{7}{9}$이므로 $27\div9\times7=21$(명)입니다.

강아지를 키우고 있는 학생: 21명의 $\frac{3}{7}$이므로 $21\div7\times3=9$(명)입니다.

고양이를 키우고 있는 학생: 21명의 $\frac{1}{3}$이므로 $21\div3=7$(명)입니다.

$9>7$이므로 강아지를 키우고 있는 학생이 $9-7=2$(명) 더 많습니다.

대표문제 3

두 분수를 가분수로 나타내면 $4\frac{3}{8}=\frac{35}{8}$, $5\frac{1}{8}=\frac{41}{8}$이므로

$\frac{35}{8}<\frac{★}{8}<\frac{41}{8}$입니다.

➡ ★에 들어갈 수 있는 자연수는 35보다 크고 41보다 작은 수입니다.

따라서 ★에 들어갈 수 있는 자연수는 36, 37, 38, 39, 40으로 모두 5개입니다.

3-1 14

$\frac{85}{18}=4\frac{13}{18}$이므로 $4\frac{13}{18}<4\frac{\square}{18}$입니다.

따라서 $\square$ 안에 들어갈 수 있는 자연수는 13보다 크고 18보다 작은 수이므로 가장 작은 자연수는 14입니다.

3-2 5, 6, 7, 8

$\frac{52}{11}=4\frac{8}{11}$, $\frac{98}{11}=8\frac{10}{11}$이므로 $4\frac{8}{11}<\square\frac{5}{11}<8\frac{10}{11}$입니다.

따라서 $\square$ 안에 들어갈 수 있는 자연수는 4보다 크고 8과 같거나 작은 수이므로 5, 6, 7, 8입니다.

3-3 91

$4\frac{8}{9}=\frac{44}{9}$, $5\frac{2}{9}=\frac{47}{9}$이므로 $\frac{44}{9}<\frac{\square}{9}<\frac{47}{9}$입니다.

➡ $\square$ 안에 들어갈 수 있는 자연수는 44보다 크고 47보다 작은 수입니다.

따라서 $\square$ 안에 들어갈 수 있는 자연수는 45, 46이고 그 합은 $45+46=91$입니다.

3-4 7개

$\frac{81}{23}=3\frac{12}{23}$이므로 $3\frac{\square}{23}>3\frac{12}{23}$이고, $\square$ 안에 들어갈 수 있는 자연수는 12보다 크고 23보다 작은 수입니다.

$2\frac{6}{7}=\frac{20}{7}$이므로 $\frac{20}{7}>\frac{\square}{7}$이고, $\square$ 안에 들어갈 수 있는 자연수는 20보다 작은 수입니다.

따라서 $\square$ 안에 공통으로 들어갈 수 있는 자연수는 13, 14, 15, …, 19로 모두 7개입니다.

$\dfrac{7}{12}=\dfrac{1}{12}$이 7개

★의 $\left(\dfrac{1}{12}$이 7개$\right)$만큼이 21이므로

★의 $\left(\dfrac{1}{12}$이 1개$\right)$만큼은 3입니다.

★의 $\dfrac{1}{12}$이 3이므로 ★은 $3\times12=36$입니다.

따라서 36의 $\dfrac{1}{9}$은 $36\div9=4$입니다.

4-1 15

$\dfrac{2}{3}$는 $\dfrac{1}{3}$이 2개이므로 ■의 $\dfrac{1}{3}$은 $14\div2=7$입니다.

■의 $\dfrac{1}{3}$이 7이므로 ■는 $7\times3=21$입니다.

따라서 21의 $\dfrac{5}{7}$는 $21\div7\times5=15$이므로 ★은 15입니다.

서술형 **4-2** 35

㉎ $\dfrac{11}{15}$은 $\dfrac{1}{15}$이 11개이므로 어떤 수의 $\dfrac{1}{15}$은 $22\div11=2$입니다.

어떤 수의 $\dfrac{1}{15}$이 2이므로 어떤 수는 $2\times15=30$입니다.

따라서 30의 $1\dfrac{1}{6}$은 30의 $\dfrac{7}{6}$이므로 $30\div6\times7=35$입니다.

채점 기준	배점
어떤 수를 구할 수 있나요?	3점
어떤 수의 $1\dfrac{1}{6}$을 구할 수 있나요?	2점

4-3 48

$\dfrac{3}{7}$은 $\dfrac{1}{7}$이 3개이므로 ●의 $\dfrac{1}{7}$은 $18\div3=6$입니다.

●의 $\dfrac{1}{7}$이 6이므로 ●$=6\times7=42$입니다.

➡ ▲의 $\dfrac{7}{8}$은 42입니다.

$\dfrac{7}{8}$은 $\dfrac{1}{8}$이 7개이므로 ▲의 $\dfrac{1}{8}$은 $42\div7=6$입니다.

따라서 ▲의 $\dfrac{1}{8}$이 6이므로 ▲$=6\times8=48$입니다.

4-4 51

72의 $\dfrac{7}{12}$은 $72\div12\times7=42$이므로 ㉠$=42$입니다.

42의 $\dfrac{1}{14}$은 $42\div14=3$이므로 $3\times$㉡$=27$, ㉡$=9$입니다.

따라서 ㉠$+$㉡$=42+9=51$입니다.

대표문제 5

모두 대분수로 나타내면

$$\frac{144}{143}=1\frac{1}{143}, \quad \frac{353}{352}=1\frac{1}{352}, \quad \frac{279}{278}=1\frac{1}{278}$$ 이므로

자연수 부분이 모두 같고 진분수 부분은 분자가 1인 단위분수입니다.

단위분수는 분모가 작을수록 큰 수이므로 진분수 부분의 크기를 비교하면

$$\frac{1}{143}>\frac{1}{278}>\frac{1}{352}$$ 입니다.

따라서 큰 수부터 차례로 쓰면 $\dfrac{144}{143}, \dfrac{279}{278}, \dfrac{353}{352}$ 입니다.

5-1 $\dfrac{65}{9}, \dfrac{79}{11}, \dfrac{107}{15}$

모두 대분수로 나타내면 $\dfrac{107}{15}=7\dfrac{2}{15}, \dfrac{65}{9}=7\dfrac{2}{9}, \dfrac{79}{11}=7\dfrac{2}{11}$ 이므로 자연수 부분은 7로 모두 같고 진분수 부분은 분자가 2로 모두 같습니다.

분자가 같은 분수는 분모가 작을수록 큰 수이므로 진분수 부분의 크기를 비교하면

$$\frac{2}{9}>\frac{2}{11}>\frac{2}{15}$$ 입니다.

따라서 큰 수부터 차례로 쓰면 $\dfrac{65}{9}, \dfrac{79}{11}, \dfrac{107}{15}$ 입니다.

5-2 $\dfrac{127}{56}$

모두 대분수로 나타내면 $\dfrac{161}{73}=2\dfrac{15}{73}, \dfrac{217}{101}=2\dfrac{15}{101}, \dfrac{127}{56}=2\dfrac{15}{56}, \dfrac{299}{142}=2\dfrac{15}{142}$ 이므로 자연수 부분은 2로 모두 같고 진분수 부분은 분자가 15로 모두 같습니다.

분자가 같은 분수는 분모가 작을수록 큰 수이므로 진분수 부분의 크기를 비교하면

$$\frac{15}{56}>\frac{15}{73}>\frac{15}{101}>\frac{15}{142}$$ 입니다.

따라서 가장 큰 분수는 $\dfrac{127}{56}$ 입니다.

5-3 $\dfrac{788}{789}, \dfrac{539}{540}, \dfrac{180}{181}$

$$\frac{540}{540}=1, \quad \frac{789}{789}=1, \quad \frac{181}{181}=1$$ 이므로 세 분수의 크기가 각각 1이 되려면

$\dfrac{539}{540}$ 는 $\dfrac{1}{540}$ 만큼, $\dfrac{788}{789}$ 은 $\dfrac{1}{789}$ 만큼, $\dfrac{180}{181}$ 은 $\dfrac{1}{181}$ 만큼 더 있어야 합니다.

단위분수는 분모가 작을수록 큰 수이므로 $\dfrac{1}{181}>\dfrac{1}{540}>\dfrac{1}{789}$ 입니다.

따라서 큰 수부터 차례로 쓰면 $\dfrac{788}{789}, \dfrac{539}{540}, \dfrac{180}{181}$ 입니다.

참고

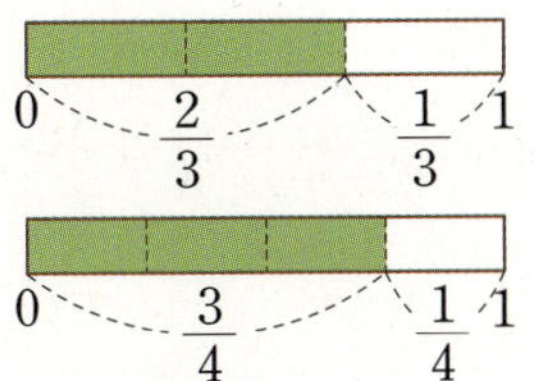

1이 되기 위해 더 있어야 하는 수가 작을수록 큰 수입니다.

➡ $\dfrac{1}{3}>\dfrac{1}{4}$ 이므로 $\dfrac{2}{3}<\dfrac{3}{4}$ 입니다.

5-4 143

모두 대분수로 나타내면 $\dfrac{191}{48}=3\dfrac{47}{48}$, $\dfrac{335}{84}=3\dfrac{83}{84}$, $\dfrac{267}{67}=3\dfrac{66}{67}$이므로

세 분수의 크기가 각각 4가 되려면 $\dfrac{1}{48}$만큼, $\dfrac{1}{84}$만큼, $\dfrac{1}{67}$만큼 더 있어야 합니다.

$\dfrac{1}{48}>\dfrac{1}{67}>\dfrac{1}{84}$이므로 $\dfrac{191}{48}<\dfrac{267}{67}<\dfrac{335}{84}$입니다.

따라서 가장 작은 분수는 $\dfrac{191}{48}$이므로 분모와 분자의 차는 $191-48=143$입니다.

대표문제 6

분모가 같은 분수끼리 묶으면 $\left(\dfrac{1}{2}\right)$, $\left(\dfrac{1}{3},\ \dfrac{2}{3}\right)$, $\left(\dfrac{1}{4},\ \dfrac{2}{4},\ \dfrac{3}{4}\right)$, $\left(\dfrac{1}{5},\ \cdots\right)$, $\cdots$입니다.

➡ 각 묶음은 분자가 1씩 커지면서 진분수가 1개씩 늘어나는 규칙입니다.

8째 묶음까지의 분수는 $1+2+3+4+5+6+7+8=36$(개)이므로

41째에 놓을 분수는 9째 묶음의 5째 분수입니다.

따라서 9째 묶음의 5째 분수는 분모가 10이고 분자가 5이므로 $\dfrac{5}{10}$입니다.

6-1 $17\dfrac{1}{3}$

대분수를 가분수로 나타내면 $\dfrac{2}{3}$, $1\dfrac{1}{3}=\dfrac{4}{3}$, $\dfrac{6}{3}$, $2\dfrac{2}{3}=\dfrac{8}{3}$, $\dfrac{10}{3}$, $\cdots$이므로

분모는 3이고 분자는 2씩 커지는 규칙입니다. 또한 첫째를 제외한 홀수째는 가분수이고 짝수째는 대분수입니다.

26째에 놓을 분수의 분자는 $2\times26=52$이므로 26째에 놓을 분수는 $\dfrac{52}{3}$입니다.

이때 짝수째의 분수는 대분수이므로 $\dfrac{52}{3}=17\dfrac{1}{3}$입니다.

6-2 $\dfrac{55}{75}$

분모는 3, 7, 11, 15, 19, $\cdots$이므로 4씩 커지고 분자는 1, 4, 7, 10, 13, $\cdots$이므로 3씩 커지는 규칙입니다.

19째에 놓을 분수의

분모는 3부터 시작하여 4씩 18번 커진 수이므로 $3+4\times18=3+72=75$이고

분자는 1부터 시작하여 3씩 18번 커진 수이므로 $1+3\times18=1+54=55$입니다.

따라서 19째에 놓을 분수는 $\dfrac{55}{75}$입니다.

서술형 6-3 $2\dfrac{39}{44}$

예 분모는 1씩 커지고 분자는 3씩 커지는 규칙입니다.

43째에 놓을 분수의 분모는 2부터 시작하여 1씩 42번 커진 수이므로 $2+42=44$이고

분자는 1부터 시작하여 3씩 42번 커진 수이므로 $1+3\times42=1+126=127$입니다.

따라서 43째에 놓을 분수는 $\dfrac{127}{44}$이므로 대분수로 나타내면 $2\dfrac{39}{44}$입니다.

채점 기준	배점
분모와 분자의 규칙을 각각 찾을 수 있나요?	1점
43째에 놓을 분수의 분모와 분자를 각각 구할 수 있나요?	2점
43째에 놓을 분수를 대분수로 나타낼 수 있나요?	2점

6-4 2

자연수를 분모가 1인 분수로 나타내고 분자가 같은 분수끼리 묶으면

$\left(\dfrac{2}{1}\right)$, $\left(\dfrac{3}{1}, \dfrac{3}{2}\right)$, $\left(\dfrac{4}{1}, \dfrac{4}{2}, \dfrac{4}{3}\right)$, … 입니다.

➡ 각 묶음은 분모가 1씩 커지면서 가분수가 1개씩 늘어나는 규칙입니다.

7째 묶음까지의 수는 $1+2+3+4+5+6+7=28$(개)이므로 35째에 놓을 분수는 8째 묶음의 7째 수입니다.

8째 묶음: $\dfrac{9}{1}$, $\dfrac{9}{2}$, $\dfrac{9}{3}$, $\dfrac{9}{4}$, $\dfrac{9}{5}$, $\dfrac{9}{6}$, $\dfrac{9}{7}$, $\dfrac{9}{8}$

따라서 35째에 놓을 분수는 $\dfrac{9}{7}$이므로 분모와 분자의 차는 $9-7=2$입니다.

7

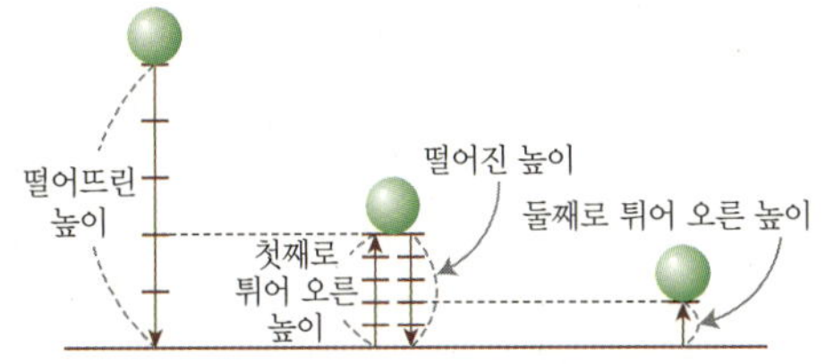

첫째로 튀어 오른 공의 높이는 150 m의 $\dfrac{2}{5}$이므로 $150\div5\times2=60$(m)입니다.

둘째로 튀어 오른 공의 높이는 60 m의 $\dfrac{2}{5}$이므로 $60\div5\times2=24$(m)입니다.

따라서 공이 움직인 거리는 모두 $150+60+60+24=294$(m)입니다.

7-1 27 cm

첫째로 튀어 오른 공의 높이는 147 cm의 $\dfrac{3}{7}$이므로 $147\div7\times3=63$(cm)입니다.

둘째로 튀어 오른 공의 높이는 63 cm의 $\dfrac{3}{7}$이므로 $63\div7\times3=27$(cm)입니다.

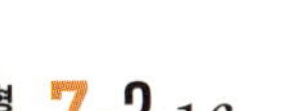

7-2 16 m

㈎ 첫째로 튀어 오른 공의 높이는 54 m의 $\dfrac{2}{3}$이므로 $54\div3\times2=36$(m)입니다.

둘째로 튀어 오른 공의 높이는 36 m의 $\dfrac{2}{3}$이므로 $36\div3\times2=24$(m)입니다.

셋째로 튀어 오른 공의 높이는 24 m의 $\dfrac{2}{3}$이므로 $24\div3\times2=16$(m)입니다.

채점 기준	배점
첫째로 튀어 오른 공의 높이와 둘째로 튀어 오른 공의 높이를 각각 구할 수 있나요?	3점
셋째로 튀어 오른 공의 높이를 구할 수 있나요?	2점

7-3 42 cm

첫째로 튀어 오른 공의 높이는 112 cm의 $\dfrac{7}{8}$이므로 $112\div8\times7=98$(cm)입니다.

둘째로 튀어 오른 공의 높이는 98 cm의 $\dfrac{4}{7}$이므로 $98\div7\times4=56$(cm)입니다.

따라서 공이 첫째로 튀어 오른 높이는 둘째로 튀어 오른 높이보다 $98-56=42$(cm) 더 높습니다.

7-4 225 m

첫째로 튀어 오른 공의 높이는 81 m의 $\dfrac{5}{9}$이므로

$81 \div 9 \times 5 = 45$(m)입니다.

둘째로 튀어 오른 공의 높이는 45 m의 $\dfrac{3}{5}$이므로

$45 \div 5 \times 3 = 27$(m)입니다.

따라서 공이 움직인 거리는 모두 $81 + 45 + 45 + 27 + 27 = 225$(m)입니다.

대표문제 8

㉠에 3을 넣으면 $\dfrac{3\,㉡}{5}$입니다.

① ㉡=5이면 $\dfrac{35}{5}=7$이므로 대분수가 되지 않습니다.

② ㉡=1, 2, 4이면 ㉢=6이고 ㉣은 ㉡과 같은 수가 되므로 조건에 맞지 않습니다.

③ ㉡=6, 7, 8, 9이면

$\dfrac{36}{5}=7\dfrac{1}{5}$, $\dfrac{37}{5}=7\dfrac{2}{5}$, $\dfrac{38}{5}=7\dfrac{3}{5}$, $\dfrac{39}{5}=7\dfrac{4}{5}$입니다.

➡ ㉢=7이고 서로 다른 수가 들어가야 하므로 ㉡=6, 9만 가능합니다.

따라서 ㉠에 3을 넣는 경우 나올 수 있는 대분수는 $7\dfrac{1}{5}$, $7\dfrac{4}{5}$입니다.

8-1 2개

㉠에 5를 넣으면 $\dfrac{5\,㉡}{9}$입니다.

㉡=4이면 $\dfrac{54}{9}=6$이므로 대분수가 되지 않습니다.

㉡=1, 2, 3이면 ㉢=5이고 ㉢은 ㉠과 같은 수가 되므로 조건에 맞지 않습니다.

㉡=5이면 ㉠과 ㉡이 같은 수가 되므로 조건에 맞지 않습니다.

㉡=6, 7, 8, 9이면 $\dfrac{56}{9}=6\dfrac{2}{9}$, $\dfrac{57}{9}=6\dfrac{3}{9}$, $\dfrac{58}{9}=6\dfrac{4}{9}$, $\dfrac{59}{9}=6\dfrac{5}{9}$입니다.

➡ ㉢=6이고 서로 다른 수가 들어가야 하므로 ㉡=7, 8만 가능합니다.

따라서 ㉠에 5를 넣는 경우 나올 수 있는 대분수는 $6\dfrac{3}{9}$, $6\dfrac{4}{9}$로 모두 2개입니다.

8-2 $\dfrac{43}{7}=6\dfrac{1}{7}$, $\dfrac{45}{7}=6\dfrac{3}{7}$

㉢에 6을 넣으면 $6\dfrac{㉣}{7}$에서 ㉣=1, 2, 3, 4, 5이므로

$6\dfrac{1}{7}=\dfrac{43}{7}$, $6\dfrac{2}{7}=\dfrac{44}{7}$, $6\dfrac{3}{7}=\dfrac{45}{7}$, $6\dfrac{4}{7}=\dfrac{46}{7}$, $6\dfrac{5}{7}=\dfrac{47}{7}$입니다.

➡ ㉠=4이고 서로 다른 수가 들어가야 하므로 ㉡=3, 5만 가능합니다.

따라서 ㉢에 6을 넣는 경우 나올 수 있는 식은 $\dfrac{43}{7}=6\dfrac{1}{7}$, $\dfrac{45}{7}=6\dfrac{3}{7}$입니다.

8-3 $\dfrac{19}{8}$

두 자리 수 ㉠㉡에 들어갈 수가 8단 곱셈구구의 곱이면 $\dfrac{16}{8}=2$, $\dfrac{24}{8}=3$, …이므로 대분수가 되지 않습니다.

㉠㉡=12, 13, 14, 15이면 ㉢=1이고 ㉠과 ㉢이 같은 수가 되므로 조건에 맞지 않습니다.

㉠㉡=17이면 ㉣=1이고 ㉠과 ㉣이 같은 수가 되므로 조건에 맞지 않습니다.

㉠㉡=18, 19, 20, …, 23이면 $\dfrac{18}{8}=2\dfrac{2}{8}$, $\dfrac{19}{8}=2\dfrac{3}{8}$, $\dfrac{20}{8}=2\dfrac{4}{8}$, …, $\dfrac{23}{8}=2\dfrac{7}{8}$입니다.

➡ ㉢=2이고 서로 다른 수가 들어가야 하므로 ㉠㉡=19만 가능합니다.

따라서 나올 수 있는 가분수 중 가장 작은 가분수는 $\dfrac{19}{8}$입니다.

MATH MASTER

1 7시간

하루는 24시간입니다.

잠을 자는 시간은 24시간의 $\dfrac{1}{3}$이므로 $24\div3=8$(시간),

밥을 먹는 시간은 24시간의 $\dfrac{1}{8}$이므로 $24\div8=3$(시간),

학교에서 보내는 시간은 24시간의 $\dfrac{1}{4}$이므로 $24\div4=6$(시간)입니다.

따라서 수현이가 하루를 보내는 나머지 시간은 $24-8-3-6=7$(시간)입니다.

2 우현, 3자루

연필 7타는 $12\times7=84$(자루)입니다.

수정이는 84자루의 $\dfrac{1}{4}$이므로 $84\div4=21$(자루)를 가지게 됩니다.

우현이는 84자루의 $\dfrac{2}{7}$이므로 $84\div7\times2=24$(자루)를 가지게 됩니다.

따라서 우현이가 연필을 $24-21=3$(자루) 더 많이 가지게 됩니다.

서술형

3 14명

㉮ 안경을 쓴 남학생은 28명의 $\dfrac{3}{14}$이므로 $28\div14\times3=6$(명)입니다.

안경을 쓴 여학생은 $28-6=22$(명)의 $\dfrac{4}{11}$이므로 $22\div11\times4=8$(명)입니다.

따라서 안경을 쓰지 않은 학생은 $28-6-8=14$(명)입니다.

채점 기준	배점
안경을 쓴 남학생 수를 구할 수 있나요?	2점
안경을 쓴 여학생 수를 구할 수 있나요?	2점
안경을 쓰지 않은 학생 수를 구할 수 있나요?	1점

4 $2\dfrac{2}{3}$

가장 큰 가분수를 만들려면 분모에 가장 작은 수를 놓고 분자에 가장 큰 수를 놓아야 합니다. $3<5<6<7<8$이므로 만들 수 있는 가장 큰 가분수는 $\dfrac{8}{3}$입니다.

따라서 대분수로 나타내면 $\dfrac{8}{3}=2\dfrac{2}{3}$입니다.

5 10분

호정이가 집에서 식물원까지 가는 데 걸린 시간은

오후 2시 5분$-$12시 50분$=$14시 5분$-$12시 50분$=$1시간 15분$=$75분입니다.

지하철을 탄 시간은 75분의 $\frac{2}{3}$이므로 $75\div3\times2=50$(분)입니다.

버스를 탄 시간은 75분의 $\frac{1}{5}$이므로 $75\div5=15$(분)입니다.

따라서 호정이가 걸은 시간은 75분$-$50분$-$15분$=$10분입니다.

6 92쪽

둘째 날 읽은 동화책의 쪽수: 36쪽의 $\frac{8}{9}$은 $36\div9\times8=32$(쪽)이고 2쪽 더 적게 읽었

으므로 $32-2=30$(쪽)입니다.

셋째 날 읽은 동화책의 쪽수: 30쪽의 $\frac{5}{6}$는 $30\div6\times5=25$(쪽)이고 1쪽 더 많이 읽었

으므로 $25+1=26$(쪽)입니다.

따라서 동화책은 모두 $36+30+26=92$(쪽)입니다.

7 $2\frac{1}{8}$

③으로 ①을 만들려면 ③은 4개 필요하고, ②를 만들려면 ③은 2개 필요합니다.

주어진 모양은 ①이 1개, ②가 2개, ③이 9개이므로 ③은 모두 $4+2+2+9=17$(개)

필요합니다.

따라서 필요한 ③은 색종이 한 장의 $\frac{17}{8}=2\frac{1}{8}$입니다.

8 88개

A 채소 가게에서 판매한 당근 수의 $\frac{8}{11}$이 40개이므로 $\frac{1}{11}$은 $40\div8=5$(개)입니다.

A 채소 가게에서 판매한 당근 수의 $\frac{1}{11}$이 5개이므로 판매한 당근은 $5\times11=55$(개)

입니다.

따라서 B 채소 가게에서 판매한 당근은 55개의 $1\frac{3}{5}=\frac{8}{5}$이므로 $55\div5\times8=88$(개)입

니다.

9 50

㈎ ■$\div9=6\cdots5$이므로 $9\times6+5=$■에서 ■$=59$입니다. $\rightarrow\frac{59}{9}$

따라서 분모와 분자의 차는 $59-9=50$입니다.

채점 기준	배점
가분수를 구할 수 있나요?	3점
가분수의 분모와 분자의 차를 구할 수 있나요?	2점

10 $\frac{18}{25}$

분자가 분모보다 작은 경우 중 분모와 분자의 합이 43이고 차가 7인 경우를 찾아봅니다.

분모	22	23	24	25	26	27
분자	21	20	19	18	17	16
차	1	3	5	7	9	11

따라서 분모는 25, 분자는 18이므로 진분수는 $\frac{18}{25}$입니다.

11 159

㉠은 5 또는 6입니다.

㉠=5이면 $5\dfrac{8}{13}=\dfrac{73}{13}$이고, ㉠=6이면 $6\dfrac{8}{13}=\dfrac{86}{13}$입니다.

따라서 가분수의 분자가 될 수 있는 수는 73과 86이므로 합은 73＋86＝159입니다.

12 20분

12분 동안 탄 양초의 길이는 처음 양초 길이의 $\dfrac{3}{8}$이므로 처음 양초 길이의 $\dfrac{1}{8}$만큼 타는 데 걸린 시간은 12÷3＝4(분)입니다.

남은 양초 길이는 처음 양초 길이의 $\dfrac{5}{8}$이므로 남은 양초가 모두 타는 데 걸리는 시간은 4×5＝20(분)입니다.

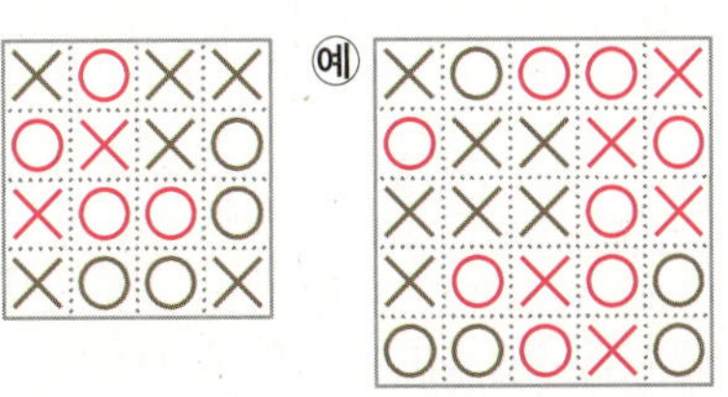

13 4개

$3\dfrac{7}{9}=\dfrac{34}{9}$, $4\dfrac{2}{9}=\dfrac{38}{9}$이므로 $\dfrac{34}{9}<\dfrac{★}{9}<\dfrac{38}{9}$입니다. → ★＝35, 36, 37

$\dfrac{32}{5}=6\dfrac{2}{5}$, $\dfrac{41}{5}=8\dfrac{1}{5}$이므로 $6\dfrac{2}{5}<▲\dfrac{3}{5}<8\dfrac{1}{5}$입니다. → ▲＝6, 7

$\dfrac{★}{▲}$은 $\dfrac{35}{6}=5\dfrac{5}{6}$, $\dfrac{36}{6}=6$, $\dfrac{37}{6}=6\dfrac{1}{6}$, $\dfrac{35}{7}=5$, $\dfrac{36}{7}=5\dfrac{1}{7}$, $\dfrac{37}{7}=5\dfrac{2}{7}$이므로 대분수로 나타낼 수 있는 것은 모두 4개입니다.

14 $\dfrac{13}{21}$, $\dfrac{8}{21}$, $\dfrac{4}{21}$

㉡의 분자를 ■라고 하면 ㉠=$\dfrac{■＋5}{21}$, ㉡=$\dfrac{■}{21}$, ㉢=$\dfrac{■－4}{21}$입니다.

세 분수의 분자의 합이 25이므로 ■＋5＋■＋■－4＝25, ■＋■＋■＝24, ■＝8입니다.

➡ ㉠=$\dfrac{13}{21}$, ㉡=$\dfrac{8}{21}$, ㉢=$\dfrac{4}{21}$

15 4개

$\dfrac{40}{7}=5\dfrac{5}{7}$이므로 ㉠$\dfrac{㉡}{7}<5\dfrac{5}{7}$입니다.

따라서 ㉠이 ㉡보다 1만큼 더 작은 대분수는 $1\dfrac{2}{7}$, $2\dfrac{3}{7}$, $3\dfrac{4}{7}$, $4\dfrac{5}{7}$로 모두 4개입니다.

Brain

1 들이의 단위, 들이의 합과 차

1 ㉯, ㉰, ㉮

덜어 낸 횟수가 적을수록 들이가 많은 것이므로 ㉯, ㉰, ㉮ 컵의 순서로 들이가 많습니다.

2 ( )( )(○)(△)

$3070\,\text{mL}=3\,\text{L}\,70\,\text{mL}$, $7003\,\text{mL}=7\,\text{L}\,3\,\text{mL}$이므로
$7\,\text{L}\,3\,\text{mL}>3\,\text{L}\,700\,\text{mL}>3\,\text{L}\,70\,\text{mL}>3\,\text{L}$입니다.
따라서 가장 많은 들이는 $7003\,\text{mL}$이고 가장 적은 들이는 $3\,\text{L}$입니다.

3 (1) L (2) mL

욕조의 들이는 L, 음료수 캔의 들이는 mL로 나타내는 것이 알맞습니다.

4 $3\,\text{L}\,650\,\text{mL}$

$4\,\text{L}\,900\,\text{mL}+1\,\text{L}\,350\,\text{mL}-2\,\text{L}\,600\,\text{mL}$
$=6\,\text{L}\,250\,\text{mL}-2\,\text{L}\,600\,\text{mL}=3\,\text{L}\,650\,\text{mL}$

5 $2\,\text{L}\,800\,\text{mL}$

(동생이 떠 온 물의 양)$=4\,\text{L}\,500\,\text{mL}-1\,\text{L}\,700\,\text{mL}=2\,\text{L}\,800\,\text{mL}$

6 30, 250 / 4, 4

1초 동안 그릇에 $280-30=250(\text{mL})$의 물이 채워지고
$1\,\text{L}=1000\,\text{mL}=250\,\text{mL}+250\,\text{mL}+250\,\text{mL}+250\,\text{mL}$이므로
그릇에 물을 가득 채우는 데 걸리는 시간은 4초입니다.

2 무게의 단위, 무게의 합과 차

1 ㉣, ㉠, ㉡, ㉢

㉡ $3300\,\text{g}=3\,\text{kg}\,300\,\text{g}$, ㉣ $3003\,\text{g}=3\,\text{kg}\,3\,\text{g}$이므로
$3\,\text{kg}\,3\,\text{g}<3\,\text{kg}\,30\,\text{g}<3\,\text{kg}\,300\,\text{g}<30\,\text{kg}$입니다.
➡ $3003\,\text{g}<3\,\text{kg}\,30\,\text{g}<3300\,\text{g}<30\,\text{kg}$

2 $15\,\text{t}$

(물건 300상자의 무게)$=50\times300=15000(\text{kg})$
$1000\,\text{kg}=1\,\text{t}$이므로 $15000\,\text{kg}=15\,\text{t}$입니다.

3 (1) g (2) t

필통의 무게는 g, 코끼리의 무게는 t으로 나타내는 것이 알맞습니다.

4 $2\,\text{kg}\,450\,\text{g}$

$6\,\text{kg}\,850\,\text{g}+5\,\text{kg}\,600\,\text{g}=12\,\text{kg}\,450\,\text{g}$이므로 $10\,\text{kg}+㉠=12\,\text{kg}\,450\,\text{g}$입니다.
➡ $㉠=12\,\text{kg}\,450\,\text{g}-10\,\text{kg}=2\,\text{kg}\,450\,\text{g}$

5 $3\,\text{kg}\,300\,\text{g}$

책 4권의 무게는 $400\times4=1600(\text{g}) \rightarrow 1\,\text{kg}\,600\,\text{g}$입니다.
따라서 가방에 책 4권을 넣은 무게는
$1\,\text{kg}\,700\,\text{g}+1\,\text{kg}\,600\,\text{g}=3\,\text{kg}\,300\,\text{g}$입니다.

6 12개

(수박 1통)＝(멜론 3통)이고

(멜론 1통)＝(참외 4개)에서 (멜론 3통)＝(참외 12개)이므로

(수박 1통)＝(멜론 3통)＝(참외 12개)입니다.

따라서 수박 1통의 무게는 참외 12개의 무게와 같습니다.

실제 몸무게와 어림한 몸무게의 차가 (클수록 , (작을수록)) 실제 몸무게에 가깝게 어림한 것이므로 두 몸무게의 차를 구해 봅니다.

지혜: $55\,kg-53\,kg\,700\,g=1\,kg\,300\,g$

민호: $53\,kg\,700\,g-52\,kg\,300\,g=1\,kg\,400\,g$

연아: $53000\,g=53\,kg$이므로 $53\,kg\,700\,g-53\,kg=700\,g$

따라서 $700\,g<1\,kg\,300\,g<1\,kg\,400\,g$이므로 실제 몸무게와 어림한 몸무게의 차가 가장 작은 연아가 실제 몸무게에 가장 가깝게 어림하였습니다.

1-1 은성

실제 들이와 어림한 들이의 차를 구해 봅니다.

세현: $1\,L\,750\,mL-1\,L\,500\,mL=250\,mL$

은성: $1\,L\,500\,mL-1\,L\,300\,mL=200\,mL$

따라서 $200\,mL<250\,mL$이므로 실제 들이에 더 가깝게 어림한 사람은 은성입니다.

1-2 보람, 정은, 지우

(참외 4개의 무게)$=400\times4=1600(g)\rightarrow1\,kg\,600\,g$

실제 무게와 어림한 무게의 차를 구해 봅니다.

정은: $1\,kg\,800\,g-1\,kg\,600\,g=200\,g$

보람: $1\,kg\,600\,g-1\,kg\,500\,g=100\,g$

지우: $2\,kg-1\,kg\,600\,g=400\,g$

따라서 $100\,g<200\,g<400\,g$이므로 보람, 정은, 지우의 차례로 실제 무게에 가깝게 어림하였습니다.

1-3 선주

(덜어 낸 물의 양)$=300\times4=1200(mL)\rightarrow1\,L\,200\,mL$

(수조에 남아 있는 물의 양)$=5\,L-1\,L\,200\,mL=3\,L\,800\,mL$

수조에 남아 있는 물의 양과 어림한 물의 양의 차를 구해 봅니다.

정훈: $4\,L-3\,L\,800\,mL=200\,mL$

진석: $3\,L\,800\,mL-3\,L\,500\,mL=300\,mL$

선주: $3\,L\,900\,mL-3\,L\,800\,mL=100\,mL$

따라서 $100\,mL<200\,mL<300\,mL$이므로 실제 남아 있는 물의 양에 가장 가깝게 어림한 사람은 선주입니다.

대표문제 2

(항아리에 더 부은 간장의 양)
= (간장을 더 부은 후의 양) − (처음에 들어 있던 간장의 양)
= 4 L 300 mL − 2 L 800 mL
= 1 L 500 mL = 1500 mL
그릇에 가득 담아 5번 부은 간장의 양이 1500 mL이고
1500 mL = 300 mL + 300 mL + 300 mL + 300 mL + 300 mL이므로
그릇의 들이는 300 mL입니다.

2-1 1 L 200 mL

컵으로 덜어 낸 물의 양은 200 mL + 200 mL + 200 mL = 600 mL입니다.
따라서 물통에 남아 있는 물은 1 L 800 mL − 600 mL = 1 L 200 mL입니다.

2-2 400 mL

(더 부은 물의 양) = 7 L 300 mL − 5 L 700 mL = 1 L 600 mL
1 L 600 mL = 1600 mL = 400 mL + 400 mL + 400 mL + 400 mL이므로 통의
들이는 400 mL입니다.

2-3 900 g

(섞은 쌀과 보리의 무게) = 4 kg 600 g + 1 kg 500 g = 6 kg 100 g
(그릇으로 3번 덜어 낸 무게) = 6 kg 100 g − 3 kg 400 g = 2 kg 700 g
2 kg 700 g = 2700 g = 900 g + 900 g + 900 g이므로 그릇으로 1번 덜어 낸 무게는
900 g입니다.

2-4 1 L 200 mL

(큰 통 2개와 작은 통 3개에 담은 물의 양)
= 8 L 100 mL − 3 L 900 mL = 4 L 200 mL = 4200 mL
큰 통의 들이가 작은 통의 들이의 2배이므로 큰 통 2개의 들이는 작은 통의 들이의 4배
입니다.
큰 통 2개와 작은 통 3개의 들이는 작은 통 7개의 들이와 같으므로
작은 통의 들이를 □ mL라고 하면 □ × 7 = 4200, □ = 600입니다.
따라서 큰 통의 들이는 600 mL + 600 mL = 1200 mL = 1 L 200 mL입니다.

대표문제 3

(빈 상자의 무게) + (귤 전체의 무게) = 10 kg 600 g
(빈 상자의 무게) + (귤 절반의 무게) = 5 kg 700 g
────────────────────────────────
(귤 절반의 무게) = 4 kg 900 g

귤 절반의 무게가 4 kg 900 g이므로 귤 전체의 무게는
4 kg 900 g + 4 kg 900 g = 9 kg 800 g입니다.
➡ (빈 상자의 무게) = (귤이 가득 들어 있는 상자의 무게) − (귤 전체의 무게)
= 10 kg 600 g − 9 kg 800 g
= 800 g

3-1 500 g

(책 1권의 무게)＝(책 6권을 넣은 가방의 무게)－(책 5권을 넣은 가방의 무게)
＝2 kg 100 g－1 kg 850 g＝250 g
➡ (책 2권의 무게)＝250 g＋250 g＝500 g

3-2 550 g

(예) (참외 4개의 무게)＝(참외 12개를 넣은 상자의 무게)－(참외 8개를 넣은 상자의 무게)
＝4 kg 750 g－3 kg 350 g＝1 kg 400 g
(참외 8개의 무게)＝1 kg 400 g＋1 kg 400 g＝2 kg 800 g
➡ (빈 상자의 무게)＝(참외 8개를 넣은 상자의 무게)－(참외 8개의 무게)
＝3 kg 350 g－2 kg 800 g＝550 g

채점 기준	배점
참외 8개의 무게를 구할 수 있나요?	3점
빈 상자의 무게를 구할 수 있나요?	2점

3-3 2 kg 400 g

(고구마 1개의 무게)
＝(고구마 4개를 담은 그릇의 무게)－(고구마 3개를 담은 그릇의 무게)
＝1 kg 700 g－1 kg 350 g＝350 g
(고구마 6개를 담은 그릇의 무게)
＝(고구마 4개를 담은 그릇의 무게)＋(고구마 2개의 무게)
＝1 kg 700 g＋350 g＋350 g＝2 kg 400 g

3-4 43 kg 200 g

(수박 1조각의 무게)＝41 kg 400 g－40 kg 100 g＝1 kg 300 g
(수박 1통의 무게)＝1 kg 300 g＋1 kg 300 g＋1 kg 300 g＝3 kg 900 g
(하윤이의 몸무게)＝41 kg 400 g－3 kg 900 g＝37 kg 500 g
➡ (하윤이와 강아지의 무게)＝37 kg 500 g＋5 kg 700 g＝43 kg 200 g

120～121쪽

작은 유리병의 들이를 ■ mL라고 하면 큰 유리병의 들이는 (■＋800) mL입니다.
두 유리병에 담긴 식용유의 양이 5 L＝5000 mL이므로
■＋(■＋800)＝5000
■＋■＝5000－800
■＋■＝4200
■＝2100
따라서 작은 유리병에 담긴 식용유는 2100 mL＝2 L 100 mL입니다.

4-1 400 mL

수혁이가 마신 우유의 양을 □ mL라고 하면
준서가 마신 우유의 양은 (□+150) mL이므로
□+(□+150)=950, □+□=800, □=400입니다.
따라서 수혁이가 마신 우유는 400 mL입니다.

4-2 1 kg 400 g,
2 kg 600 g
(또는 2 kg 600 g,
1 kg 400 g)

4 kg=4000 g이고 1 kg 200 g=1200 g입니다.
더 적게 담긴 통의 밀가루의 무게를 □ g이라고 하면
더 많이 담긴 통의 밀가루의 무게는 (□+1200) g이므로
□+(□+1200)=4000, □+□=2800, □=1400입니다.
따라서 더 적게 담긴 통의 밀가루는 1400 g=1 kg 400 g이고
더 많이 담긴 통의 밀가루는 1 kg 400 g+1 kg 200 g=2 kg 600 g입니다.

4-3 2 kg 400 g,
1 kg 900 g

(먹고 남은 떡의 무게)=5 kg−700 g=4 kg 300 g=4300 g
작은 봉지에 담은 떡의 무게를 □ g이라고 하면 큰 봉지에 담은 떡의 무게는 (□+500) g
이므로 □+(□+500)=4300, □+□=3800, □=1900입니다.
따라서 작은 봉지에 담은 떡은 1900 g=1 kg 900 g이고
큰 봉지에 담은 떡은 1 kg 900 g+500 g=2 kg 400 g입니다.

4-4 2 L 400 mL

4 L=4000 mL입니다.
가 그릇의 들이를 □ mL라고 하면 나 그릇의 들이는 (□+200) mL,
다 그릇의 들이는 (□+200)+300=(□+500) mL입니다.
□+(□+200)+(□+500)=4000, □+□+□=3300, □=1100
가 그릇의 들이는 1100 mL이므로 나 그릇의 들이는 1100 mL+200 mL=1300 mL
입니다.
따라서 가 그릇과 나 그릇에 담긴 물은 모두
1100 mL+1300 mL=2400 mL=2 L 400 mL입니다.

122~123쪽

대표문제 5

(쌀 60가마니의 무게)=(쌀 1가마니의 무게)×(가마니 수)
=80×60=4800(kg)
1 t=1000 kg이고 4800 kg=4000 kg+800 kg이므로
4800 kg=4 t 800 kg입니다.
트럭 한 대에 1 t까지 실을 수 있으므로
4 t을 싣기 위한 트럭 4대, 800 kg을 싣기 위한 트럭 1대가 필요합니다.
따라서 트럭은 적어도 4+1=5(대) 필요합니다.

5-1 2대

(철근 90개의 무게)=20×90=1800(kg) → 1 t 800 kg
트럭 한 대에 철근을 1 t까지 싣고 800 kg이 남으므로 트럭은 적어도 2대 필요합니다.

5-2 4개

(사과 500상자의 무게)$=20\times500=10000(\text{kg})\rightarrow10\,t$

$10\div3=3\cdots1$에서 창고 3개에 보관하면 사과 $1\,t$이 남으므로 창고는 적어도 4개 필요합니다.

보충 개념

20×500은 20×50의 10배와 같습니다.

5-3 11대

(밀가루 800포대의 무게)$=20\times800=16000(\text{kg})\rightarrow16\,t$

(설탕 500포대의 무게)$=10\times500=5000(\text{kg})\rightarrow5\,t$

밀가루와 설탕은 모두 $16+5=21(t)$입니다.

$21\div2=10\cdots1$에서 트럭 10대에 실으면 $1\,t$이 남으므로 트럭은 적어도 11대 필요합니다.

5-4 250자루

(화물 열차에 실을 수 있는 물건의 무게)$=2\times5=10(t)$

(페인트 200통의 무게)$=40\times200=8000(\text{kg})\rightarrow8\,t$

(페인트를 실은 후 더 실을 수 있는 무게)$=10-8=2(t)$

$2\,t=2000\,\text{kg}$이고, $2000=8\times250$이므로 한 자루에 $8\,\text{kg}$인 모래를 250자루까지 실을 수 있습니다.

124~125쪽

방울토마토 $400\,\text{g}$이 2000원이므로 $100\,\text{g}$은 $2000\div4=500$(원)입니다.

➡ $1\,\text{kg}=1000\,\text{g}$이고 $100\,\text{g}$의 10배이므로

방울토마토 $1\,\text{kg}$은 $500\times10=5000$(원)입니다.

귤 $1\,\text{kg}$이 6000원이므로 $500\,\text{g}$은 $6000\div2=3000$(원)입니다.

➡ 귤 $1\,\text{kg}\ 500\,\text{g}$은 $6000+3000=9000$(원)입니다.

따라서 영서 어머니께서 방울토마토와 귤을 사는 데 쓴 돈은 모두

$5000+9000=14000$(원)입니다.

6-1 7200원

사탕 $900\,\text{g}$은 $300\,\text{g}$의 3배입니다.

따라서 지은이가 사탕을 사는 데 필요한 돈은 $2400\times3=7200$(원)입니다.

서술형 **6-2** 19750원

㉮ 오렌지주스 $100\,\text{mL}$는 $1500\div2=750$(원)이므로 $500\,\text{mL}$는 $750\times5=3750$(원)입니다.

딸기주스 $700\,\text{mL}$가 8000원이고 $1\,\text{L}\ 400\,\text{mL}=1400\,\text{mL}=700\,\text{mL}+700\,\text{mL}$이므로 $1\,\text{L}\ 400\,\text{mL}$는 $8000+8000=16000$(원)입니다.

따라서 예슬이가 주스를 사는 데 쓴 돈은 모두 $3750+16000=19750$(원)입니다.

채점 기준	배점
오렌지주스 $500\,\text{mL}$의 값을 구할 수 있나요?	2점
딸기주스 $1\,\text{L}\ 400\,\text{mL}$의 값을 구할 수 있나요?	2점
예슬이가 주스를 사는 데 쓴 돈은 모두 얼마인지 구할 수 있나요?	1점

6-3 2500원

돼지고기 600 g이 5000원이므로 300 g은 5000÷2＝2500(원)입니다.

900 g＝600 g＋300 g이므로 돼지고기 900 g은 5000＋2500＝7500(원)입니다.

1 kg＝1000 g이고 소고기 100 g이 2000원이므로

소고기 1000 g은 2000×10＝20000(원)입니다.

돼지고기와 소고기의 값은 모두 7500＋20000＝27500(원)입니다.

따라서 거스름돈으로 30000－27500＝2500(원)을 받아야 합니다.

6-4 1 kg 500 g

1 kg＝1000 g이고 꿀떡 1 kg이 5000원이므로

꿀떡 500 g은 5000÷2＝2500(원)입니다.

2 kg 500 g＝1 kg＋1 kg＋500 g이므로

꿀떡 2 kg 500 g은 5000＋5000＋2500＝12500(원)입니다.

(바람떡의 값)＝21500－12500＝9000(원)

바람떡 500 g이 3000원이고 9000＝3000＋3000＋3000이므로

바람떡은 500 g＋500 g＋500 g＝1500 g＝1 kg 500 g을 담아야 합니다.

대표문제 7

$$\begin{array}{r} \text{(콩 3봉지)}＋\text{(팥 1봉지)}＝2 \text{ kg } 300 \text{ g} \\ \text{(콩 3봉지)}－\text{(팥 1봉지)}＝\qquad 700 \text{ g} \\ \hline \text{(콩 6봉지)}\qquad\qquad ＝3 \text{ kg} \end{array}$$

콩 6봉지의 무게가 3 kg＝3000 g이므로

콩 1봉지의 무게는 3000÷6＝500(g)입니다.

따라서 콩 5봉지의 무게는 500×5＝2500(g) → 2 kg 500 g입니다.

7-1 3 kg

$$\begin{array}{r} \text{(수박 2통)}＋\text{(참외 2개)}＝ 6 \text{ kg } 600 \text{ g} \\ \text{(수박 2통)}－\text{(참외 2개)}＝ 5 \text{ kg } 400 \text{ g} \\ \hline \text{(수박 4통)}\qquad\qquad ＝12 \text{ kg} \end{array}$$

따라서 수박 4통의 무게가 12 kg이므로 수박 1통의 무게는 12÷4＝3(kg)입니다.

7-2 200 g, 100 g

$$\begin{array}{r} \text{(호박 7개)}＋\text{(오이 2개)}＝1 \text{ kg } 600 \text{ g} \\ \text{(호박 3개)}－\text{(오이 2개)}＝\qquad 400 \text{ g} \\ \hline \text{(호박 10개)}\qquad\qquad ＝2 \text{ kg} \end{array}$$

호박 10개의 무게가 2 kg＝2000 g이므로 호박 1개의 무게는 200 g입니다.

호박 7개의 무게는 200×7＝1400(g) → 1 kg 400 g이고

(오이 2개)＝1 kg 600 g－(호박 7개)＝1 kg 600 g－1 kg 400 g＝200 g이므로

오이 1개의 무게는 200÷2＝100(g)입니다.

7-3 2 L 250 mL

$$\begin{aligned}&(\text{우유 2병})+(\text{주스 5병})=2\text{ L }400\text{ mL}\\+\;&(\text{우유 4병})+(\text{주스 1병})=2\text{ L }100\text{ mL}\\\hline&(\text{우유 6병})+(\text{주스 6병})=4\text{ L }500\text{ mL}\end{aligned}$$

우유 6병과 주스 6병의 들이의 합이 4 L 500 mL이고

4 L 500 mL=2 L 250 mL+2 L 250 mL이므로

우유 3병과 주스 3병의 들이의 합은 2 L 250 mL입니다.

7-4 400 g

$$\begin{aligned}&(\text{노란 공 2개})+(\text{파란 공 3개})+(\text{빨간 공 1개})=2\text{ kg }400\text{ g}\\+\;&(\text{노란 공 4개})+(\text{파란 공 6개})-(\text{빨간 공 1개})=3\text{ kg }600\text{ g}\\\hline&(\text{노란 공 6개})+(\text{파란 공 9개})\qquad\qquad\quad=6\text{ kg}\end{aligned}$$

노란 공 6개와 파란 공 9개의 무게의 합이 6 kg이므로

노란 공 2개와 파란 공 3개의 무게의 합은 $6\div3=2$(kg)입니다.

따라서 노란 공 2개, 파란 공 3개, 빨간 공 1개의 무게의 합이 2 kg 400 g이므로

빨간 공 1개의 무게는 2 kg 400 g−2 kg=400 g입니다.

128~129쪽

8

1초 동안 물통에 채울 수 있는 물의 양은

250 mL−50 mL=200 mL입니다.

1 L=1000 mL=200 mL×5이므로

물통에 1 L의 물을 받는 데 5초가 걸립니다.

따라서 5 L는 1 L의 5배이므로 들이가 5 L인 물통에 물을 가득 채우는 데 걸리는 시간은 $5\times5=25$(초)입니다.

8-1 4초

1초 동안 봉지에 담지 않은 사과즙의 양은 350 mL−100 mL=250 mL입니다.

1 L=1000 mL=250 mL×4이므로 봉지에 담지 않은 사과즙이 1 L가 되는 데 4초가 걸립니다.

8-2 5초

1초 동안 그릇에 받을 수 있는 물의 양은 250 mL+150 mL=400 mL입니다.

2 L=2000 mL=400 mL×5이므로 들이가 2 L인 그릇에 물을 가득 채우는 데 걸리는 시간은 5초입니다.

8-3 80초

㉾ 1초 동안 어항에 채울 수 있는 물의 양은 600 mL−100 mL=500 mL입니다.

1 L=1000 mL=500 mL+500 mL이므로 어항에 1 L의 물을 받는 데 2초가 걸립니다.

따라서 들이가 40 L인 어항에 물을 가득 채우는 데 걸리는 시간은 $2\times40=80$(초)입니다.

채점 기준	배점
1초 동안 어항에 채울 수 있는 물의 양을 구할 수 있나요?	2점
어항에 물을 가득 채우는 데 걸리는 시간을 구할 수 있나요?	3점

8-4 200 mL

㉮와 ㉯ 수도에서 1초 동안 나오는 물의 양은 400 mL＋300 mL＝700 mL입니다.
20초 동안 10 L의 물을 채웠으므로 2초 동안 1 L의 물을 채운 것입니다.
1 L＝1000 mL＝500 mL＋500 mL이므로 1초 동안 500 mL의 물을 채웠습니다.
따라서 1초에 700 mL－500 mL＝200 mL씩 물을 내보냈습니다.

1 1 L 700 mL

(마신 식혜의 양)＝1 L 800 mL－900 mL＝900 mL
(마신 주스의 양)＝1 L 500 mL－700 mL＝800 mL
➡ (마신 식혜와 주스의 양의 합)＝900 mL＋800 mL＝1700 mL＝1 L 700 mL

2 3 kg 800 g

(유나의 몸무게)＋2 kg 500 g＝37 kg 200 g이므로
(유나의 몸무게)＝37 kg 200 g－2 kg 500 g＝34 kg 700 g입니다.
34 kg 700 g＋(고양이의 무게)＝38 kg 500 g이므로
(고양이의 무게)＝38 kg 500 g－34 kg 700 g＝3 kg 800 g입니다.

서술형
3 400 mL

㉟ 1 L 200 mL＝1200 mL입니다. 준호가 마신 우유의 양을 ☐ mL라고 하면 민석이
가 마신 우유의 양은 (☐＋150) mL, 지혁이가 마신 우유의 양은 (☐－150) mL이므로
(☐＋150)＋☐＋(☐－150)＝1200, ☐＋☐＋☐＝1200, ☐＝400입니다.
따라서 준호가 마신 우유는 400 mL입니다.

채점 기준	배점
민석, 준호, 지혁이가 마신 우유의 양 사이의 관계를 하나의 식으로 나타낼 수 있나요?	2점
준호가 마신 우유의 양을 구할 수 있나요?	3점

4 80개

2 t＝2000 kg입니다.
트럭에 실은 30 kg짜리 물건 40개의 무게는 30×40＝1200(kg)이므로
더 실을 수 있는 무게는 2000 kg－1200 kg＝800 kg입니다.
따라서 10 kg짜리 물건을 80개까지 실을 수 있습니다.

5 대한, 225 mL

컵에 부은 횟수가 적을수록 컵의 들이가 많으므로 대한이의 컵의 들이가 가장 많습니다.
음료수 한 병의 양은 수정이의 컵의 들이의 5배이므로 180×5＝900(mL)입니다.
따라서 대한이의 컵의 들이는 900÷4＝225(mL)입니다.

6 1 kg 400 g

(감자 2개의 무게)=150 g+150 g=300 g이므로 당근 1개의 무게도 300 g입니다.
(당근 2개의 무게)=300 g+300 g=600 g이므로 고구마 3개의 무게도 600 g입니다.
(고구마 1개의 무게)=600÷3=200(g)
➡ (고구마 7개의 무게)=200×7=1400(g) → 1 kg 400 g

서술형 **7** 풀이 참조

예 한쪽 접시 위에 400 g짜리 추 2개를 올려놓고 다른 쪽 접시 위에 250 g짜리 추 2개와 참외 1개를 올려놓았을 때, 저울이 수평을 이루면 이 참외의 무게가 300 g입니다.

채점 기준	배점
300 g짜리 참외를 고르는 방법을 바르게 설명할 수 있나요?	5점

8 10초

5 L의 절반은 2 L 500 mL이므로 물통에 더 넣어야 하는 물의 양은 2 L 500 mL입니다.
1초 동안 채울 수 있는 물의 양은 750÷3=250(mL)이므로
2초 동안 250×2=500(mL), 4초 동안 500×2=1000(mL), 즉 1 L의 물을 채울 수 있습니다.
2 L 500 mL=1 L+1 L+500 mL이므로 물을 가득 채우는 데 걸리는 시간은
4+4+2=10(초)입니다.

9 900 kg

1 t 900 kg=1900 kg, 2 t 300 kg=2300 kg입니다.
(전기 자전거 20대의 무게)=2300 kg−1900 kg=400 kg이므로
전기 자전거 1대의 무게는 400÷20=20(kg)입니다.
(전기 자전거 50대의 무게)=20×50=1000(kg)이므로
(빈 트럭의 무게)=1900 kg−1000 kg=900 kg입니다.

10 2번

㉮ 그릇으로 6번, ㉯ 그릇으로 3번 부은 물의 양이 같으므로 ㉯ 그릇의 들이는 ㉮ 그릇의 들이의 2배입니다.
(㉰ 그릇의 들이)=(㉮ 그릇의 들이)+(㉯ 그릇의 들이)에서
(㉰ 그릇의 들이)=(㉮ 그릇의 들이)+(㉮ 그릇의 들이)×2=(㉮ 그릇의 들이)×3이므로 ㉰ 그릇만 사용하면 6÷3=2(번) 부어야 합니다.

11 800 mL,
1 L 200 mL,
1 L 900 mL

(㉮ 그릇)+(㉯ 그릇)=2 L
(㉮ 그릇)+(㉰ 그릇)=2 L 700 mL
(㉯ 그릇)+(㉰ 그릇)=3 L 100 mL
(+)
(㉮ 그릇)×2+(㉯ 그릇)×2+(㉰ 그릇)×2=7 L 800 mL
(㉮ 그릇)+(㉯ 그릇)+(㉰ 그릇)=3 L 900 mL

➡ (㉮ 그릇)=3 L 900 mL−3 L 100 mL=800 mL
(㉯ 그릇)=3 L 900 mL−2 L 700 mL=1 L 200 mL
(㉰ 그릇)=3 L 900 mL−2 L=1 L 900 mL

6 그림그래프

1 (1) 37그릇
  (2) 짜장면, 44그릇

(1) 🥣은 10그릇, 🥣은 1그릇을 나타내고 짬뽕은 🥣 3개, 🥣 7개이므로 37그릇 팔렸습니다.

(2) 🥣이 많을수록 많이 팔린 음식입니다. 🥣이 4개인 짜장면과 볶음밥 중에서 🥣이 더 많은 짜장면이 가장 많이 팔렸습니다. 짜장면은 🥣 4개, 🥣 4개이므로 44그릇 팔렸습니다.

2 28명

가장 많은 학생이 좋아하는 운동은 피구로 52명이고, 가장 적은 학생이 좋아하는 운동은 야구로 24명입니다.

➡ $52-24=28$(명)

3 24명

벽화 그리기: 13명, 동물 보호: 17명, 학습 도우미: 6명

➡ (환경 보호 활동을 하고 있는 학생 수)$=60-13-17-6=24$(명)

1 풀이 참조

◎은 10명, ○은 1명으로 하여 그림그래프로 나타냅니다.

가고 싶어 하는 나라별 학생 수

나라	학생 수
영국	◎◎○○○○○
중국	◎◎◎○○
미국	◎◎◎○○○○○○○○
이탈리아	◎◎◎◎◎○○○○

◎10명
○1명

2 풀이 참조

딸기주스는 🥛 5개, 🥛 1개이므로 51잔입니다.

(오렌지주스 판매량)$=51-9=42$(잔)

(망고주스 판매량)$=120-42-51=27$(잔)

주스별 판매량

주스	판매량
오렌지주스	🥛🥛🥛🥛 🥛🥛
딸기주스	🥛🥛🥛🥛🥛 🥛
망고주스	🥛🥛 🥛🥛🥛🥛🥛

🥛 10잔
🥛 1잔

3 풀이 참조

(호수 마을의 초등학생 수)$=65-15-17-24=9$(명)

하늘 마을에서 👥 3개가 15명이므로 👤 1개는 $15\div3=5$(명)을 나타냅니다.

바람 마을에서 👥 3개와 👤 1개가 17명이므로 👤 1개는 2명을 나타냅니다.

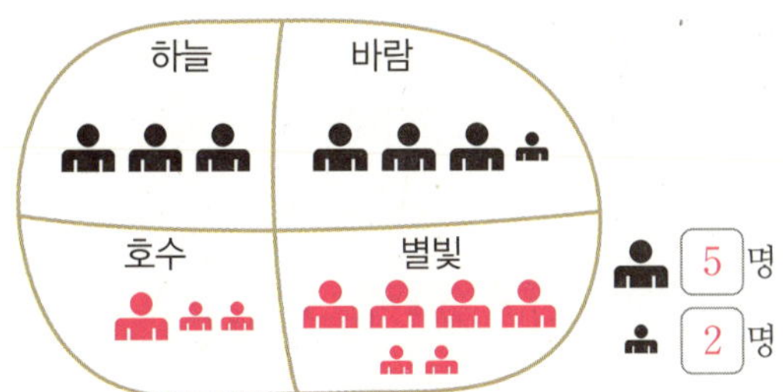은 5명, 은 2명으로 하여 그림그래프를 완성합니다.

마을별 초등학생 수

그림그래프에서 은 10개, 은 1개를 나타냅니다.

빵별 판매량은

식빵: 2개, 4개 → 24개, 꽈배기: 3개, 2개 → 32개,

도넛: 4개, 3개 → 43개, 케이크: 1개, 8개 → 18개입니다.

가장 많이 판매한 빵은 도넛이고 가장 적게 판매한 빵은 케이크입니다.

따라서 가장 많이 판매한 빵은 가장 적게 판매한 빵보다 $43-18=25$(개) 더 많습니다.

1-1 3, 135

목장별 우유 생산량은 가 목장: 23 L, 나 목장: 52 L, 다 목장: 15 L, 라 목장: 45 L입니다.

$15 \times 3 = 45$이므로 라 목장의 우유 생산량은 다 목장의 우유 생산량의 3배입니다.

네 목장의 우유 생산량은 모두 $23+52+15+45=135$(L)입니다.

1-2 수요일, 화요일

월요일에 달리기를 한 시간은 35분이므로

화요일에 달리기를 한 시간은 $35-15=20$(분)입니다.

요일별 달리기를 한 시간은 수요일: 42분, 목요일: 23분입니다.

따라서 달리기를 한 시간이 가장 긴 요일은 수요일이고 가장 짧은 요일은 화요일입니다.

1-3 예 고궁 / 풀이 참조

예 장소별 학생 수는 놀이공원: 34명, 고궁: 37명, 박물관: 18명, 과학관: 29명입니다.

따라서 고궁을 가 보고 싶어 하는 학생이 가장 많으므로 체험 학습 장소로 고궁을 가는 것이 좋겠습니다.

혜수가 마신 우유의 양은 5개가 2500 mL이므로 1개는 500 mL를 나타냅니다.

학생별 마신 우유의 양은

민희: 1400 mL, 호현: 1800 mL, 혜수: 2500 mL, 찬우: 2200 mL입니다.

따라서 민희네 모둠 학생들이 일주일 동안 마신 우유는 모두
$1400+1800+2500+2200=7900$(mL)입니다.

2-1 52그루

벚꽃나무는  4개, 6개가 46그루이므로 1개는 10그루, 1개는 1그루를 나타냅니다.

따라서 목련나무는 5개, 2개이므로 52그루 심었습니다.

2-2 1170명

예 무지개 병원에서 태어난 신생아는 1개, 9개가 190명이므로 1개는 100명, 1개는 10명을 나타냅니다.

병원별 신생아 수는 사랑 병원: 300명, 행복 병원: 430명, 봄빛 병원: 250명입니다.

따라서 이 마을에서 태어난 신생아는 모두 $300+430+250+190=1170$(명)입니다.

채점 기준	배점
병원별 신생아 수를 각각 구할 수 있나요?	3점
이 마을에서 태어난 신생아 수를 구할 수 있나요?	2점

2-3 210권

동화책은 6개, 2개가 320권이므로 1개는 50권, 1개는 10권을 나타냅니다.

종류별 책 수는 동화책: 320권, 위인전: 280권, 학습 만화: 190권, 과학책: 400권입니다.

가장 많은 책은 과학책으로 400권이고, 가장 적은 책은 학습 만화로 190권입니다.

따라서 가장 많은 책은 가장 적은 책보다 $400-190=210$(권) 더 많습니다.

142~143쪽

대표문제 3

과수원별 사과 생산량

과수원	싱싱	맛나	달콤	행복	합계
생산량(상자)	780	730	690	800	3000

과수원별 사과 생산량

과수원	생산량
싱싱	
맛나	
달콤	
행복	

100상자
10상자

그림그래프에서 달콤 과수원의 사과 생산량은 6개, 9개이므로 690상자입니다.

맛나 과수원의 사과 생산량은 $3000-780-690-800=730$(상자)입니다.

싱싱 과수원의 사과 생산량은 780상자이므로 7개, 8개를 그리고,

맛나 과수원의 사과 생산량은 730상자이므로 7개, 3개를 그립니다.

3-1 83 L

그림그래프에서 민수가 사용한 물은 65 L이고, 승현이가 사용한 물은 72 L입니다.

➡ (경희가 사용한 물의 양)$=280-65-60-72=83$(L)

3-2 330, 400, 330 /
풀이 참조

그림그래프에서 다 농장의 돼지는 🐷 4개이므로 400마리입니다.

(나 농장과 라 농장의 돼지 수의 합)＝1400－340－400＝660(마리)

나 농장의 돼지 수와 라 농장의 돼지 수가 같으므로 각각 330마리입니다.

농장별 돼지 수

농장	돼지 수
가	🐷 🐷 🐷 🐷 🐷 🐷
나	🐷 🐷 🐷 🐷
다	🐷 🐷 🐷 🐷
라	🐷 🐷 🐷 🐷

🐷 100마리
🐷 10마리

3-3 13, 15, 9 /
풀이 참조

11월은 30일까지 있으므로 맑은 날수는 30÷2＝15(일)이고, 12월은 ☀ 9개이므로 맑은 날수는 9일입니다.

➡ (9월의 맑은 날수)＝55－18－15－9＝13(일)

월별 맑은 날수

월	맑은 날수
9월	☀ ☀ ☀
10월	☀ ☀ ☀ ☀ ☀ ☀ ☀ ☀
11월	☀ ☀ ☀ ☀ ☀
12월	☀ ☀ ☀ ☀ ☀ ☀ ☀ ☀ ☀

☀ 10일
☀ 1일

대표문제 4

꽃 가게에 있는 종류별 꽃의 수는

장미: 32송이, 튤립: 15송이, 국화: 21송이, 백합: 19송이이므로

모두 32＋15＋21＋19＝87(송이)입니다.

87÷7＝12…3이므로 꽃다발은 12개 만들 수 있고 3송이가 남습니다.

꽃다발을 만드는 데 필요한 리본은 모두 95×12＝1140(cm)입니다.

따라서 리본은 모두 1140 cm＝11 m 40 cm 필요합니다.

4-1 81 m

반별로 모은 헌 종이의 무게는 1반: 27 kg, 2반: 33 kg, 3반: 42 kg, 4반: 35 kg이므로

모두 27＋33＋42＋35＝137(kg)입니다.

137÷5＝27…2이므로 헌 종이는 5 kg씩 27묶음이 되고 2 kg이 남습니다.

따라서 헌 종이를 묶는 데 필요한 끈은 모두 3×27＝81(m)입니다.

4-2 4800원

색깔별 공책의 수는 빨간색: 32권, 파란색: 25권, 초록색: 40권, 노란색: 19권이므로

모두 32＋25＋40＋19＝116(권)입니다.

공책은 10권씩 11묶음을 상자에 담을 수 있고 6권이 남습니다.

따라서 남은 공책을 판매한 금액은 모두 800×6＝4800(원)입니다.

4-3 8100원

기계별 지우개 생산량은 ㉮ 기계: 25개, ㉯ 기계: 26개, ㉰ 기계: 27개이므로
전체 지우개 생산량은 25＋26＋27＝78(개)입니다.
78÷9＝8…6이므로 지우개는 9개씩 8상자에 담을 수 있고 6개가 남습니다.
(상자에 담아서 판 지우개의 판매 금액)＝900×8＝7200(원)
(낱개로 판 지우개의 판매 금액)＝150×6＝900(원)
따라서 지우개를 판매한 금액은 모두 7200＋900＝8100(원)입니다.

초원 아파트의 가구 수는 🏠6개, 🏠3개이므로 630가구입니다.

달빛 아파트의 가구 수는 630－140＝490(가구)입니다.

태양 아파트의 가구 수는 490가구의 $\frac{5}{7}$이므로 490÷7×5＝350(가구)입니다.

무궁화 아파트의 가구 수는 350＋120＝470(가구)입니다.

5-1 46개

정현이가 가지고 있는 사탕은 56개이고

민우가 가지고 있는 사탕은 56개의 $\frac{3}{4}$이므로 56÷4×3＝42(개)입니다.

진희가 가지고 있는 사탕은 42－12＝30(개)입니다.
은하가 가지고 있는 사탕은 30＋16＝46(개)입니다.

서술형 **5-2** 1020자루

㉑ 빨간색 색연필은 300자루이고

노란색 색연필은 300자루의 $\frac{5}{6}$이므로 300÷6×5＝250(자루)입니다.

보라색 색연필은 80자루이므로 초록색 색연필은 80＋140＝220(자루)이고
파란색 색연필은 220－50＝170(자루)입니다.
따라서 문구점에 있는 색연필은 모두 250＋80＋170＋220＋300＝1020(자루)입
니다.

채점 기준	배점
노란색, 초록색, 파란색 색연필의 수를 각각 구할 수 있나요?	3점
문구점에 있는 색연필은 모두 몇 자루인지 구할 수 있나요?	2점

MATH MASTER

1 14시간

주별 텔레비전을 본 시간은 1주: 7시간, 2주: 20시간, 3주: 12시간입니다.
(4주에 텔레비전을 본 시간)＝45－7－20－12＝6(시간)
텔레비전을 가장 많이 본 주는 2주로 20시간이고, 가장 적게 본 주는 4주로 6시간입니
다. ➡ 20－6＝14(시간)

2 220개

㉮ 나무별 감 수확량은 ㉮ 나무: 250개, ㉯ 나무: 270개이므로

㉯ 나무의 감 수확량은 250＋270＝520(개)의 절반인 260개입니다.

따라서 전체 감 수확량이 1000개이므로

㉰ 나무의 감 수확량은 1000－250－260－270＝220(개)입니다.

채점 기준	배점
㉯ 나무의 감 수확량을 구할 수 있나요?	3점
㉰ 나무의 감 수확량을 구할 수 있나요?	2점

3 풀이 참조

진호가 만든 도넛은 ⬤⬤◦◦◦이 13개이고, ◦은 1개를 나타내므로

⬤은 5개를 나타냅니다.

규현이가 만든 도넛은 ⬤ 4개, ◦ 4개이므로 24개이고

태우가 만든 도넛은 24개의 $\frac{3}{4}$이므로 24÷4×3＝18(개)입니다.

➡ (수경이가 만든 도넛의 수)＝90－13－18－21－24＝14(개)

학생별 만든 도넛 수

이름	도넛 수
진호	⬤⬤◦◦◦
수경	⬤◦◦◦◦
태우	⬤⬤◦◦◦
은영	⬤⬤◦◦
규현	⬤⬤⬤⬤◦◦◦◦

⬤ 5개
◦ 1개

4 46명

5반의 안경을 쓴 학생은 9명이고

2반의 안경을 쓴 학생은 9명의 $\frac{2}{3}$이므로 9÷3×2＝6(명)입니다.

4반의 안경을 쓴 학생은 6＋12＝18(명)의 $\frac{4}{9}$이므로 18÷9×4＝8(명)입니다.

➡ (안경을 쓴 3학년 전체 학생 수)＝11＋6＋12＋8＋9＝46(명)

5 풀이 참조

현우네 모둠의 딸기 수확량은 36 kg이므로

예진이네 모둠의 딸기 수확량은 36－8＝28(kg)입니다.

찬영이네 모둠의 딸기 수확량은 36＋28＝64(kg)의 $\frac{5}{8}$이므로

64÷8×5＝40(kg)입니다.

현우네 모둠이 전체 딸기 수확량의 $\frac{1}{4}$만큼 땄으므로 전체 딸기 수확량은

36×4＝144(kg)입니다.

➡ (아인이네 모둠의 딸기 수확량)＝144－36－28－40＝40(kg)

모둠별 딸기 수확량

모둠	수확량
현우네	🍓🍓🍓🍓🍓🍓
예진이네	🍓🍓🍓🍓🍓🍓🍓
아인이네	🍓🍓🍓🍓
찬영이네	🍓🍓🍓🍓

🍓 10 kg
🍓 1 kg

6 우영

⑩ 학생별 구슬 수는 재진이는 4상자와 8개이므로 $15 \times 4 + 8 = 68$(개), 연희는 6상자이므로 $15 \times 6 = 90$(개)입니다.

우영이가 가지고 있는 구슬은 $90 - 24 = 66$(개)입니다.

민수가 가지고 있는 구슬은 $68 + 90 = 158$(개)의 $\frac{1}{2}$이므로 $158 \div 2 = 79$(개)입니다.

따라서 $66 < 68 < 79 < 90$이므로 구슬을 가장 적게 가지고 있는 사람은 우영입니다.

채점 기준	배점
재진이와 연희가 가지고 있는 구슬 수를 각각 구할 수 있나요?	2점
우영이와 민수가 가지고 있는 구슬 수를 각각 구할 수 있나요?	2점
구슬을 가장 적게 가지고 있는 사람을 구할 수 있나요?	1점

7 4명

점수별 맞힌 문제는

100점: 1번＋2번＋3번＋4번, 90점: 2번＋3번＋4번, 80점: 1번＋3번＋4번,

70점: 1번＋2번＋4번 또는 3번＋4번입니다.

두 문제만 맞힌 학생은 70점인 학생 중에서 3번＋4번을 맞힌 학생입니다.

100점과 90점은 2번 문제를 꼭 맞혀야 하고 각각 2명, 9명입니다.

2번 문제를 맞힌 학생은 17명이므로 70점인 학생 중에서 1번＋2번＋4번 문제를 맞힌 학생은 $17 - 2 - 9 = 6$(명)이고 3번＋4번을 맞힌 학생은 $10 - 6 = 4$(명)입니다.

따라서 두 문제만 맞힌 학생은 4명입니다.

8 풀이 참조

소정이 몸무게의 $\frac{2}{3}$가 18 kg이므로 소정이 몸무게는 $18 \div 2 \times 3 = 27$(kg)입니다.

시윤이 몸무게의 $\frac{1}{2}$은 27 kg의 $\frac{7}{9}$인 $27 \div 9 \times 7 = 21$(kg)이므로

시윤이 몸무게는 $21 \times 2 = 42$(kg)입니다.

연경이 몸무게의 $\frac{8}{11}$은 42 kg의 $\frac{4}{7}$인 $42 \div 7 \times 4 = 24$(kg)이므로

연경이 몸무게는 $24 \div 8 \times 11 = 33$(kg)입니다.

학생별 몸무게

이름	몸무게
소정	●● ● ● ● ● ● ●
시윤	● ● ● ● ● ●
연경	● ● ● ● ● ●

●10 kg
●1 kg

Brain

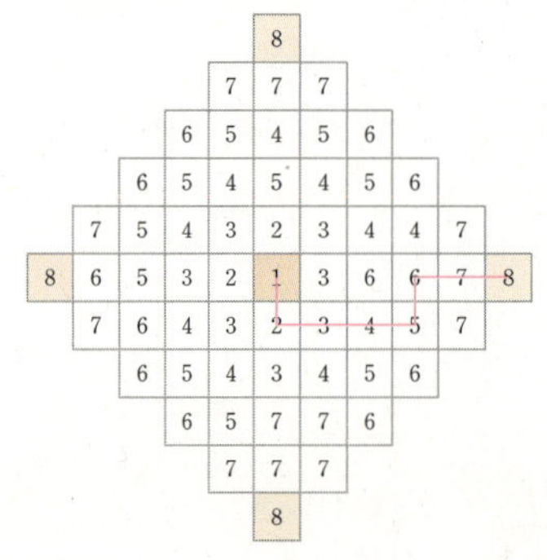

1 곱셈

1 1408

어떤 수를 □라고 하면 $176-□=168$, $176-168=□$, $□=8$입니다.
따라서 바르게 계산하면 $176×8=1408$입니다.

2 80원

⟪예⟫ (껌 13개의 값)$=90×13=1170$(원), (초콜릿 6개의 값)$=625×6=3750$(원)
(껌과 초콜릿의 값)$=1170+3750=4920$(원)
따라서 민지가 받아야 할 거스름돈은 $5000-4920=80$(원)입니다.

채점 기준	배점
껌과 초콜릿의 값을 각각 구할 수 있나요?	3점
거스름돈은 얼마인지 구할 수 있나요?	2점

3 231 m

(나무 사이의 간격 수)$=$(나무의 수)$-1=34-1=33$(군데)
➡ (산책로의 길이)$=7×33=231$(m)

4 7, 8, 9

$27×35=945$이므로 주어진 식은 $155×□>945$입니다.
155를 약 160으로 어림하면 $160×5=800$, $160×6=960$이므로 □ 안에 6부터 차례로 넣어 보면 $155×6=930<945$, $155×7=1085>945$, ... 입니다.
따라서 □ 안에 들어갈 수 있는 한 자리 수는 7, 8, 9입니다.

5 9, 6

$$\begin{array}{r} 3\ ■ \\ ×\ ▲\ 7 \\ \hline 2\ 6\ 1\ 3 \end{array}$$

■$×7$의 곱의 일의 자리 수가 3이므로 $9×7=63$에서 ■$=9$입니다.
$39×7=273$이므로 $2613-273=2340$에서 $39×▲=234$입니다.
$9×▲$의 곱의 일의 자리 수가 4이므로 ▲$=6$입니다.

6 90

연속하는 세 자연수를 $□-1$, □, $□+1$이라고 하면
$(□-1)+□+(□+1)=45$, $□+□+□=45$입니다.
$15+15+15=45$이므로 $□=15$입니다.
따라서 연속하는 세 자연수는 14, 15, 16이므로 가장 큰 수와 가장 작은 수의 합의 3배는
$(16+14)×3=30×3=90$입니다.

7 7040

곱이 크려면 두 수의 십의 자리에 가장 큰 수와 둘째로 큰 수를 놓아야 하므로
$84 \times 63 = 5292$, $83 \times 64 = 5312$에서 가장 큰 곱은 5312입니다.
곱이 작으려면 두 수의 십의 자리에 가장 작은 수와 둘째로 작은 수를 놓아야 하므로
$36 \times 48 = 1728$, $38 \times 46 = 1748$에서 가장 작은 곱은 1728입니다.
따라서 가장 큰 곱과 가장 작은 곱의 합은 $5312 + 1728 = 7040$입니다.

8 13, 91, 1183
(또는 91, 13, 1183)

$13 + 26 + 39 + \cdots + 156 + 169$
$= (13 \times 1) + (13 \times 2) + (13 \times 3) + \cdots + (13 \times 12) + (13 \times 13)$
$= 13 \times (1 + 2 + 3 + \cdots + 12 + 13) = 13 \times 91 = 1183$

1 180개

(전체 초콜릿의 수)$= 40 \times 20 = 800$(개)
(124명에게 주는 초콜릿의 수)$= 124 \times 5 = 620$(개)
➡ (남는 초콜릿의 수)$= 800 - 620 = 180$(개)

2 848개

(9월 1일부터 12월 15일까지의 날수)$= 30 + 31 + 30 + 15 = 106$(일)
(정진이가 푼 국어 문제 수)$= 106 \times 8 = 848$(개)

3 420

혜진이의 나이를 □살, 이모의 나이를 △살이라고 하면
$□ + △ = 47$, $△ - □ = 23$입니다.

$$\begin{array}{r} □ + △ = 47 \\ △ - □ = 23 \\ \hline △ + △ = 70 \end{array}$$

$35 + 35 = 70$이므로 $△ = 35$이고, $□ + 35 = 47$, $□ = 47 - 35$, $□ = 12$입니다.
혜진이의 나이는 12살이고 이모의 나이는 35살입니다.
따라서 혜진이와 이모의 나이의 곱은 $12 \times 35 = 420$입니다.

4 1084

$156 ▲ 8 = (156 \times 8) - (156 + 8) = 1248 - 164 = 1084$

5 4692

펼친 두 면의 쪽수는 연속하는 두 자연수이므로 두 면의 쪽수를 □, $□ + 1$이라고 하면
$□ + (□ + 1) = 137$, $□ + □ = 136$, $□ = 68$입니다.
펼친 두 면의 쪽수는 68, 69입니다.
따라서 두 면의 쪽수의 곱은 $68 \times 69 = 4692$입니다.

6 3265원

(연필 한 자루의 이익)$=400-225=175$(원),

(지우개 한 개의 이익)$=200-140=60$(원)이므로

(연필 7자루의 이익)$=175\times7=1225$(원),

(지우개 34개의 이익)$=60\times34=2040$(원)입니다.

➡ (전체 이익)$=1225+2040=3265$(원)

7 451 cm

(색 테이프 17장의 길이의 합)$=35\times17=595$(cm)

겹쳐진 부분은 $17-1=16$(군데)이므로

(겹쳐진 부분의 길이의 합)$=9\times16=144$(cm)입니다.

➡ (이어 붙인 색 테이프의 전체 길이)$=595-144=451$(cm)

8 2499개

⑩ (7주의 날수)$=7\times7=49$(일)

(7주 동안 생산하는 세발자전거의 수)$=17\times49=833$(대)

따라서 필요한 세발자전거의 바퀴는 모두 $833\times3=2499$(개) 필요합니다.

채점 기준	배점
7주 동안 생산하는 세발자전거의 수를 구할 수 있나요?	2점
필요한 세발자전거의 바퀴 수를 구할 수 있나요?	3점

9 510명

(여학생 수)$=8\times29-2=232-2=230$(명)

(남학생 수)$=12\times23+4=276+4=280$(명)

➡ (전체 학생 수)$=230+280=510$(명)

10 288, 128, 16, 6

$948\rightarrow9\times4\times8=288$, $288\rightarrow2\times8\times8=128$, $128\rightarrow1\times2\times8=16$,

$16\rightarrow1\times6=6$

11 15개

18을 세 수의 곱으로 나타내면 $18=1\times2\times9=1\times3\times6=2\times3\times3$입니다.

따라서 ㉠에 들어갈 수 있는 수는 129, 192, 219, 291, 912, 921, 136, 163, 316, 361, 613, 631, 233, 323, 332로 모두 15개입니다.

12 2790 m

소미와 선희가 처음 만날 때까지 소미가 걸은 거리는 $70\times3=210$(m),

선희가 걸은 거리는 $85\times3=255$(m)이므로

(운동장의 둘레)$=210+255=465$(m)입니다.

➡ (여섯째로 만날 때까지 걸은 거리의 합)$=$(운동장 6바퀴의 거리)
$$=465\times6=2790(m)$$

2 나눗셈

1 3

7로 나누었을 때 나올 수 있는 가장 큰 나머지는 6입니다.

어떤 수를 □라고 하면 □÷7＝11…6에서 7×11＋6＝□, □＝83입니다.

어떤 수는 83이고 이 수를 5로 나누면 83÷5＝16…3입니다.

따라서 나머지는 3입니다.

2 1묶음

132÷9＝14…6에서 공책을 한 모둠에 14권씩 주면 6권이 남습니다.

공책을 남김없이 똑같이 나누어 주려면 공책은 적어도 9－6＝3(권) 더 필요합니다.

따라서 공책은 적어도 1묶음 더 사야 합니다.

3

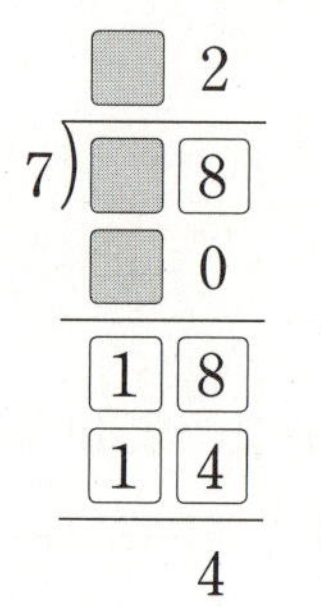

7×2＝14이고 14를 뺐을 때 4가 남는 수는 18이므로

7과 곱해서 한 자리 수가 되는 경우는 7×1＝7 이고 7을 뺐을 때 1이 남는 수는 8이므로

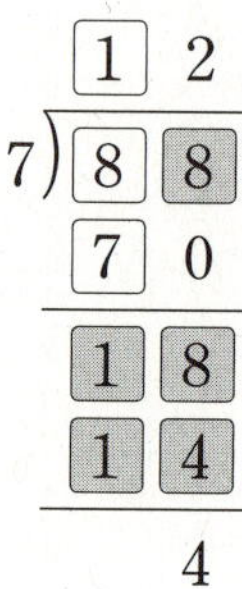

4 98

㉠ 가장 큰 두 자리 수인 99를 8로 나누면 99÷8＝12…3이므로 나머지가 3입니다.

구하는 수는 나머지가 2인 가장 큰 두 자리 수이므로 99보다 1만큼 더 작은 수인 98입니다.

채점 기준	배점
가장 큰 두 자리 수를 8로 나누었을 때의 나머지를 구할 수 있나요?	2점
두 자리 수 중에서 8로 나누었을 때 나머지가 2인 가장 큰 수를 구할 수 있나요?	3점

5 128 cm

자른 직사각형 모양 한 개의 짧은 변의 길이를 □cm라고 하면 긴 변의 길이는 (□×4) cm입니다. □＋(□×4)＋□＋(□×4)＝80, □×10＝80, □＝8

자른 직사각형 모양 한 개의 긴 변의 길이는 8×4＝32(cm)이므로 처음 정사각형 모양의 한 변의 길이도 32 cm입니다.

➡ (처음 정사각형 모양의 네 변의 길이의 합)＝32×4＝128(cm)

6 84

```
    1 △
6) 8 □
    6 0
    2 □
    2 □
      0
```

80보다 크고 90보다 작은 수이므로 구하는 수를 8□로 놓으면 왼쪽 나눗셈에서 6×△＝2□입니다.

6단 곱셈구구에서 곱의 십의 자리 수가 2인 경우는 6×4＝24이므로 □＝4입니다.

따라서 구하는 수는 84입니다.

7 30 m

(도로의 한쪽에 심어져 있는 나무의 수)$=16 \div 2 = 8$(그루)

(나무 사이의 간격 수)$=8-1=7$(군데)

➡ (나무 사이의 간격의 길이)$=210 \div 7 = 30$(m)

8 15 cm

가 도형의 둘레는 9 cm인 변 10개의 길이와 같으므로 $9 \times 10 = 90$(cm)입니다.

따라서 나 도형의 둘레도 90 cm이므로 한 변의 길이는 $90 \div 6 = 15$(cm)입니다.

1 2개

수 카드로 만들 수 있는 몇십몇은 34, 38, 43, 48, 83, 84입니다.

$34 \div 8 = 4 \cdots 2,\ 38 \div 4 = 9 \cdots 2,\ 43 \div 8 = 5 \cdots 3,\ 48 \div 3 = 16,\ 83 \div 4 = 20 \cdots 3,$

$84 \div 3 = 28$

따라서 나누어떨어지는 나눗셈식은 $48 \div 3$, $84 \div 3$으로 모두 2개 만들 수 있습니다.

2 6개

(희주와 우영이가 딴 자두의 수)$=47+37=84$(개)

(한 봉지에 담은 자두의 수)$=84 \div 7 = 12$(개)

➡ (희주가 먹은 자두의 수)$=12 \div 2 = 6$(개)

3 28 cm

(정사각형의 한 변)$=448 \div 4 = 112$(cm)

정사각형의 한 변의 길이는 가장 작은 직사각형의 짧은 변의 길이의 4배와 같습니다.

➡ (가장 작은 직사각형의 짧은 변)$=112 \div 4 = 28$(cm)

4 11 cm

(색 테이프 9장의 길이의 합)$=16 \times 9 = 144$(cm)

(겹쳐진 부분의 길이의 합)$=144-56=88$(cm)

색 테이프 9장을 이어 붙이면 겹쳐진 부분은 8군데이므로 $88 \div 8 = 11$(cm)씩 겹쳐서 이어 붙였습니다.

5 84

70보다 크고 90보다 작은 수 중 6으로 나누어떨어지는 수는

$72 \div 6 = 12,\ 78 \div 6 = 13,\ 84 \div 6 = 14$에서 72, 78, 84입니다.

이 수들을 9로 나누면 $72 \div 9 = 8,\ 78 \div 9 = 8 \cdots 6,\ 84 \div 9 = 9 \cdots 3$이므로 9로 나누었을 때 나머지가 3인 수는 84입니다.

서술형 **6** 8개

예 (민지와 현석이가 1주 동안 접은 종이학의 수)$=672 \div 6 = 112$(개)

(민지와 현석이가 하루에 접은 종이학의 수)$=112 \div 7 = 16$(개)

따라서 민지가 하루에 접은 종이학은 $16 \div 2 = 8$(개)입니다.

채점 기준	배점
민지와 현석이가 1주 동안 접은 종이학의 수를 구할 수 있나요?	2점
민지와 현석이가 하루에 접은 종이학의 수를 구할 수 있나요?	2점
민지가 하루에 접은 종이학의 수를 구할 수 있나요?	1점

7 56개

(땅의 둘레)$=64+48+64+48=224$(m)

➡ (필요한 말뚝 수)$=$(말뚝 사이의 간격 수)$=224\div4=56$(개)

다른 풀이

(땅의 긴 변에 박는 말뚝 수)$=$(말뚝 사이의 간격 수)$+1=(64\div4)+1=16+1=17$(개)

(땅의 짧은 변에 박는 말뚝 수)$=$(말뚝 사이의 간격 수)$+1=(48\div4)+1=12+1=13$(개)

땅의 네 꼭짓점에 말뚝이 겹치므로 (필요한 말뚝 수)$=17+13+17+13-4=56$(개)입니다.

---

8 48, 8

$● \div ▲=6$에서 $●=▲\times6$입니다.

$●\times▲=384$에서 $(▲\times6)\times▲=384$, $▲\times▲=384\div6$, $▲\times▲=64$입니다.

$8\times8=64$이므로 $▲=8$이고 $●=8\times6=48$입니다.

9 12 g

(호두 한 개의 무게)$=84\div6=14$(g)이므로 (호두 4개의 무게의 합)$=14\times4=56$(g)입니다.

$56+$(밤 5개의 무게의 합)$=116$에서 (밤 5개의 무게의 합)$=116-56=60$(g)입니다.

➡ (밤 한 개의 무게)$=60\div5=12$(g)

10 33분

(㉮ 기계가 1분 동안 만드는 장난감 수)$=42\div3=14$(개)

(㉯ 기계가 1분 동안 만드는 장난감 수)$=48\div4=12$(개)

㉮ 기계가 ㉯ 기계보다 1분 동안 장난감을 $14-12=2$(개) 더 많이 만듭니다.

㉮ 기계가 ㉯ 기계보다 장난감을 66개 더 많이 만들었을 때 두 기계를 껐으므로 두 기계가 동시에 켜져 있던 시간은 $66\div2=33$(분)입니다.

11 3명

150보다 크고 180보다 작은 수 중 9로 나누어떨어지는 수는

$153\div9=17$, $162\div9=18$, $171\div9=19$에서 153, 162, 171입니다.

이 수들을 7로 나누면 $153\div7=21\cdots6$, $162\div7=23\cdots1$, $171\div7=24\cdots3$이므로 7로 나누었을 때 나머지가 3인 수는 171입니다.

따라서 찬우네 학교 3학년 학생은 171명이므로 8명씩 모둠을 만들면

$171\div8=21\cdots3$에서 21모둠이 되고 3명이 남습니다.

3 원

1 ㉡, ㉣

㉠ 원의 지름은 선분 ㄴㅁ으로 $5\times2=10$(cm)입니다.

㉡ 원의 반지름을 나타내는 선분은 선분 ㅇㄱ, 선분 ㅇㄴ, 선분 ㅇㅁ으로 모두 3개입니다.

㉢ 선분 ㄱㄴ의 길이는 반지름의 길이인 5 cm보다 길고 지름의 길이인 10 cm보다 짧습니다.

㉣ 원을 똑같이 둘로 나누는 선분은 원의 지름이고, 원의 지름은 10 cm입니다.

2 120 cm

선분 ㄱㄴ의 길이를 ☐ cm라고 하면 선분 ㄱㄹ의 길이는 (☐+6) cm이므로
☐+(☐+6)+☐+(☐+6)=84, ☐×4+12=84, ☐×4=72, ☐=18입니다.
선분 ㄱㅇ은 원의 반지름이고 (선분 ㄱㅇ)=(선분 ㄱㄴ)-3=18-3=15(cm)이므로
원의 지름은 15×2=30(cm)입니다.
원의 지름이 30 cm이므로 정사각형의 한 변도 30 cm입니다.
따라서 정사각형의 둘레는 30×4=120(cm)입니다.

3 48 cm

정사각형의 가로와 세로에 그린 원의 수를 각각 ☐개라고 하면
☐×☐=36이므로 6×6=36에서 ☐=6입니다.
정사각형의 한 변에 원을 6개씩 그렸으므로
(정사각형의 한 변)=(원의 지름)×6=(4×2)×6=48(cm)입니다.
따라서 한 변이 48 cm인 정사각형 안에 그릴 수 있는 가장 큰 원의 지름은 정사각형의 한
변과 같은 48 cm입니다.

4 4 cm

(반원의 지름)=(정사각형의 한 변)=64÷4=16(cm)
(반원 안에 그린 원의 지름)=(반원의 반지름)=16÷2=8(cm)
➡ (반원 안에 그린 원의 반지름)=8÷2=4(cm)

5 3 cm

직사각형의 세로를 ☐ cm라고 하면
18+☐+18+☐=60, ☐+☐=24, ☐=12입니다.
원의 반지름을 △ cm라고 하면 △+6+△=12, △+△=6, △=3입니다.
따라서 원의 반지름은 3 cm입니다.

6 40 cm

색칠한 삼각형의 세 변은 모두 원의 반지름으로 길이가 같으므로
(삼각형의 한 변)=12÷3=4(cm)입니다.
원의 반지름은 4 cm이므로
(직사각형의 가로)=4×3=12(cm), (직사각형의 세로)=4×2=8(cm)입니다.
➡ (직사각형의 둘레)=12+8+12+8=40(cm)

7 16 cm

세 점 ㄱ, ㄴ, ㄷ을 원의 중심으로 하는 원의 반지름을 각각 ☐ cm, △ cm, ○ cm라고
하면 (☐+△)+(△+○)+(○+7+☐)=39, (☐+△+○)×2+7=39,
(☐+△+○)×2=32, ☐+△+○=16입니다.
따라서 세 원의 반지름의 합은 16 cm입니다.

8 15개

㉔ (원의 반지름)=12÷2=6(cm)
원의 수를 ☐개라고 하면 선분 ㄱㄴ의 길이는 원의 반지름의 (☐+1)배이므로
6×(☐+1)=96, ☐+1=16, ☐=15입니다. 따라서 원을 15개 그렸습니다.

채점 기준	배점
원의 반지름을 구할 수 있나요?	1점
선분 ㄱㄴ의 길이와 원의 반지름의 관계를 알고 있나요?	2점
원을 몇 개 그렸는지 구할 수 있나요?	2점

1 4 cm, 3 cm

(가장 작은 원의 반지름)$=4\div2=2$(cm)

(중간 크기 원의 반지름)$=10\div2=5$(cm)

(가장 큰 원의 반지름)$=12\div2=6$(cm)

➡ ㉠$=$(가장 큰 원의 반지름)$-$(가장 작은 원의 반지름)$=6-2=4$(cm)

㉡$=$(중간 크기 원의 반지름)$-$(가장 작은 원의 반지름)$=5-2=3$(cm)

2 7개

원의 중심을 찾아 표시하면 오른쪽과 같으므로 원의 중심은 모두 7개
입니다.

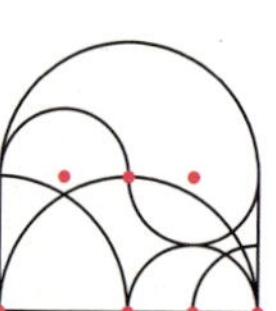

3 6 cm

큰 원의 지름은 작은 원의 지름의 3배입니다.

(작은 원의 지름)$=36\div3=12$(cm)

따라서 작은 원의 반지름이 $12\div2=6$(cm)이므로 작은 원을 그리려면 컴퍼스의 침과
연필심 사이를 6 cm만큼 벌려야 합니다.

4 5 cm

(선분 ㄱㄷ)$=$(큰 원의 반지름)$=26\div2=13$(cm)

(선분 ㄴㄹ)$=$(작은 원의 반지름)$=20\div2=10$(cm)

(선분 ㄱㄹ)$=$(선분 ㄱㄷ)$+$(선분 ㄴㄹ)$-$(선분 ㄴㄷ)이므로

$18=13+10-$(선분 ㄴㄷ), $18=23-$(선분 ㄴㄷ), (선분 ㄴㄷ)$=5$(cm)입니다.

5 12 cm

사각형 ㄱㄴㄷㄹ의 둘레는 원의 반지름의 8배입니다.

원의 반지름을 □cm라고 하면 □$\times8=48$, □$=6$입니다.

따라서 원의 반지름이 6 cm이므로 원의 지름은 $6\times2=12$(cm)입니다.

서술형

6 2 cm

⑩ 큰 원의 지름이 8 cm이므로 작은 원 3개의 지름의 합은 $20-8=12$(cm)입니다.

(작은 원의 지름)$=12\div3=4$(cm)

따라서 작은 원의 반지름은 $4\div2=2$(cm)입니다.

채점 기준	배점
작은 원 3개의 지름의 합을 구할 수 있나요?	2점
작은 원의 반지름을 구할 수 있나요?	3점

7 64 cm

선분 ㄱㄴ의 길이는 원의 반지름의 3배이므로
(원의 반지름)$=24\div3=8$(cm)입니다.
색칠한 사각형의 한 변은 원의 반지름의 2배와 같으므로 둘레는 원의 반지름의 8배입니다.
➡ (색칠한 사각형의 둘레)$=8\times8=64$(cm)

8 81개

색종이의 한 변은 $6+6+6=18$(cm)입니다.
그리려는 원의 지름은 $1\times2=2$(cm)이므로
색종이의 가로와 세로에 원을 각각 $18\div2=9$(개)씩 그릴 수 있습니다.
따라서 원을 $9\times9=81$(개)까지 그릴 수 있습니다.

9 4 cm

오른쪽 그림과 같이 색칠한 삼각형의 둘레는 9 cm인 부분
4군데와 ㉡ cm인 부분 2군데이므로
$9\times4+㉡\times2=46$, $36+㉡\times2=46$, $㉡\times2=10$,
㉡$=5$(cm)입니다.
➡ ㉠$=9-㉡=9-5=4$(cm)

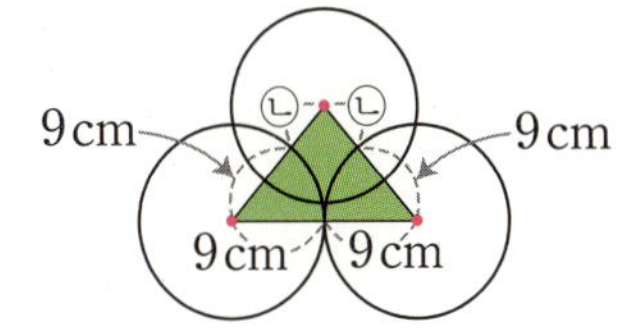

10 9개

(원의 반지름)$=6\div2=3$(cm)
직사각형의 가로와 세로의 합이 $72\div2=36$(cm)이므로
(가로)$=36-6=30$(cm)입니다.
원의 수를 ☐개라고 하면 직사각형의 가로는 원의 반지름의 (☐$+1$)배이므로
$3\times(☐+1)=30$, ☐$+1=10$, ☐$=9$입니다.
따라서 원을 9개 그렸습니다.

11 7 cm

정사각형의 한 변을 ☐cm라고 하면
가장 작은 원의 반지름은 ☐cm이므로
둘째로 작은 원의 반지름은 (☐$\times2$) cm,
셋째로 작은 원의 반지름은 (☐$\times3$) cm,
가장 큰 원의 반지름은 (☐$\times4$) cm입니다.
(가장 큰 원의 반지름)$=56\div2=28$(cm)이므로 ☐$\times4=28$, ☐$=7$입니다.
따라서 정사각형의 한 변은 7 cm입니다.

4 분수

1 10도막

$\dfrac{141}{13}$ m$=10\dfrac{11}{13}$ m이므로 철사 $\dfrac{141}{13}$ m를 1 m씩 자르면 10도막이 되고 $\dfrac{11}{13}$ m가 남습니다.

따라서 1 m짜리 도막을 10도막까지 만들 수 있습니다.

2 피아노, 4명

예 악기를 배우고 있는 학생은 24명의 $\dfrac{5}{8}$ 이므로 $24÷8×5=15$(명)입니다.

피아노를 배우고 있는 학생은 15명의 $\dfrac{3}{5}$ 이므로 $15÷5×3=9$(명)이고,

바이올린을 배우고 있는 학생은 15명의 $\dfrac{1}{3}$ 이므로 $15÷3=5$(명)입니다.

$9>5$이므로 피아노를 배우고 있는 학생이 $9-5=4$(명) 더 많습니다.

채점 기준	배점
악기를 배우고 있는 학생 수를 구할 수 있나요?	1점
피아노와 바이올린을 배우고 있는 학생 수를 각각 구할 수 있나요?	3점
어느 악기를 배우고 있는 학생이 몇 명 더 많은지 구할 수 있나요?	1점

3 166

$5\dfrac{4}{7}=\dfrac{39}{7}$, $6\dfrac{2}{7}=\dfrac{44}{7}$이므로 $\dfrac{39}{7}<\dfrac{\square}{7}<\dfrac{44}{7}$입니다.

➡ $\square$ 안에 들어갈 수 있는 자연수는 39보다 크고 44보다 작은 수입니다.

따라서 $\square$ 안에 들어갈 수 있는 자연수는 40, 41, 42, 43이고

그 합은 $40+41+42+43=166$입니다.

4 81

$\dfrac{5}{6}$ 는 $\dfrac{1}{6}$ 이 5개이므로 ●의 $\dfrac{1}{6}$ 은 $30÷5=6$입니다.

●의 $\dfrac{1}{6}$ 이 6이므로 ●$=6×6=36$입니다.

➡ ▲의 $\dfrac{4}{9}$ 는 36입니다.

$\dfrac{4}{9}$ 는 $\dfrac{1}{9}$ 이 4개이므로 ▲의 $\dfrac{1}{9}$ 은 $36÷4=9$입니다.

따라서 ▲의 $\dfrac{1}{9}$ 이 9이므로 ▲$=9×9=81$입니다.

5 $\dfrac{584}{585}$, $\dfrac{319}{320}$, $\dfrac{199}{200}$

$\dfrac{320}{320}=1$, $\dfrac{585}{585}=1$, $\dfrac{200}{200}=1$이므로 세 분수의 크기가 각각 1이 되려면

$\dfrac{319}{320}$ 는 $\dfrac{1}{320}$ 만큼, $\dfrac{584}{585}$ 는 $\dfrac{1}{585}$ 만큼, $\dfrac{199}{200}$ 는 $\dfrac{1}{200}$ 만큼 더 있어야 합니다.

단위분수는 분모가 작을수록 큰 수이므로 $\dfrac{1}{200}>\dfrac{1}{320}>\dfrac{1}{585}$입니다.

따라서 큰 수부터 차례로 쓰면 $\dfrac{584}{585}$, $\dfrac{319}{320}$, $\dfrac{199}{200}$입니다.

6 $2\dfrac{28}{31}$

분모는 2, 3, 4, 5, 6, …이므로 1씩 커지고 분자는 3, 6, 9, 12, 15, …이므로 3씩 커지는 규칙입니다.

30째에 놓을 분수의 분모는 2부터 시작하여 1씩 29번 커진 수이므로 $2+29=31$이고, 분자는 3부터 시작하여 3씩 29번 커진 수이므로 $3+3\times29=3+87=90$입니다.

따라서 30째에 놓을 분수는 $\dfrac{90}{31}$이므로 대분수로 나타내면 $2\dfrac{28}{31}$입니다.

7 192 m

첫째로 튀어 오른 공의 높이는 64 m의 $\dfrac{5}{8}$이므로

$64\div8\times5=40(\text{m})$입니다.

둘째로 튀어 오른 공의 높이는 40 m의 $\dfrac{3}{5}$이므로

$40\div5\times3=24(\text{m})$입니다.

따라서 공이 움직인 거리는 모두 $64+40+40+24+24=192(\text{m})$입니다.

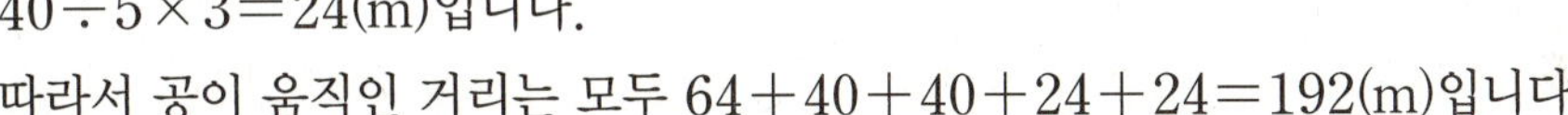

8 $\dfrac{25}{8}=3\dfrac{1}{8}$, $\dfrac{29}{8}=3\dfrac{5}{8}$

ⓒ에 3을 넣으면 $3\dfrac{ⓔ}{8}$에서 ⓔ＝1, 2, 3, 4, 5, 6, 7이므로

$3\dfrac{1}{8}=\dfrac{25}{8},\ 3\dfrac{2}{8}=\dfrac{26}{8},\ 3\dfrac{3}{8}=\dfrac{27}{8},\ 3\dfrac{4}{8}=\dfrac{28}{8},\ 3\dfrac{5}{8}=\dfrac{29}{8},\ 3\dfrac{6}{8}=\dfrac{30}{8},\ 3\dfrac{7}{8}=\dfrac{31}{8}$입니다.

서로 다른 수가 들어가야 하므로 ㉠＝2, ㉡＝5, 9만 가능합니다.

따라서 ⓒ에 3을 넣는 경우 나올 수 있는 식은 $\dfrac{25}{8}=3\dfrac{1}{8}$, $\dfrac{29}{8}=3\dfrac{5}{8}$입니다.

1 11시간

하루는 24시간입니다.

학교에서 보내는 시간은 24시간의 $\dfrac{1}{4}$이므로 $24\div4=6(\text{시간})$,

학원에서 보내는 시간은 24시간의 $\dfrac{1}{6}$이므로 $24\div6=4(\text{시간})$,

친구들과 놀이터에서 노는 시간은 24시간의 $\dfrac{1}{8}$이므로 $24\div8=3(\text{시간})$입니다.

따라서 수민이가 하루를 보내는 나머지 시간은 $24-6-4-3=11(\text{시간})$입니다.

2 우영, 7자루

연필 6타는 $12 \times 6 = 72$(자루)입니다.

현준이는 72자루의 $\dfrac{1}{8}$이므로 $72 \div 8 = 9$(자루)를 가지게 됩니다.

우영이는 72자루의 $\dfrac{2}{9}$이므로 $72 \div 9 \times 2 = 16$(자루)를 가지게 됩니다.

따라서 우영이가 연필을 $16 - 9 = 7$(자루) 더 많이 가지게 됩니다.

3 14명

안경을 쓴 남학생은 32명의 $\dfrac{1}{4}$이므로 $32 \div 4 = 8$(명)입니다.

안경을 쓴 여학생은 $32 - 8 = 24$(명)의 $\dfrac{5}{12}$이므로 $24 \div 12 \times 5 = 10$(명)입니다.

따라서 안경을 쓰지 않은 학생은 $32 - 8 - 10 = 14$(명)입니다.

4 $4\dfrac{1}{2}$

가장 큰 가분수를 만들려면 분모에 가장 작은 수를 놓고 분자에 가장 큰 수를 놓아야 합니다. $2 < 4 < 6 < 7 < 9$이므로 만들 수 있는 가장 큰 가분수는 $\dfrac{9}{2}$입니다.

따라서 대분수로 나타내면 $\dfrac{9}{2} = 4\dfrac{1}{2}$입니다.

5 2분

성신이네 집에서 박물관까지 가는 데 걸린 시간은 4시 25분 $-$ 3시 30분 $=$ 55분입니다.

지하철을 탄 시간은 55분의 $\dfrac{3}{5}$이므로 $55 \div 5 \times 3 = 33$(분)입니다.

버스를 탄 시간은 55분의 $\dfrac{4}{11}$이므로 $55 \div 11 \times 4 = 20$(분)입니다.

따라서 성신이가 걸은 시간은 55분 $-$ 33분 $-$ 20분 $=$ 2분입니다.

6 116쪽

둘째 날 읽은 동화책의 쪽수: 48쪽의 $\dfrac{7}{8}$은 $48 \div 8 \times 7 = 42$(쪽)이고 3쪽 더 많이 읽었으므로 $42 + 3 = 45$(쪽)입니다.

셋째 날 읽은 동화책의 쪽수: 45쪽의 $\dfrac{5}{9}$는 $45 \div 9 \times 5 = 25$(쪽)이고 2쪽 더 적게 읽었으므로 $25 - 2 = 23$(쪽)입니다.

따라서 동화책은 모두 $48 + 45 + 23 = 116$(쪽)입니다.

7 $2\dfrac{3}{8}$

③으로 ①을 만들려면 ③은 4개 필요하고, ②를 만들려면 ③은 2개 필요합니다.
주어진 모양은 ①이 1개, ②가 3개, ③이 9개이므로
③은 모두 $4 + 2 + 2 + 2 + 9 = 19$(개) 필요합니다.

따라서 필요한 ③은 색종이 한 장의 $\dfrac{19}{8} = 2\dfrac{3}{8}$입니다.

 8 63개

⑩ ㉠ 가게에서 판매한 아이스크림 수의 $\dfrac{7}{9}$이 35개이므로 $\dfrac{1}{9}$은 $35 \div 7 = 5$(개)입니다.

㉠ 가게에서 판매한 아이스크림 수의 $\dfrac{1}{9}$이 5개이므로

판매한 아이스크림은 $5 \times 9 = 45$(개)입니다.

따라서 ㉯ 가게에서 판매한 아이스크림은 45개의 $1\dfrac{2}{5}=\dfrac{7}{5}$이므로 $45\div5\times7=63$(개)입니다.

채점 기준	배점
㉮ 가게에서 판매한 아이스크림 수를 구할 수 있나요?	2점
㉯ 가게에서 판매한 아이스크림 수를 구할 수 있나요?	3점

9 54

$\blacksquare\div7=8\cdots5$이므로 $7\times8+5=\blacksquare$에서 $\blacksquare=61$입니다.

따라서 가분수는 $\dfrac{61}{7}$이므로 분모와 분자의 차는 $61-7=54$입니다.

10 $\dfrac{22}{29}$

분자가 분모보다 작은 경우 중 분모와 분자의 합이 51이고 차가 7인 경우를 찾아봅니다.

분모	26	27	28	29	30	31
분자	25	24	23	22	21	20
차	1	3	5	7	9	11

따라서 분모는 29, 분자는 22이므로 진분수는 $\dfrac{22}{29}$입니다.

11 165

㉠은 4 또는 5입니다.

㉠$=4$이면 $4\dfrac{6}{17}=\dfrac{74}{17}$이고, ㉠$=5$이면 $5\dfrac{6}{17}=\dfrac{91}{17}$입니다.

따라서 가분수의 분자가 될 수 있는 수는 74와 91이므로 합은 $74+91=165$입니다.

12 18분

24분 동안 탄 양초의 길이는 처음 양초 길이의 $\dfrac{4}{7}$이므로 처음 양초 길이의 $\dfrac{1}{7}$만큼 타는 데 걸린 시간은 $24\div4=6$(분)입니다.

남은 양초 길이는 처음 양초 길이의 $\dfrac{3}{7}$이므로 남은 양초가 모두 타는 데 걸리는 시간은 $6\times3=18$(분)입니다.

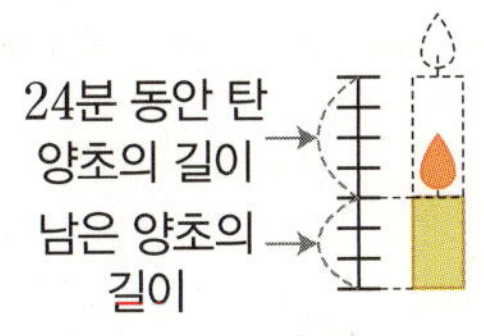

13 4개

$4\dfrac{6}{7}=\dfrac{34}{7}$, $5\dfrac{3}{7}=\dfrac{38}{7}$이므로 $\dfrac{34}{7}<\dfrac{\bigstar}{7}<\dfrac{38}{7}$입니다.

→ $\bigstar=35,\ 36,\ 37$

$\dfrac{25}{6}=4\dfrac{1}{6}$, $\dfrac{38}{6}=6\dfrac{2}{6}$이므로 $4\dfrac{1}{6}<\dfrac{\blacktriangle}{6}<6\dfrac{2}{6}$입니다.

→ $\blacktriangle=4,\ 5$

$\dfrac{\bigstar}{\blacktriangle}$은 $\dfrac{35}{4}=8\dfrac{3}{4}$, $\dfrac{36}{4}=9$, $\dfrac{37}{4}=9\dfrac{1}{4}$, $\dfrac{35}{5}=7$, $\dfrac{36}{5}=7\dfrac{1}{5}$, $\dfrac{37}{5}=7\dfrac{2}{5}$이므로 대분수로 나타낼 수 있는 것은 모두 4개입니다.

14 $\dfrac{15}{23}$, $\dfrac{9}{23}$, $\dfrac{6}{23}$

㉡의 분자를 ■라고 하면 ㉠=$\dfrac{■+6}{23}$, ㉡=$\dfrac{■}{23}$, ㉢=$\dfrac{■-3}{23}$입니다.

세 분수의 분자의 합이 30이므로 ■+6+■+■-3=30, ■+■+■=27, ■=9입니다.

➡ ㉠=$\dfrac{15}{23}$, ㉡=$\dfrac{9}{23}$, ㉢=$\dfrac{6}{23}$

15 5개

$\dfrac{70}{9}=7\dfrac{7}{9}$이므로 ㉠$\dfrac{㉡}{9}<7\dfrac{7}{9}$입니다.

따라서 ㉠이 ㉡보다 2만큼 더 큰 대분수는 $3\dfrac{1}{9}$, $4\dfrac{2}{9}$, $5\dfrac{3}{9}$, $6\dfrac{4}{9}$, $7\dfrac{5}{9}$로 모두 5개입니다.

5 들이와 무게

1 미주

(덜어 낸 물의 양)=600×3=1800(mL) → 1 L 800 mL

(수조에 남아 있는 물의 양)=7 L-1 L 800 mL=5 L 200 mL

수조에 남아 있는 물의 양과 어림한 물의 양의 차를 구해 봅니다.

효민: 5 L 200 mL-5 L=200 mL

경식: 5 L 500 mL-5 L 200 mL=300 mL

미주: 5 L 300 mL-5 L 200 mL=100 mL

따라서 100 mL<200 mL<300 mL이므로 실제 남아 있는 물의 양에 가장 가깝게 어림한 사람은 미주입니다.

2 600 g

(섞은 콩과 팥의 무게)=3 kg 500 g+1 kg 600 g=5 kg 100 g

(그릇으로 4번 덜어 낸 무게)=5 kg 100 g-2 kg 700 g=2 kg 400 g

2 kg 400 g=2400 g=600 g+600 g+600 g+600 g이므로 그릇으로 1번 덜어 낸 무게는 600 g입니다.

3 2 kg 200 g

(감자 1개의 무게)

=(감자 5개를 담은 그릇의 무게)-(감자 4개를 담은 그릇의 무게)

=1 kg 450 g-1 kg 200 g=250 g

(감자 8개를 담은 그릇의 무게)

=(감자 5개를 담은 그릇의 무게)+(감자 3개의 무게)

=1 kg 450 g+250 g+250 g+250 g=2 kg 200 g

4 3 kg 200 g,
   2 kg 900 g

(먹고 남은 떡의 무게)=7 kg−900 g=6 kg 100 g=6100 g

작은 봉지에 담은 떡의 무게를 □ g이라고 하면 큰 봉지에 담은 떡의 무게는 (□+300) g

이므로 □+(□+300)=6100, □+□=5800, □=2900입니다.

따라서 작은 봉지에 담은 떡은 2900 g=2 kg 900 g이고

큰 봉지에 담은 떡은 2 kg 900 g+300 g=3 kg 200 g입니다.

5 13대

예 (사과 650상자의 무게)=20×650=13000(kg) → 13 t

(복숭아 800상자의 무게)=15×800=12000(kg) → 12 t

사과와 복숭아는 모두 13+12=25(t)입니다.

25÷2=12…1에서 트럭 12대에 실으면 1 t이 남으므로 트럭은 적어도 13대 필요합니다.

채점 기준	배점
트럭에 실으려는 사과와 복숭아의 무게의 합을 구할 수 있나요?	3점
트럭은 적어도 몇 대 필요한지 구할 수 있나요?	2점

6 9600원

딸기우유 100 mL는 1200÷2=600(원)이므로 700 mL는 600×7=4200(원)입니다.

초코우유 500 mL가 1800원이고

1 L 500 mL=1500 mL=500 mL+500 mL+500 mL이므로

1 L 500 mL는 1800+1800+1800=5400(원)입니다.

따라서 준우가 우유를 사는 데 쓴 돈은 모두 4200+5400=9600(원)입니다.

7 200 g

$$\begin{array}{l}(흰 쇠공 \ 4개) \ + (검정 \ 쇠공 \ 3개) + (빨간 \ 쇠공 \ 1개) = \ 4 \ kg \ 200 \ g \\ (흰 \ 쇠공 \ 8개) \ + (검정 \ 쇠공 \ 6개) - (빨간 \ 쇠공 \ 1개) = \ 7 \ kg \ 800 \ g \\ \hline (흰 \ 쇠공 \ 12개) + (검정 \ 쇠공 \ 9개) \qquad\qquad\quad = 12 \ kg\end{array}$$

흰 쇠공 12개와 검정 쇠공 9개의 무게의 합이 12 kg이므로

흰 쇠공 4개와 검정 쇠공 3개의 무게의 합은 12÷3=4(kg)입니다.

따라서 흰 쇠공 4개, 검정 쇠공 3개, 빨간 쇠공 1개의 무게의 합이 4 kg 200 g이므로

빨간 쇠공 1개의 무게는 4 kg 200 g−4 kg=200 g입니다.

8 250 mL

㉮와 ㉯ 수도에서 1초 동안 나오는 물의 양은 350 mL+150 mL=500 mL입니다.

40초 동안 10 L의 물을 채웠으므로 4초 동안 1 L의 물을 채운 것입니다.

1 L=1000 mL=250 mL+250 mL+250 mL+250 mL이므로

1초 동안 250 mL의 물을 채웠습니다.

따라서 1초에 500 mL−250 mL=250 mL씩 물을 내보냈습니다.

1 1 L 400 mL

(마신 우유의 양)=1 L 400 mL−800 mL=600 mL
(마신 주스의 양)=1 L 700 mL−900 mL=800 mL
➡ (마신 우유와 주스의 양의 합)=600 mL+800 mL=1400 mL=1 L 400 mL

2 5 kg 200 g

(미란이의 몸무게)+3 kg 700 g=34 kg 400 g이므로
(미란이의 몸무게)=34 kg 400 g−3 kg 700 g=30 kg 700 g입니다.
30 kg 700 g+(고양이의 무게)=35 kg 900 g이므로
(고양이의 무게)=35 kg 900 g−30 kg 700 g=5 kg 200 g입니다.

3 500 mL

1 L 500 mL=1500 mL입니다.
정인이가 마신 물의 양을 ☐mL라고 하면 동수가 마신 물의 양은 (☐+80) mL,
윤슬이가 마신 물의 양은 (☐−80) mL이므로
(☐+80)+☐+(☐−80)=1500, ☐+☐+☐=1500, ☐=500입니다.
따라서 정인이가 마신 물은 500 mL입니다.

4 50개

2 t=2000 kg입니다.
트럭에 실은 25 kg짜리 물건 60개의 무게는 25×60=1500(kg)이므로
더 실을 수 있는 무게는 2000 kg−1500 kg=500 kg입니다.
따라서 10 kg짜리 물건을 50개까지 실을 수 있습니다.

5 정연, 80 mL

컵에 부은 횟수가 많을수록 컵의 들이가 적으므로 정연이의 컵의 들이가 가장 적습니다.
음료수 한 병의 양은 수인이의 컵의 들이의 6배이므로 120×6=720(mL)입니다.
따라서 정연이의 컵의 들이는 720÷9=80(mL)입니다.

6 2 kg 800 g

(자두 4개의 무게)=150 g+150 g+150 g+150 g=600 g이므로 사과 1개의 무게도 600 g입니다.
(사과 2개의 무게)=600 g+600 g=1200 g이므로 복숭아 3개의 무게도 1200 g입니다.
(복숭아 1개의 무게)=1200÷3=400(g)
➡ (복숭아 7개의 무게)=400×7=2800(g) → 2 kg 800 g

서술형 **7** 풀이 참조

⑩ 한쪽 접시 위에 200 g짜리 추 3개를 올려놓고 다른 쪽 접시 위에 350 g짜리 추 1개
와 가지 1개를 올려놓았을 때, 저울이 수평을 이루면 이 가지의 무게가 250 g입니다.

채점 기준	배점
250 g짜리 가지를 고르는 방법을 바르게 설명할 수 있나요?	5점

8 18초

9 L의 절반은 4 L 500 mL이므로 물통에 더 넣어야 하는 물의 양은 4 L 500 mL입니다.

1초 동안 채울 수 있는 물의 양은 $1250 \div 5 = 250 \text{(mL)}$이므로

2초 동안 $250 \times 2 = 500 \text{(mL)}$, 4초 동안 $500 \times 2 = 1000 \text{(mL)}$, 즉 1 L의 물을 채울 수 있습니다.

4 L 500 mL $=$ 1 L $+$ 1 L $+$ 1 L $+$ 1 L $+$ 500 mL이므로 물을 가득 채우는 데 걸리는 시간은 $4 + 4 + 4 + 4 + 2 = 18 \text{(초)}$입니다.

9 700 kg

1 t 600 kg $=$ 1600 kg, 2 t 200 kg $=$ 2200 kg입니다.

(의자 40개의 무게) $=$ 2200 kg $-$ 1600 kg $=$ 600 kg이므로

의자 20개의 무게는 300 kg입니다.

(의자 60개의 무게) $=$ 600 kg $+$ 300 kg $=$ 900 kg이므로

(빈 트럭의 무게) $=$ 1600 kg $-$ 900 kg $=$ 700 kg입니다.

10 3번

㉮ 그릇으로 12번, ㉯ 그릇으로 4번 부은 물의 양이 같으므로 ㉯ 그릇의 들이는 ㉮ 그릇의 들이의 3배입니다.

(㉰ 그릇의 들이) $=$ (㉮ 그릇의 들이) $+$ (㉯ 그릇의 들이)에서

(㉰ 그릇의 들이) $=$ (㉮ 그릇의 들이) $+$ (㉮ 그릇의 들이) $\times 3 =$ (㉮ 그릇의 들이) $\times 4$이므로 ㉰ 그릇만 사용하면 $12 \div 4 = 3 \text{(번)}$ 부어야 합니다.

11 1 L 700 mL,
1 L 300 mL,
900 mL

$$
\begin{array}{l}
(㉮ \text{ 그릇}) + (㉯ \text{ 그릇}) = 3\,\text{L} \\
(㉮ \text{ 그릇}) + (㉰ \text{ 그릇}) = 2\,\text{L}\ 600\,\text{mL} \\
(㉯ \text{ 그릇}) + (㉰ \text{ 그릇}) = 2\,\text{L}\ 200\,\text{mL} \\
\hline
(㉮ \text{ 그릇}) \times 2 + (㉯ \text{ 그릇}) \times 2 + (㉰ \text{ 그릇}) \times 2 = 7\,\text{L}\ 800\,\text{mL} \\
(㉮ \text{ 그릇}) + (㉯ \text{ 그릇}) + (㉰ \text{ 그릇}) = 3\,\text{L}\ 900\,\text{mL}
\end{array}
$$

➡ (㉮ 그릇) $=$ 3 L 900 mL $-$ 2 L 200 mL $=$ 1 L 700 mL

(㉯ 그릇) $=$ 3 L 900 mL $-$ 2 L 600 mL $=$ 1 L 300 mL

(㉰ 그릇) $=$ 3 L 900 mL $-$ 3 L $=$ 900 mL

6 그림그래프

33~35쪽

1 목요일, 화요일

㉠ 월요일의 쓰레기 배출량은 240 kg이므로

화요일의 쓰레기 배출량은 $240 - 150 = 90 \text{(kg)}$입니다.

요일별 쓰레기 배출량은 수요일: 120 kg, 목요일: 420 kg, 금요일: 350 kg입니다.

따라서 쓰레기 배출량이 가장 많은 요일은 목요일이고 가장 적은 요일은 화요일입니다.

채점 기준	배점
요일별 쓰레기 배출량을 구할 수 있나요?	3점
쓰레기 배출량이 가장 많은 요일과 가장 적은 요일을 구할 수 있나요?	2점

2 1620권

4반의 학급 문고는 📙 2개, 📘 6개가 260권이므로 📙 1개는 100권, 📘 1개는 10권을 나타냅니다.

반별 학급 문고 수는 1반: 310권, 2반: 340권, 3반: 250권, 5반: 460권입니다.

따라서 3학년 1반부터 5반까지의 전체 학급 문고는

$310+340+250+260+460=1620$(권)입니다.

3 60가마니

표에서 숲속 지역의 쌀 수확량은 150가마니이고 그림그래프에서 나루 지역의 쌀 수확량은 270가마니이므로

(푸른 지역과 한빛 지역의 쌀 수확량의 합)$=840-150-270=420$(가마니)입니다.

푸른 지역과 한빛 지역의 쌀 수확량은 같으므로 각각 210가마니입니다.

따라서 숲속 지역의 쌀 수확량이 푸른 지역의 쌀 수확량과 같아지려면 쌀을

$210-150=60$(가마니) 더 수확해야 합니다.

4 4560원

기계별 자 생산량은 ㉮ 기계: 16개, ㉯ 기계: 19개, ㉰ 기계: 24개이므로

전체 자 생산량은 $16+19+24=59$(개)입니다.

$59\div8=7\cdots3$이므로 자는 8개씩 7상자에 담을 수 있고 3개가 남습니다.

(상자에 담아서 판 자의 판매 금액)$=600\times7=4200$(원)

(낱개로 판 자의 판매 금액)$=120\times3=360$(원)

따라서 자를 판매한 금액은 모두 $4200+360=4560$(원)입니다.

5 770장

검정색 색종이는 200장이고

노란색 색종이는 200장의 $\dfrac{4}{5}$이므로 $200\div5\times4=160$(장)입니다.

빨간색 색종이는 80장이고

파란색 색종이는 $160+80=240$(장)의 $\dfrac{3}{4}$이므로 $240\div4\times3=180$(장)입니다.

주황색 색종이는 $180-30=150$(장)입니다.

따라서 문구점에 있는 색종이는 모두 $160+80+180+150+200=770$(장)입니다.

1 180명

마을별 초등학생 수는 가 마을: 200명, 나 마을: 260명, 다 마을: 320명입니다.

(라 마을의 초등학생 수)$=920-200-260-320=140$(명)

초등학생이 가장 많은 마을은 다 마을로 320명이고, 가장 적은 마을은 라 마을로 140명입니다.

➡ $320-140=180$(명)

2 28개

종류별 동전의 수는 500원짜리 동전: 17개, 50원짜리 동전: 11개이므로

10원짜리 동전은 $17+11=28$(개)의 $\frac{1}{2}$인 $28\div2=14$(개)입니다.

따라서 동전은 모두 70개이므로 100원짜리 동전은 $70-17-11-14=28$(개)입니다.

3 풀이 참조

달리기 대회에 참가할 2학년 학생은 ☺ ☺ ☺☺이 12명이고, ☺은 1명을 나타내므로 ☺은 5명을 나타냅니다.

달리기 대회에 참가할 5학년 학생은 ☺ 3개, ☺ 4개이므로 19명이고

달리기 대회에 참가할 4학년 학생은 20명의 $\frac{4}{5}$이므로 $20\div5\times4=16$(명)입니다.

➡ (달리기 대회에 참가할 3학년 학생 수)$=80-12-16-19-20=13$(명)

학년별 참가할 학생 수

학년	학생 수
2학년	☺ ☺ ☺ ☺
3학년	☺ ☺ ☺ ☺ ☺
4학년	☺ ☺ ☺
5학년	☺ ☺ ☺ ☺ ☺ ☺
6학년	☺ ☺ ☺

☺ 5 명
☺ 1명

4 65명

⑳ 5반의 동생이 있는 학생은 16명이고 3반의 동생이 있는 학생은 16명의 $\frac{3}{4}$이므로

$16\div4\times3=12$(명)입니다. 4반의 동생이 있는 학생은 $9+12=21$(명)의 $\frac{5}{7}$이므로

$21\div7\times5=15$(명)입니다.

따라서 동생이 있는 3학년 전체 학생은 $9+13+12+15+16=65$(명)입니다.

채점 기준	배점
3반과 4반의 동생이 있는 학생 수를 각각 구할 수 있나요?	3점
동생이 있는 3학년 전체 학생 수를 구할 수 있나요?	2점

5 풀이 참조

흰 우유의 판매량은 26갑이므로 딸기우유의 판매량은 $26-4=22$(갑)입니다.

바나나우유의 판매량은 $26+22=48$(갑)의 $\frac{3}{8}$이므로 $48\div8\times3=18$(갑)입니다.

흰 우유는 전체 우유 판매량의 $\frac{1}{3}$만큼 팔았으므로 전체 우유 판매량은 $26\times3=78$(갑)입니다.

➡ (초코우유의 판매량)$=78-26-22-18=12$(갑)

우유 종류별 판매량

종류	판매량
흰 우유	
딸기우유	
초코우유	
바나나우유	

10갑
1갑

6 귤

종류별 판 과일 수는 사과는 6상자와 5개이므로 $15 \times 6 + 5 = 95$(개),
감은 2상자와 5개이므로 $15 \times 2 + 5 = 35$(개)입니다.

배: 95개의 $\frac{3}{5}$은 $95 \div 5 \times 3 = 57$(개)이고 57개보다 3개 더 많으므로
$57 + 3 = 60$(개)입니다.

귤: $35 + 13 = 48$(개)의 $\frac{2}{3}$와 같으므로 $48 \div 3 \times 2 = 32$(개)입니다.

따라서 $32 < 35 < 60 < 95$이므로 가장 적게 판 과일은 귤입니다.

7 6명

점수별 맞힌 풍선의 색깔은
10점: 빨간색＋파란색＋노란색＋흰색, 9점: 빨간색＋파란색＋노란색,
8점: 빨간색＋파란색＋흰색, 7점: 빨간색＋노란색＋흰색 또는 빨간색＋파란색,
6점: 파란색＋노란색＋흰색 또는 빨간색＋노란색입니다.
10점, 9점, 8점, 7점은 빨간색 풍선은 꼭 맞혀야 하고 각각 4명, 7명, 6명, 8명입니다.
빨간색 풍선을 맞힌 학생은 27명이므로 6점인 학생 중에서 빨간색＋노란색 풍선을 맞
힌 학생은 $27 - 4 - 7 - 6 - 8 = 2$(명)이고 파란색＋노란색＋흰색 풍선을 맞힌 학생은
$5 - 2 = 3$(명)입니다.
10점, 9점, 8점은 파란색 풍선을 꼭 맞혀야 하고 각각 4명, 7명, 6명입니다.
파란색 풍선을 맞힌 학생은 26명이므로 7점인 학생 중에서 빨간색＋파란색 풍선을 맞
힌 학생은 $26 - 4 - 7 - 6 - 3 = 6$(명)입니다.
따라서 파란색 풍선을 맞힌 학생 중 7점을 받은 학생은 6명입니다.

8 풀이 참조

소민이가 가지고 있는 연필 수의 $\frac{3}{4}$이 24자루이므로
소민이가 가지고 있는 연필은 $24 \div 3 \times 4 = 32$(자루)입니다.
시진이가 가지고 있는 연필 수의 $\frac{1}{2}$은 32자루의 $\frac{5}{8}$인 $32 \div 8 \times 5 = 20$(자루)이므로
시진이가 가지고 있는 연필은 $20 \times 2 = 40$(자루)입니다.
민정이가 가지고 있는 연필 수의 $\frac{4}{5}$는 40자루의 $\frac{7}{10}$인 $40 \div 10 \times 7 = 28$(자루)이므로
민정이가 가지고 있는 연필은 $28 \div 4 \times 5 = 35$(자루)입니다.

학생별 가지고 있는 연필 수

이름	연필 수
소민	
시진	
민정	

10자루
1자루

한 걸음 한 걸음 디딤돌을 걷다 보면 수학이 완성됩니다.